数字建筑　钢构未来

The Future of Digital Building and Steel Structure

首届全国钢结构行业数字建筑及
BIM 应用大赛获奖项目精选

Highlights of the 1st Digital Architecture & Applied
BIM Contest of National Steel Structure Industry

组织编写　中国建筑金属结构协会　河南省钢结构协会
主　　编　郝际平　魏　群
副 主 编　孙晓彦　刘尚蔚　魏鲁双　李旭禄
　　　　　王庆伟　王　勇　李永明

中国建筑工业出版社

图书在版编目（CIP）数据

数字建筑　钢构未来：首届全国钢结构行业数字建筑及 BIM 应用大赛获奖项目精选＝The Future of Digital Building and Steel Structure——Highlights of the 1st Digital Architecture & Applied BIM Contest of National Steel Structure Industry/中国建筑金属结构协会，河南省钢结构协会组织编写；郝际平，魏群主编；孙晓彦等副主编. —北京：中国建筑工业出版社，2021.12

ISBN 978-7-112-26854-2

Ⅰ．①数… Ⅱ．①中…②河…③郝…④魏…⑤孙… Ⅲ．①钢结构-建筑设计-计算机辅助设计-作品集-中国-现代 Ⅳ．①TU391-39

中国版本图书馆 CIP 数据核字（2021）第 247554 号

本书收录了首届全国钢结构行业数字建筑及 BIM 应用大赛的 55 个获奖项目，详细介绍了在中国国际丝路中心大厦、广州新白云国际机场 T2 航站楼钢结构工程、前海国际会议中心、银川丝路明珠塔、郑州大剧院等项目中 BIM 技术的应用情况，是我国钢结构行业第一部关于 BIM 大赛的作品集。本书内容丰富，形式多样，极具参考价值，可为推进数字建筑及 BIM 技术在建筑信息化发展中的应用，深化 BIM 技术在钢结构工程中的实践，创新 BIM 专业技术人才培养机制提供一定帮助。

责任编辑：万　李　范业庶
责任校对：李美娜

数字建筑　钢构未来

首届全国钢结构行业数字建筑及 BIM 应用大赛获奖项目精选

The Future of Digital Building and Steel Structure

Highlights of the 1st Digital Architecture & Applied BIM Contest of National Steel Structure Industry

组织编写　中国建筑金属结构协会　河南省钢结构协会
主　　编　郝际平　魏　群
副 主 编　孙晓彦　刘尚蔚　魏鲁双　李旭禄
　　　　　王庆伟　王　勇　李永明

*

中国建筑工业出版社出版、发行（北京海淀三里河路 9 号）

各地新华书店、建筑书店经销

霸州市顺浩图文科技发展有限公司制版

天津图文方嘉印刷有限公司印刷

*

开本：880 毫米×1230 毫米　1/16　印张：16¾　字数：473 千字
2022 年 2 月第一版　　2022 年 2 月第一次印刷
定价：**280.00** 元
ISBN 978-7-112-26854-2
（38658）

编 写 委 员 会

主　　编：郝际平　魏　群

副 主 编：孙晓彦　刘尚蔚　魏鲁双　李旭禄　王庆伟

　　　　　　王　勇　李永明

编　　委（按汉语拼音排序）：

曹平周　陈振民　董　春　段常智　樊建生

范业庶　郝际平　贺明玄　胡育科　贾　莉

乐金朝　李海旺　李旭禄　李永明　刘　民

刘尚蔚　卢　定　罗永峰　马恩成　马智亮

宋为民　宋新利　孙晓彦　王　勇　王庆伟

王仕统　王希河　王元丰　魏　群　魏鲁双

文林峰　杨　帆　张洪伟　张社荣　张新中

张艳霞　钟炜辉　周　瑜　周学军

秘 书 处：周　瑜　胡雨晨　魏鲁婷　杨瑞祥

序   一

改革开放以来，我国建筑业持续快速发展、规模不断扩大、建筑技术显著提高、为国民经济的发展做出了突出的贡献。在低碳经济的大背景下，国家提出了"碳达峰、碳中和"的具体发展目标，恰似"春风如贵客，一到便繁华"，作为我国国民经济的支柱产业之一，建筑业必须顺应时代发展、转型升级，走绿色建筑、建筑工业化的可持续发展之路。

首先，装配式建筑是改变传统建筑业"高污染、高浪费、高能耗、质量不可控"的有效途径，在建筑质量、建造效率、绿色环保等方面较传统建筑方式都具有明显的优势，在规划设计、部品生产、施工建造、开发管理等各建筑环节能够形成完整的产业链，切实提高产业工人的劳动生产率，整个产业链上的资源可以得到优化，从而发挥最大化的效益，是现代工业化的生产方式在建筑领域的拓展。

其次，建筑业实现现代工业化的生产方式的核心是数字技术，研究 BIM 技术及云计算、大数据、物联网、人工智能及 3D 打印、区块链等对建筑及建筑业的深刻影响具有重要的意义，我们应使数字建筑的发展落地生根。围绕建筑业高质量发展总体目标，以大力发展建筑工业化为载体，以数字化、智能化升级为动力，形成涵盖科研、设计、生产加工、施工装配、运营等全产业链融合一体的智能建造产业体系，是推动建筑领域科技进步的有效途径。

为推进数字建筑及 BIM 技术在建筑信息化发展中的应用，深化 BIM 技术在钢结构工程中的实践，创新 BIM 专业技术人才培养机制，促进数字技术在钢结构领域的普及，由中国建筑金属结构协会主办、河南省钢结构协会承办的 2020 年首届全国钢结构行业数字建筑及 BIM 应用大赛已圆满落下帷幕。这次大赛得到了全国钢结构行业的热烈支持和积极响应，共计收到 119 项参赛作品，经评委会认真评审，共评选出特等奖 6 项、一等奖 13 项、二等奖 26 项、优秀奖 67 项，优秀组织奖 18 项。达到了经验分享，总结交流，共同提高的预期效果。为了充分发挥大赛的效果，使更多的业内同行能充分分享大赛成果，我们整理并出版了这本精选的文集。"等闲识得东风面，万紫千红总是春"，我们将以此次 BIM 大赛和书籍的出版为契机，持续努力，把大赛做成品牌，为自带绿色基因和装配化优势的钢结构产业在"数字建筑，钢构未来"的建筑业绿色发展中，在不断推动钢结构与 BIM 技术、信息技术工业化的深度融合和我国建筑业转型升级中，做出更多贡献！

中国建筑金属结构协会会长

序 二

习近平总书记指出："绿色循环低碳发展，是当今时代科技革命和产业变革的方向，是最有前途的发展领域，我国在这方面的潜力相当大，可以形成很多新的经济增长点。"

为贯彻习近平总书记的指示，强化建筑行业的担当精神和责任意识，我们要把握好建筑业发展的大方向、大趋势、大战略，要突破传统，必须与时俱进，不断推进理论创新、实践创新，取得新成绩，促进建筑业改革发展和转型升级。

在中国经济进入新常态的背景下，整个行业要运用现代的科学技术和工业化生产方式，全面改造传统的、粗放式的生产方式的全过程。根本解决发展质量不高、管理相对粗放、结构不合理、企业核心竞争力不突出等行业困境。装配式钢结构契合碳中和势在必行，EPC模式是重要力量。两会提出扎实做好碳达峰、碳中和各项工作；建筑碳排占全国总量近40%（物化阶段17%＋使用阶段23%），钢结构较混凝土建筑减排近15%；建筑是推进碳中和的重要领域。

自从2018年12月基础设施建设以来，新型基础设施建设（以下简称"新基建"）已经逐步成为社会热点；尤其2021年年初在疫情的影响下，新基建被视为是对冲备受疫情影响的经济、推动产业转型升级和发力数字经济的重要支撑手段，广受关注。新基建指发力于科技端的基础设施建设，主要包含5G基建、特高压、城际高速铁路和城际轨道交通、新能源汽车充电桩、大数据中心、人工智能、工业互联网七大领域。其中，5G基建、大数据中心、人工智能、工业互联网等领域正是数字经济需要的重点发展领域。

"新基建"要求多学科融合，尤其是与信息科学和数据分析相结合。因此"新基建"需要的新技术包括：BIM正向设计、基于BIM的项目管理技术、装配式建筑技术、数字孪生技术、集成管理技术、IPD集成项目交付技术和基于投资管控的全咨技术等。

加快新型建筑工业化的进程，重视"新基建"必将助力建筑行业信息化转型升级。在高质量发展时代，实现节能减排，降本增效迫在眉睫。落后的生产方式，粗放式的管理水平已经远远不能满足日益发展的需求。如同BIM技术在规划、设计、施工、运维全产业链创新应用中起到了引领作用，进而推动了BIM技术、大数据、云计算、物联网、移动互联网等数字技术与中国建筑业的融合与创新发展。而BIM技术与装配式建筑的完美结合更是为建筑产业转型、行业重新塑性，创新发展新模式带来无限机遇。在新基建数字化时代，数字经济将成为拉动经济增长的重要引擎，建筑业要摆脱高污染、高能耗、低效率、低品质的传统粗放发展模式，向绿色化、工业化、智能化方向发展，自下而上依托BIM、物联网、云计算等数字技术，打造数字建造创新平台，打通数字空间与物理空间，提升工程建设主业的数字化水平。必须依靠数字技术推动企业转型升级。

近几年，装配式建筑尤其是装配式钢结构的推广力度在持续加大，2020年7月住房和城乡建设部连续颁布《关于大力发展钢结构建筑的意见（征求意见稿）》《绿色建筑创建行动方案》等重磅支持政策，明确提出大力发展钢结构等装配式建筑，新建公共建筑原则上采用钢结构，积极推进钢结构住宅和农房建设，鼓励学校、医院等公共建筑，以及大型展览馆、体育场、机场、铁路等大跨度建筑优先采用钢结构。近期中央发布"十四五"规划和2035年远景目标，明确了建筑行业未来的装配式、新型工业化、信息化、绿色等大方向，突出发展绿色建筑，将利于钢结构应用比例进一步提升。实践无止境，创新亦无止境。围绕建筑业高质量发展总体目标，以大力发展建筑工业化为载体，以数字化、智能化升级为动力，形成涵盖科研、设计、生产加工、施工装配、运营等全产业链融合一体的智能建造产业体系。为引领行业的发展，由中国建筑金属结构协会发起，河南省钢结构协会承办的 2020 年首届全国钢结构行业数字建筑及 BIM 应用大赛，在推动数字建筑及 BIM 技术在建筑信息化发展中的应用，深化 BIM 技术在钢结构工程中的创新应用，创建 BIM 专业技术人才培养机制方面，达到了预期的目的，取得了显著的成绩。这本文集的出版是这次 BIM 大赛的又一成果！值得祝贺！也向辛勤付出的各位专家、同仁和朋友表示感谢！

中国建筑金属结构协会原会长
住房和城乡建设部纪检组原组长　　姚　兵

前　　言

为全面贯彻党的十九大报告中提出的建设"数字中国""智能制造"的国家战略，落实《国家中长期人才发展规划纲要（2010—2020 年）》的有关精神和国家专业技术人才知识更新工程有关任务要求，大力推进 BIM 技术在装配式建筑、钢结构工程、道路、桥梁、岩土、水电工程领域的规划设计、施工建设和运行维护全生命期的运用，全面提升工程质量和效益，不断增强行业的技术进步和创新动力，以信息化推动建筑行业发展，中国建筑金属结构协会、河南省钢结构协会举办了首届全国钢结构行业数字建筑及 BIM 应用大赛。

这是 2020 年我国建筑钢结构行业发展与钢结构技术交流的一次盛会，得到了业界热烈响应和积极参与，共有 119 项作品参加了此次大赛，评选出了特等奖、一等奖、二等奖、优秀奖及优秀组织奖。为更好地总结交流，大赛组委会特编写项目精选，由中国建筑工业出版社出版。本项目精选涵盖了钢结构性能与设计，钢结构信息化、可视化，钢结构制作、钢结构安装等多个门类中 BIM 技术的创新与其在工程中的应用，其中很多参赛作品具有一定的代表性和典型经验。

BIM 技术的实质是数字图形与数据融合一体，是将数字图形作为具体的载体，数据附着于图形，图形蕴含着数据，这是数字图形介质理论的核心内容，在真实自然界与计算机世界搭建了双向映射的桥梁与纽带。目前 BIM 技术已成为数字孪生的重要组成部分，今后 BIM 一定会围绕着"物理实体维度""虚拟模拟维度""孪生数据维度""连接与交互维度""服务与应用维度""图形图像采集处理维度"的科学问题，不断地寻求解决方法和进一步的发展。

BIM 技术的发展及在实践推广过程中必然会存在着诸多疑问和困难，可以预见，在国家政策层面上的指导和支持下，有广大企业的积极响应和大力推广，相信 BIM 技术一定会有广阔的未来和应用前景。

在此对积极参赛的单位、作者、审稿的钢结构及 BIM 专家致以诚挚的谢意，对协助举办本次大赛给予大力支持的中建八局第一建设有限公司、中建八局第二建设有限公司、河南省第二建设集团有限公司、河南天丰钢结构建设有限公司，一并表示感谢。

对于编审中出现的错误，敬请批评指正。论文作者对文中的数据和图文负责。

目　录

五、BIM 大赛研发精选论文 ····································· (229)

一、特等奖项目精选

中国国际丝路中心大厦项目 BIM 技术应用

中建八局第一建设有限公司

张业　时建　阴光华　王希河　杨青峰　李玉龙　冯泽权　耿永力　王籹鹏　马贤涛　等

1　工程概况

1.1　项目简介

中国国际丝路中心大厦项目，位于新长安大轴线"科技创新引领轴"核心位置，主塔楼建成后将成为西北地区高度第一的超高层建筑。总建筑面积 38 万 m^2，地下 4 层，主塔楼地上 100 层，项目效果图见图 1。

图 1　项目效果图

建筑功能：集 5A 级写字楼、会议中心、超五星级酒店、高端国际百货等于一体。本工程塔楼结构形式为巨型柱、钢框架-核心筒混合结构体系，塔楼地上共有 4 道大型桁架层。

钢结构概况：本工程钢结构重 7 万 t，主要分布于地下室、塔楼地上及裙楼地上部分，塔楼钢结构由塔楼外框、钢结构柱、钢结构梁、伸臂钢结构桁架、内插钢骨柱、钢板剪力墙、塔冠钢架、雨棚钢结构 8 部分组成，单个构件最大吊重 37t。裙楼三层和屋顶均为屋面钢桁架体系，由钢柱、中层钢结构桁架、屋面钢结构桁架构件组成。

1.2　公司简介

中建八局第一建设有限公司成立于 1952 年，系世界 500 强企业、中国最具国际竞争力的建筑地产集团——中国建筑集团有限公司下属三级独立法人单位，具有房屋建筑工程施工总承包特级资质、市政公用工程施工总承包特级资质、机电工程施工总承包壹级等七项总承包资质，公司拥有"国家级企业技术中心"研发平台，是国家科技部认证的"国家高新技术企业"。2015 年至今连续稳居"中建三强"。

2014 年通过国家高新技术企业认证，被中建协授予"最佳 BIM"奖。

2015 年进入"中建三强"。

2016 年荣获全国"五一劳动奖状"，获得房屋建筑工程施工总承包特级资质。

2017 年荣获全国文明单位，获得市政公用工程施工总承包特级资质。

2018 年综合实力位列山东省建筑企业第四名，获评国家级企业技术中心。

2019 年荣获中建建筑先进单位、山东省先进基层党组织。

2　工程重难点

（1）建筑高：建筑高度 498m，"西北第一高"。

标准高：局级、省级示范工地，钢结构金奖、鲁班奖、长安杯。

关注高：政府、媒体、群众关注度高。

（2）技术新：运用自主研发超高层智能集成顶升平台、智慧工地、5G 数字建造等技术。

（3）施工难：39～45 层为高斜墙段，塔楼分布 4 道伸臂桁架层；体量大、工期紧；异形复杂节点加工难度大；涉及动臂吊多次高空拆改、顶升平台安装等重难点；施工安全防护难度大、要求高；超高层测量定位及控制核准难度高。

（4）管理难：专业分包多，工期紧，同一作业面交叉作业多、工序穿插难度大。

3 BIM团队建设及软硬件配置

3.1 制度保障

为保证项目BIM工作有序开展，制定了BIM信息安全管理制度、BIM实施大纲、BIM实施方案与计划等；BIM工程师实行一岗双责制，明确岗位职责与管理办法。定期召开BIM培训会、周例会、月度例会，形成周报、月报等过程资料。

3.2 团队组织架构（图2）

图2 团队组织架构

3.3 软件环境（表1）

软件环境　　　　　表1

序号	名称	项目需求	功能分配	
1	Revit 2018	三维建模、土建深化、模型集合	结构、建筑、机电专业建模	建模/动画
2	SkechUp 2018	场地平面布置、工况模拟	平面布置、虚拟场景模拟	
3	3ds max 2016	施工组织、工况模拟、施工工艺	技术方案、工艺动画制作	
4	Tekla 21.0	钢结构深化模型、表示节点详图	钢结构深化、节点详图绘制	
5	Navisworks 2017	各专业集成、漫游、动画制作	漫游、巡检平台、场景设置等	
6	Fuzor 2019	虚拟巡检、动画制作	漫游、渲染效果图、动画制作	BIM+
7	SteamVR	安全教育、人和场景的互动	VR交互设置	
8	Cure	可操作三维实体	3D模型打印	
9	Camtasia9	视频制作、录像、剪辑		视频处理
10	会声会影			
11	720yun	项目可视化展示、航拍数据处理	全景、航拍数据处理	
12	C8BIM	各专业协同管理平台	模型、资料、进度、安全、质量、信息、物资管理等	平台
13	广联达	5G+智慧工地	安全生产、技术质量、物资、劳务、智能监控、绿色施工等	

3.4 硬件环境（图3）

BIM工作站：高性能台式工作站、移动工作站负责模型创建、动画制作、模拟、各专业模型集成。

VR眼镜、体验机：工艺样板、施工现场质量安全体验、漫游。

无人机：形象进度拍摄、全景制作、项目宣传。

滑轨屏：全方位展示各部位概况。

火火器体验：辅助消防安全教育、各类灭火器使用。

图3 硬件环境

4 BIM技术重难点应用

4.1 超大体积筏板"溜管布料"

项目塔楼筏板基础面积约7900m²，主要厚度5m，一次浇筑方量达3.18万m³。采用本局自主研发无间歇溜管法浇筑技术，现场东西共布置8套溜管，实现了50h完成浇筑+收面的"八一"速度（图4）。

无间隙溜管法浇筑系统由主管、分支管、支架、台架、卸料斗、集料斗等几部分组成，采用依次从最远端推进的形式进行布料，形成"一条主管、两条转动槽"同时浇筑，并在此基础上对堵管、布料、防离析进行了优化。

施工流程：润管→卸料→布料→转换→洗管→收面。

图4 施工现场平面布置

4.2 垂直运输机械"高效运转"

施工电梯采取高度分区和"接力"配置，最大限度利用现有场地并合理设置电梯停靠层站和人员、材料的运输通道。

上平台电梯设置一梯两笼高速电梯，下挂格构柱跟随平台同步顶升，滑动附墙件实现施工电梯悬挑标准节附着。

4.3 集成顶升平台"智能爬升"（图5）

集成顶升平台包括：
（1）新型装配式整体顶升钢平台系统；
（2）新型牛腿附墙式顶升平台支撑系统；
（3）组合拼装外挂架系统；
（4）钢模板支撑加固系统；
（5）全方位智能监控系统。

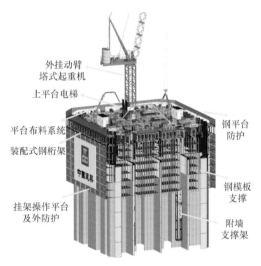

外挂动臂塔式起重机
上平台电梯
平台布料系统
装配式钢桁架
挂架操作平台及外防护
钢平台防护
钢模板支撑
附墙支撑架

图 5　集成顶升平台

4.4 钢结构"有序吊装"

钢结构深化设计，综合考虑各构件制作、安装及焊接工艺，过程中进行预调，通过结构整体变形计算分析及施工过程中变形计算分析，同时结合土建、机电等其他专业需求，确保深化设计的质量（图6）。

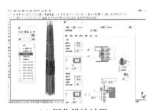

（a）深化设计过程

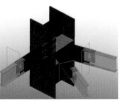

（b）Tekla梁柱节点

图 6　钢结构深化设计、吊装模拟

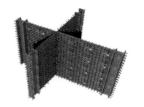

（c）钢板剪力墙

（d）劲性外框巨柱地脚锚栓节点

（e）钢筋桁架楼承板

（f）塔冠安装

图 6　钢结构深化设计、吊装模拟（续）

5　BIM 技术常态化应用

因施工现场场地狭小，北侧基坑边距围挡边线仅 2.5m，东侧临近市政绿化，南侧临近临时道路。

利用 BIM 技术结合现场实际情况，模拟各阶段现场场地布置，对材料堆场、运输路线、工序穿插等进行分析，对场地不合理位置进行优化，节约现场用地。BIM＋无人机技术直观对比施工前后，实现平面动态管理（图7）。

（a）平面管理

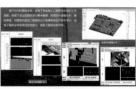

（b）图纸会审

（c）技术管理

（d）安全管理

（e）质量管理

（f）进度管理

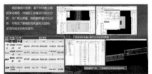

（g）商务管理

图 7　BIM 技术常态化应用

A004 中国国际丝路中心大厦项目 BIM 技术应用

团队精英介绍

张 业
中建八局第一建设有限公司中原公司总经理

一级建造师
高级工程师
马来西亚建筑科学协会特聘专家

主持完成了马来西亚吉隆坡标志塔，32 个月完成了一栋 452m 高、106 层塔楼，把中国超高层成套管理技术输出到海外，创造了超高层施工速度的奇迹。

冯泽权
中建八局第一建设有限公司中原公司业务经理

BIM 高级建模师（结构设计专业）

曾荣获国际级 BIM 大赛一等奖 1 项；国家级 BIM 大赛特等奖 1 项，一等奖 1 项，二等奖 1 项；省级 BIM 大赛一等奖 1 项。从事近 5 年 BIM 管理工作，多次参与主导项目省级、国家级 BIM 大赛成果申报与答辩工作。

耿永力
中建八局第一建设有限公司项目总工

一级建造师
高级工程师

先后取得专利 9 项，省级工法 10 项，发表论文 6 篇，省级科技成果一等奖 1 项，国家级 BIM 奖 1 项，国家级项目管理成果一等奖 1 项，参建项目获鲁班奖、国家优质工程奖、钢结构金奖。

杨青峰
中建八局第一建设有限公司中国国际丝路中心大厦项目总工

一级建造师
高级工程师
河南省钢结构协会专家

长期从事钢结构设计、深化设计、钢结构加工安装，先后主持完成了濮阳体育馆、正弘城、中国国际丝路中心大厦的钢结构深化、安装。获得中国钢结构金奖项目 2 项。

李玉龙
中建八局第一建设有限公司中国国际丝路中心大厦项目总工

目前已获得省级 QC 6 成果项，省级工法 2 项，授权、受理专利 10 项，发表论文 3 篇，省级科技奖 1 项，国家级 BIM 奖 5 项，参编地标 1 本。

王牧鹏
中建八局第一建设有限公司技术工程师

BIM 高级建模师（建筑设计专业）

曾荣获国际级 BIM 大赛一等奖 1 项；国家级 BIM 大赛特等奖 1 项，一等奖 1 项，二等奖 1 项；省级 BIM 大赛一等奖 1 项。郑东新区科学大道、河南大学科创楼项目 BIM 负责人，主导项目 BIM 管理体系运行、人才培养、大赛的申报与答辩工作。

胡 闯
中建八局第一建设有限公司项目技术工程师

西安建筑科技大学本科

先后荣获国家级 BIM 奖 1 项，省级科技奖 2 项，省级 QC 成果 3 项，工法 1 项，发表论文 1 篇。

 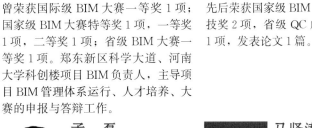

刘王奇
中建八局第一建设有限公司项目技术工程师

BIM 建模工程师
长安大学本科

先后荣获国家级 BIM 奖 2 项，国家级 QC 成果 1 项，省级科技奖 3 项，省级 QC 成果 2 项，取得专利 2 项。

孟 磊
中建八局第一建设有限公司项目技术工程师

BIM 建模工程师
郑州大学本科

先后荣获国家级 BIM 奖 2 项，国家级 QC 成果 1 项，省级 QC 成果 6 项，省级工法 1 项，省级科技奖 2 项，取得专利 6 项，发表论文 2 篇。

马贤涛
中建八局第一建设有限公司中原公司优秀讲师

BIM 高级建模师

曾任公司科技部经理，负责公司各项科技成果申报，BIM 技术推广与培训，参与 2 项"国优"工程创建，获得多项国家级 BIM 成果、QC 成果与科学技术奖。

广州新白云国际机场 T2 航站楼钢结构设计、建造、运维全生命周期 BIM 应用

中冶（上海）钢结构科技有限公司，广东省建筑设计研究院，同济大学，
浙江精工钢结构集团有限公司，浙江东南网架股份有限公司

罗兴隆　区彤　张其林　潘斯勇　杨新　谭坚　罗晓群　金平　李钦　吴杰

1 项目简介

1.1 项目概述

项目地点：广州市北部，新白云机场航站区（图1）。

设计时间：2006—2016 年。

竣工时间：2018 年 2 月。

建筑面积：86.71 万 m^2，其中二号航站楼 65.87 万 m^2，交通中心及停车楼 20.8 万 m^2。

建筑层数：地上 4 层，地下 2 层。

广州白云国际机场扩建工程包括 T2 航站楼主楼、连接楼、指廊、高架连廊；附属设施，包括出港高架桥、下穿隧道、地铁工程、城轨工程、的士隧道、大巴隧道、综合管廊、站坪及设施；交通中心（图2）。

图 1 项目鸟瞰图

图 2 项目概况

1.2 公司简介

中冶（上海）钢结构科技有限公司是中国五矿、

中国中冶的骨干子企业，在 2018 年 4 月以上海宝冶钢构为主体，整合中国二十冶、上海五冶的钢结构业务板块合并成立，企业注册资本金 10 亿元。

公司拥有钢结构专业承包一级资质、制造特级资质，具有行业竞争力的科研平台，主编、参编了国内主要的钢结构国家、行业标准，拥有以美标、欧标为代表的一系列国际认证，具有全产业链整体优势，沉淀了一大批先进的技术，培养了一大批领军人物和优秀的管理人才。拥有强大的装备制造能力，在上海拥有 5 个钢结构制造基地，厂房面积 30 多万 m^2，是上海地区最大的钢结构制造企业。产学研结合硕果累累，与同济大学联合共建了上海同及宝建设机器人有限公司和"全方位加载结构试验室"。承接了国内大部分钢结构安装所涉及的提升、滑移及卸载任务；拥有尺寸和加载能力均为国内最大的球形反力装置，承担国内特别复杂的上百个节点试验；建立了以构件追踪、追溯为核心的项目全过程信息化 4D 管理平台。

1.3 工程重难点

工程体量巨大：总投资约 197 亿元。T2 航站楼建筑面积约 70 万 m^2。单层建筑面积达 10 万～20 万 m^2，需 20 张 A0 图纸拼合。在目前的软硬件技术条件下，这样的体量对各种 BIM 软件平台都是一个挑战。

专业、系统复杂性高：本项目包含众多专业系统，这些系统可能由多种软件建模而成，如行李系统、钢结构等系统均采用不同格式，多种格式的模型如何兼容、如何定位、如何更新，都需要提前做好详尽的规划。

钢构拆分与协调：本项目由 3 个钢结构施工单位完成，体量大。设计单位采用 Revit 建立统一模型进行协调，拆分后，采用同济 3D3S 软件完成钢结构深化设计，对特殊节点采用 Tekla 深化。

1.4 BIM 模型应用体系

BIM 模型涉及的构件类型：网架、球节点、铸钢节点、土建混凝土（图3）。

BIM 模型杆件数量：121026 根。

BIM 模型节点数量：29994 个。

用钢量：1.23 万 t。

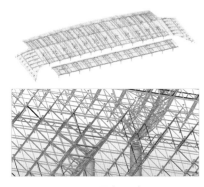

图 3 网架示意

2 钢结构 BIM 应用成果

2.1 超大体量钢结构工程的全过程 BIM 协同建造若干关键技术

（1）针对工程体量巨大，专业、系统复杂性高，工期紧张，BIM 模型整合，协同共享困难等重难点，分层次实现多种 BIM 技术应用。

（2）屋面风环境分析及性能模拟优化。

（3）建筑结构装修一体化设计。

1）经济且满足工期的网架体系＋钢管柱结构。

2）全国首创渐变旋转式吊顶使空间造型一气呵成。

3）模数化多功能幕墙系统设计。

4）金属屋面系统适度非线性三维。

（4）基于 BIM 的主体结构、玻璃幕墙、屋盖钢结构的协同设计。

（5）利用 BIM 技术建立各阶段、工况的现场平面布置模型和调整时间节点，为现场平面管理提供直观形象的依据。

（6）空心球、环板加劲、十字加劲三种球节点形式。

（7）对提升架进行放样，并进行有限元分析，保证提升措施安全可靠。

（8）对于每个胎架，根据方案在模型中放样，调整提升方位，保证胎架不影响到网壳杆件安装。

2.2 基于 3D3S-Solid 的工程全周期设计-加工建造-监测-验收-运维 BIM 一体化信息集成应用体系与实践

利用 3D3S-Solid 平台，可以对节点设计中的零部件进行 BIM 施工模型的细化，允许用户进行对零件的自由编辑；面对工程中的实际需求，3D3S-Solid 并发了参数化节点制作功能，能够支持用户自定义从杆件选择定义到零部件选择添加最后到组合形成参数化节点的全过程；方便在内置节点缺失的情况下允许用户自定义想要的节点设计样式，同时可以保存该制作流程，在下次工程中遇到该类型节点就可采用用户已定义的参数化节点完成设计（图4～图8）。

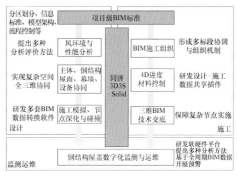

图 4 信息集成

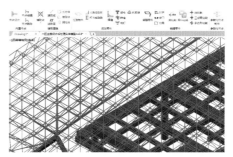

图 5 钢结构 BIM 施工模型 3D3S-Solid 细化

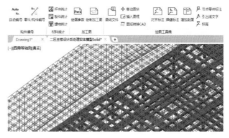

图 6 BIM 施工模型 3D3S-Solid 完成杆件零件的编号统计及出图

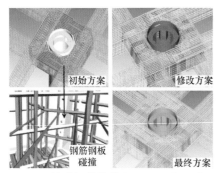

图7 特殊钢结构节点 BIM 深化设计

图8 平台主要功能

2.3 大跨风敏感钢结构的全生命周期的钢结构 BIM 信息化运维及健康监测

项目提出了基于全工况 BIM 模型的钢结构设计建造全周期应用体系，实现设计工况存储、施工模拟工况存储、施工实测工况存储、多种极端工况预求解与应力状态存储、基于 BIM 模型结构实时迭代求解，通过一体化的 BIM 信息化整体应用体系，实现钢结构全周期精细化运维（图9）。

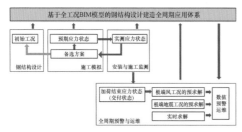

图9 基于全工况 BIM 模型的钢结构设计建造全周期应用体系

根据项目监测的总体要求，本监测方案包括施工阶段监测和运营阶段健康监测两部分，主要监测内容如下：

（1）施工阶段监测：施工阶段的关键施工节点；钢结构合拢以及卸载时钢结构关键位置的应力、变形、稳定等（图10）。

（2）运营阶段监测：运营阶段的环境监测；钢结构整体动力特性；钢结构关键区域的风压影响；钢结构关键构件的应力、变形、稳定等。

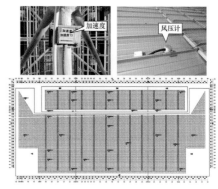

图10 施工阶段监测

在大型航站楼中首次建立全过程的健康监测系统。对得到的施工过程及后续使用阶段关键杆件内力、位移、加速度等重要数据采用 BIM 轻量化模型进行存储与调用，进而绘制出监测内容数值变化曲线，并根据受力特性，分析被测部位数据和受力曲线，对结构状态进行评估，提交相应监测报告（图11）。

图11 全过程健康监测系统

3 钢结构 BIM 应用总结

广州白云国际机场扩建工程作为目前我国在建的规模最大的航站楼综合体项目，同时也是我国近期最大的单体建筑之一，在项目设计、施工乃至运维过程中全面应用 BIM 技术，这在行业内是一个意义非凡的具有典型示范性的项目（图12）。

BIM 作为工程项目管理和技术手段，解决了在设计和施工过程中的方案可视化、设计成果优化、技术交底与会商、参与方协同管理、综合管控（进度、质量、安全、成本）、变更管理以及信息共享传递等诸多方面的问题并收获实效，提高了工程建设质量和项目综合管理水平。

图12 广州白云国际机场效果图

A040 广州新白云国际机场 T2 航站楼钢结构设计、建造、运维全生命周期 BIM 应用

团队精英介绍

罗兴隆

中冶（上海）钢结构科技有限公司设计研究院院长

工学博士
教授级高工
高级程序员

主持了大量标志性钢结构工程如国家体育场、世博会主题馆等钢结构施工技术工作，现任中国钢结构协会网格结构专业委员会委员、中国工程建设标准化协会钢结构专业委员会委员。

区 彤

广东省建筑设计研究院有限公司结构副总工程师

高级工程师
一级注册结构工程师

先后主持广州白云国际机场二号航站楼、广州亚运馆等重大工程，获国家、省部级优秀设计、工程奖 32 项（包括两项中国钢结构金奖）；省部级科技成果奖 13 项；拥有 24 项专利权；主编 2 本著作。

张其林

同济大学土木工程学院教授

博士生导师

担任国家自然科学基金重点项目及多项科技部支撑计划课题的负责人。主持编写了国家、行业或地方工程建设标准 6 部，出版专著 7 部，获专利 10 余项。

潘斯勇

中冶（上海）钢结构科技有限公司设计研究院副院长

工学博士
一级注册结构工程师
高级工程师

长期从事钢结构数字化创新技术研究，参与了上海迪士尼、广州白云机场等项目。曾获上海职工数字化设计大赛银奖、上海优秀发明大赛银奖，多次获得中国钢结构协会科技进步二等奖、全国各类 BIM 大赛奖项等。

杨 新

广东省建筑设计研究院有限公司结构工程师

工学学士
工程师

主要从事结构设计、建筑信息化相关研究，获中国建筑学会科技进步奖 1 项、省土木学会科技奖 5 项、省勘协优秀软件 2 项，发表论文 4 篇。

谭 坚

广东省建筑设计研究院有限公司所副总工程师

硕士研究生
一级注册结构工程师
高级工程师
广东省钢结构协会专家

长期从事钢结构设计，先后参与和负责完成了广州白云国际机场二号航站楼、深圳机场卫星厅项目等多项大型公建设计，获中国钢结构金奖 3 项，发明专利 6 项，省级科技成果多项，发表论文 5 篇。

罗晓群

同济大学土木工程学院副教授

硕士生导师

参与国家自然科学基金重点项目、国家自然科学基金面上项目、国家"十一五"科技支撑计划项目、国家"十二五"科技支撑计划项目、国家 863 计划项目子课题等重要科研项目 10 余项。

金 平

中冶（上海）钢结构科技有限公司项目经理

一级建造师
高级工程师

长期从事钢结构施工技术工作，曾获省级科学技术奖 1 次，中国钢结构协会科技进步奖 2 次，发表论文 10 余篇，授权发明专利 1 项，实用新型专利 6 项。

李 钦

广东省建筑设计研究院有限公司 BIM 设计研究中心副总工程师

一级注册建筑师
注册城乡规划师

主要负责 BIM 的技术质量管理、课题研究、创新管理、BIM 正向设计等相关工作，参与编写《民用运输机场建筑信息模型应用统一标准》等多项标准。

吴 杰

同济大学土木工程学院副教授

博士生导师

主持和参与国家自然科学基金项目、"十三"五国家重点研发计划项目、"十二"五国家科技支撑计划项目、"十一五"科技支撑计划项目、国家 863 计划项目子课题等重要科研项目 10 余项。

前海国际会议中心

**深圳市建筑设计研究总院有限公司，深圳市前海开发投资控股有限公司，
中国建筑第八工程局有限公司**

方平　金雨红　何一华　臧士凤　孟乐　钟先锋　罗鸣　张善壮　员成　陈余耀　等

1　项目简介

1.1　项目概述

前海国际会议中心地处深圳市前海片区，用地面积约 2.43 万 m^2，总建筑面积约 4 万 m^2（图1）。

图1　项目效果图

建筑首层强调公共性和开放性，主要有多功能厅、宴会厅、接待室、后勤和办公用房。建筑二层强调高效性和私密性，主要有主会议厅、候会区、贵宾休息室与会议室。

前海国际会议中心项目是前海合作区"一号工程"，是满足前海日益增长的商务、政务、国际交流需要，集会议中心、战略功能、国际交流活动功能为一体的建设项目。主要用于承担迎接深圳经济特区建设 40 周年、前海深港合作区成立10 周年的重要任务。项目由全国勘察设计大师、中国工程院院士孟建民主持设计。

前海国际会议中心的建筑设计采用传统与现代手法相融合，建筑大屋面运用现代材料彩釉玻璃演绎传统琉璃瓦屋面，主题为"薄纱"，创意源自于岭南传统民居建筑形式，并通过现代建筑手法、材料进行演绎，体现中国传统民族文化自信，既有传统韵味、又符合前海的新时代气息。

1.2　公司简介

深圳市前海开发投资控股有限公司成立于

2011 年 12 月 28 日，注册资本 1.5 亿元，深圳市前海深港现代服务业合作区管理局为全资控股股东。该公司战略定位为产业发展商，即围绕前海合作区总体发展规划，发挥开发建设主体作用，筹措开发建设资金，加强城市基础设施建设，奠定产业发展基础。从事金融、现代物流、科技服务等特定产业的投资与运营，促进主导产业发展。

深圳市建筑设计研究总院有限公司始建于1982 年，是拥有从业人员 2700 余人的深圳市直属大型国家甲级设计院。本部设在全国首座"设计之都"——深圳，位于振华路 8 号设计大厦，下设第一、二、三分公司，城市建筑与环境设计研究院，城市规划设计院，装饰设计研究院，筑塬院，博森院，城誉院及直属设计部所，驻外机构有重庆分公司、武汉分公司、北京分公司、合肥分公司、成都分公司、西安分公司、昆明分公司、海南分公司及东莞分公司，公司所属控股企业为总源物业管理有限公司，参股企业有众望建设监理公司、精鼎建筑工程咨询有限公司。公司总建筑师孟建民为全国勘察设计大师。

中国建筑第八工程局有限公司成立于 1998 年9 月 29 日，注册地位于中国（上海）自由贸易试验区世纪大道 1568 号 27 层。经营范围包括房屋建筑、公路、铁路、市政公用、港口与航道、水利水电各类别工程的咨询、设计、施工、总承包和项目管理，化工石油工程，电力工程，基础工程，装饰工程，工业筑炉，城市轨道交通工程，园林绿化工程、线路、管道、设备的安装，混凝土预制构件及制品，非标制作，建筑材料生产、销售，建筑设备销售，建筑机械租赁，房地产开发，自有房屋租赁，物业管理，从事建筑领域内的技术转让、技术咨询、技术服务，企业管理咨询，商务信息咨询，经营各类商品和技术的进出口。

1.3　项目特点及难点

项目定位高：政治意义深远，极高的项目品

质要求，各专业设计施工要求高。

协调难度大：本工程专业众多，高峰期有 5 个专业公司，十几个专业分项，800 余人同时施工，各专业 BIM 工作需保证前置性、先行性，贴合施工组织要求。

工期极度紧张：项目面临雨季和节假日双重影响，且经受疫情影响，工期被压缩约 50 天。

涵盖专业多：本项目的建设内容囊括了建筑、结构、安装、智能化、装饰、幕墙、小市政、景观绿化、会议系统等专业，建设内容繁琐复杂。

钢屋架施工难度高：钢屋架结构整体为"几"字形，主梁带有一定的弯弧，且施工面积广，构件数量多，钢屋架的加工、存放及安装均有难度。

项目特点见图 2。

图 2　项目特点

1.4　项目整体 BIM 漫游展示（图 3）

图 3　项目整体 BIM 漫游展示

2　BIM 实施框架

2.1　项目组织架构（图 4）

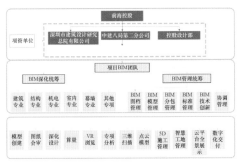

图 4　项目组织架构

2.2　BIM 实施导则及标准

结合前海城市级片区 BIM 数据管理要求、本项目目标及重难点等内容，组织完成《前海国际会议中心 BIM 实施导则》及《前海国际会议中心 BIM 模型标准》，严格落实项目全生命周期的 BIM 工作，确保本项目在 BIM 实施过程中有据可循，有组织，有目的。

2.3　一体化 BIM 软件系统（图 5）

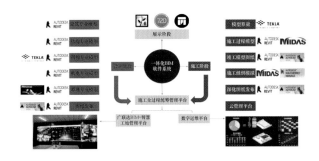

图 5　一体化 BIM 软件系统

2.4　各阶段 BIM 实施方案

本项目在各单位进场筹备阶段，根据 BIM 实施导则、BIM 实施标准等纲领性文件，完成本阶段本专业的 BIM 实施方案，明确本单位 BIM 实施架构、团队成员、技术展示、保障措施等，并在 BIM 工作启动会上进行交底讨论，最终作为 BIM 实施的依据。

3　BIM 核心应用点

3.1　全专业 BIM 模型展示（图 6）

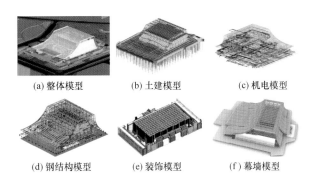

(a) 整体模型　　(b) 土建模型　　(c) 机电模型

(d) 钢结构模型　　(e) 装饰模型　　(f) 幕墙模型

图 6　全专业 BIM 模型

3.2 钢结构 BIM 应用

（1）钢结构模型展示。

本工程长约 100m，宽约 120m，屋顶构架高度 31.50m，结构屋顶高度 23.15m（图7、图8）。通过 BIM 建模及受力分析计算，决定首层以上均采用钢结构，首层及以下采用混凝土结构，上部钢结构钢柱对应的地下室柱采用钢骨混凝土柱，二层、夹层及标高 23.150m 楼板采用钢筋桁架楼承板，大屋面采用轻型屋面。

图 7 整体 BIM 模型渲染效果

图 8 钢构 BIM 模型渲染效果

（2）整体结构形式确定。
（3）主会议厅结构形式。
（4）大门入口异形柱方案比选。
（5）钢结构节点深化。
（6）节点深化出图。
（7）节点深化加工。
（8）钢结构吊点受力分析。
（9）钢结构施工模拟。

3.3 幕墙 BIM 应用

（1）屋面雨水分析。
（2）屋面结构布置。
（3）侧翼幕墙结构布置。
（4）复杂幕墙构造建模。

3.4 常规 BIM 应用

（1）图纸校核及碰撞检查。
（2）工艺可视化交底。
（3）物料管控。
（4）净高优化。
（5）三维管线漫游及交底。
（6）BIM 模型落地。

3.5 创新 BIM 应用

（1）装配式机房二维码应用。
（2）装配式机房深化设计。
（3）三维扫描应用。
（4）智慧工地。
（5）智慧运维。

4 BIM 应用总结

4.1 效果总结

协同：基于同一个 BIM 模型为各参与方提升协同工作的高效性和保真率。

工期：前期完成校核和碰撞，与设计沟通，减少施工过程中设计变更，避免返工，节约工期。

人员：BIM 技术降低了管理人员和施工人员对审图和接受方案的能力阈值，保证方案落实到位。

组织：BIM 技术帮助管理人员进行场地平面布置等决策，提高了施工组织能力。

质量：有对照模型，保证了产品加工准确率，增加了施工质量。

资金：BIM 技术可提高材料下单、采购的精准率，减少材料损耗，缓解每期资金压力。

智慧：智慧工地在人机料法环等方面为项目提供了保障。

4.2 成本及效益分析（图9）

成本（总包估算）			
序号	效益分类	成本	成本计算
1	设备	40万	设备采购
2	人员	12万	工资折算
总计		52万	

经济效益（总包估算）			
序号	效益分类	效益估值	效益来源
1	图纸校核	32万	减少设计问题
2	碰撞优化	138万	节省的人、机、料
3	规避碰撞省下的材料	70万	材料、人工费
4	深化设计	165万	材料费
5	工期提前	80万	机械、人工、管理费
总计		485万	

人才效益			
序号	分类	人数	备注
1	BIM等级考试	7	
2	具备BIM应用能力的管理人员	18	

图 9 成本及效益分析

智能化、信息化的智慧管理，有效的防疫手段，使得本项目成为本市施工项目的典范，各界媒体对项目进行报道，为公司和企业起到良好的社会效益。

A083 前海国际会议中心

团队精英介绍

方 平
前海建设投资控股集团有限公司
主任工程师

从事 18 年工程管理工作，任多个大型项目管理负责人，项目获市、省、国家级多种荣誉。

陈余耀
中建八局第二建设有限公司前海国际会议中心项目技术工程师

先后获得国家级 BIM 奖 1 项，国家级 QC 成果 2 项，省部级 QC 成果 4 项，国家级期刊发表论文 2 篇等多项荣誉。参与前海国际会议中心项目的钢结构深化、安装等技术工作，该项目获中国钢结构金奖。

何一华
前海建设投资控股集团有限公司主任工程师

一级注册结构工程师
英国诺丁汉大学硕士

从事 11 年结构设计及管理工作，多次参与国内外项目设计，曾完成广西南宁某超高层项目超限设计、长沙某钢结构设计及研究等相关工作。任多个项目设计负责人，荣获多个设计奖项。

臧士凤
前海建设投资控股集团有限公司主任工程师

从事 15 年设计、工程、BIM 管理工作，先后荣获省级、市级多项设计奖项，发表论文 4 篇，任多个大型项目设计负责人。

孟 乐
深圳市建筑设计研究总院有限公司数字化建筑研究所所长

助理工程师
BIM 青年专家

获得国家级 BIM 大赛一等奖 1 项、二等奖 2 项、三等奖 4 项、特等奖 1 项；市级 BIM 大赛一等奖 1 项、二等奖 2 项。从事 BIM 行业 9 年，参与多个 BIM 项目，而后担任 BIM 部门负责人，并担任多个重点项目负责人。

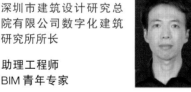

钟先锋
深圳市建筑设计研究总院有限公司工程师

一级注册结构工程师

长期从事钢结构设计和研究工作，获钢结构金奖 2 项，受理专利 1 项，发表论文 3 篇。

罗 鸣
深圳市建筑设计研究总院有限公司数字化建筑研究所项目经理

工程师（暖通专业）

获得国家级 BIM 大赛一等奖 1 项、二等奖 1 项、三等奖 4 项、特等奖 1 项；市级 BIM 大赛一等奖 1 项、二等奖 2 项。从事 BIM 行业 8 年，参与多个 BIM 项目，后担任多个 BIM 项目的项目负责人，先后荣获省级、市级等多项设计奖项。

张善壮
中建八局第二建设有限公司前海国际会议中心项目总工

工程师
公司优秀青年人才

先后获得国家级 BIM 奖 5 项、国家级 QC 成果 3 项、省部级 QC 成果 4 项，在国家级期刊发表论文 5 篇。先后主持了五矿金融大厦项目和前海国际会议中心项目的钢结构深化、安装等技术工作，目前前海国际会议中心项目获得中国钢结构金奖。

员 成
中建八局第二建设有限公司前海国际会议中心项目设计工程师

一级注册结构工程师
注册岩土工程师

于深圳市建筑设计研究总院及欧博工程设计顾问有限公司从事 5 年结构设计工作，参与深圳国际会展中心、深圳天健天骄南苑超高层、深圳荔园外国语小学、深圳坪山恒大城等项目。获得国家级 BIM 奖 1 项，国家级期刊发表论文 1 篇。

银川丝路明珠塔

中国建筑东北设计研究院有限公司

梁峰　张铭　张大伟　张伟　付丹　刘亚楠　张婧　王娇　王楠　王世振

1　项目概况

1.1　工程概况

银川是古丝绸之路重镇，西夏王朝故地，承载着"一带一路"中心城市的寄托。丝路明珠塔是中国建筑东北设计研究院有限公司为银川市打造"城市客厅"新地标量身设计之作，被冠以"城市之眼"美誉，是银川市首个文旅综合体（图1）。它将成为西部第一，全国第三高塔，全球第一高膜表皮建筑。

图1　项目效果图

总建筑面积17.5万 m²；塔体地下2层，地上46层，总高度448.2m；裙房地下2层，地上5层；建筑密度44.38%，容积率2.15，总投资23.33亿元。

1.2　公司简介

中国建筑东北设计研究院有限公司系国家大型综合建筑勘察设计单位，始建于1952年，为中国建筑集团有限公司的骨干企业。具有建筑工程甲级设计资质，同时具有岩土勘察、工程咨询、工程监理、装饰工程、施工图审查等甲（壹）级资质。

中国建筑东北设计研究院有限公司对建筑信息模型（简称 BIM）的研究工作始于2007年，于2011年成立了辽宁省勘察设计行业第一家BIM 中心，致力于 BIM 正向设计及关键技术研发工作。作为辽宁省"两个中心"研究机构，在多个相关领域取得了较高的成就。

BIM 研发中心业务涵盖建筑、结构、给水排水、暖通空调、电气、规划、景观、建筑经济、计算机等专业，研究成果在多个工程中成功应用。在方案设计、施工图BIM 正向设计、全过程咨询、建筑性能化分析、绿色建筑等领域取得了较高的成就，在业内处于国内先进水平（图2）。

图2　公司简介

1.3　工程重难点

（1）示范工程，项目工期紧：受疫情影响，计划工期仍坚持不变。

（2）建筑形体复杂：传统二维设计很难表达设计意图（图3）。

图 3 建筑形体

（3）结构形体、计算分析复杂：塔体钢结构扭转上升，计算分析复杂，结构定位以及模型建立较困难。

（4）专业分包较多：多专业（装饰工程、幕墙工程等）配合需要紧密协同。

（5）工程复杂，运营理念不断更新：设计图纸变更多。

2 项目 BIM 实施策划

2.1 BIM 组织架构（图 4）

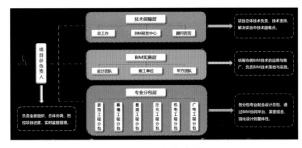

图 4 BIM 组织架构

2.2 BIM 实施方案及 BIM 标准

针对丝路明珠塔项目特点，设计之初编制了项目级 BIM 标准，使项目 BIM 模型规范化。

2.3 BIM 模型拆分原则（图 5）

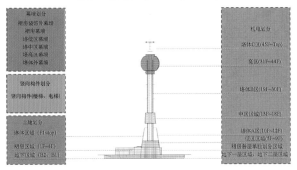

图 5 BIM 模型拆分

2.4 BIM 应用内容（图 6）

图 6 BIM 应用内容

2.5 软硬件配置（图 7）

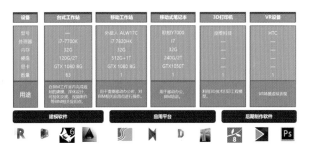

图 7 软硬件配置

3 BIM 创新应用

3.1 方案阶段 BIM 应用

包括：BIM＋GIS 技术场地分析；VR 分析；参数化建模；Dynamo 可视化编程；结构体系；结构方案比选；3D 打印；建筑物理环境模拟；商业中庭可视化分析；幕墙节点比选；景观动态漫游；成果与效益；玻璃栈道体验模拟；疏散分析。

3.2 施工图阶段 BIM 应用

包括：三维辅助设计；结构分析；机房信息集成；车库动态净高分析；管网综合；裙房中庭区域局部净高分析；复杂节点设计；参数化族的编制；工程量清单统计。

3.3 施工配合阶段 BIM 应用

包括：三维可视化交底；BIM5D 基础数据管理；BIM＋技术管理系统；BIM5D 安全管理；无

人机施工监测。

4 成果与效益

经济效益：从方案到施工图设计运用 BIM 技术配合原创中心进行方案比选，动画漫游及 VR 制作，节约设计成本约 70 多万元。BIM 技术伴随整体设计过程，减少设计变更，缩短施工工期。

社会效益：丝路明珠塔项目是银川市首个文旅综合体，西部第一高塔，全国第三高塔。银川市重点示范工程。通过本项目塑造"一带一路"中心城市新地标。

科研成果：通过 BIM 技术应用，解决了设计中形体复杂，沟通及表达等难点问题。同时通过物理环境模拟，分析塔顶摩天轮运营受气候影响的相关因素，申请获得相关专利成果。

企业标准体系完善：通过超高层文旅综合体 BIM 技术的应用，完善中建东北院企业级 BIM 标准，同时为了满足项目需求，设计人员编制了大量参数化族及相关插件程序。

本项目对不同支撑方案计算结果进行对比，从经济性及结构安全性考虑，采用方案 6，节省约 2% 成本（图 8）。

| 方案1 | 方案2 | 方案3 | 方案4 | 方案5 | 方案6 |

模态工况前三周期对比

周期	方案1	方案2	方案3	方案4	方案5	方案6
T1	7.0359	6.5316	6.7792	6.7719	6.4407	6.6765
T2	7.0359	6.5316	6.7792	6.7719	6.4407	6.6764
T3	4.9945	4.7551	4.9432	4.7576	4.7538	4.5828

外筒钢结构自重对比

外筒重量 (kN)	方案1	方案2	方案3	方案4	方案5	方案6
(kN)	263758	237739	262345	263897	228172	202376

图 8　方案对比分析

丝路明珠塔项目是银川市首个文旅综合体，西部第一高塔，全国第三高塔，银川市重点示范工程。

依托本工程的 BIM 应用，获取了一项专利，两项软件著作权。并且，在丝路明珠塔 BIM 项目中，东北院的 BIM 族库不断完善，加速了项目的进程。

5 展望与计划

项目全过程 BIM 应用，已完成策划、设计阶段。目前 BIM 应用正处于施工阶段，并为后续的运维阶段作准备（图 9）。

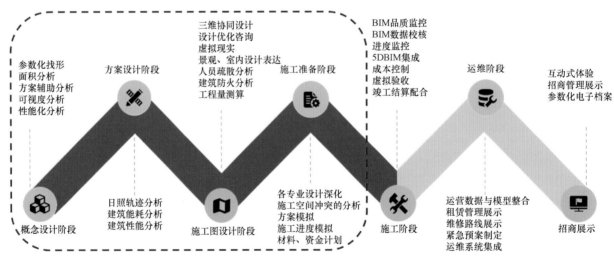

图 9　BIM 应用展望

A086 银川丝路明珠塔

团队精英介绍

梁 峰
中建东北院第四设计院总工程师兼副总经理

一级注册结构工程师
教授级高级工程师

获得全国优秀工程勘察设计行业奖二等奖 3 次、三等奖 2 次；辽宁省优秀设计奖一等奖 3 次、二等奖 1 次；中国建筑优秀勘察设计奖，一等奖 2 次、二等奖 3 次；空间结构奖银奖；全国龙图杯 BIM 大赛二等奖；参与编制省级规范 2 本。

张 铭
中国建筑东北设计研究院有限公司 BIM 研发中心主任

高级工程师
BIM 高级工程师

从事结构设计工作 15 年，BIM 管理工作 3 年。先后获得军区优秀设计一等奖 1 项、二等奖 4 项、三等奖 3 项，龙图杯 BIM 大赛二等奖，"金标杯"创新大赛 BIM 运维组二等奖。参编 BIM 行业标准 2 项、团体标准 1 项、地方标准 4 项。

张大伟
中国建筑东北设计研究院有限公司北京分公司副总工程师

一级注册结构工程师
教授级高级工程师

从事结构设计工作 20 年，先后获得中国勘察设计协会优秀设计奖项 2 项，省级优秀设计奖项 7 项，中建总公司优秀设计奖项 1 项，沈阳市优秀设计奖项 10 余项。获得授权专利 1 项，编著专著 1 本，发表论文 3 篇。

张 伟
中国建筑东北设计研究院有限公司 BIM 研发中心建筑专业负责人

高级建筑师
国家一级注册建筑师
城乡注册规划师

主持完成了盐城市第一人民医院二期工程、深圳人才安居秀馨苑等多个项目的正向设计及 BIM 应用工作，多次获得国家及省部级 BIM 奖，编写辽宁省 BIM 规范 1 部，承担省部级科研项目 1 项，获发明专利 1 项。

付 丹
中国建筑东北设计研究院有限公司 BIM 研发中心结构专业负责人

高级工程师
一级注册结构工程师
注册土木工程师（岩土）
一级建造师（建筑工程）

完成北约客置地广场、银川地标建筑"丝路明珠塔"、武汉华润超高层公建等复杂超限项目设计，获得多项省市级和公司级优秀工程奖励。参与 BIM 设计应用项目 30 多项，累计获得国家级、省市级 BIM 奖项 10 余项。

刘亚楠
中国建筑东北设计研究院有限公司主任工程师

一级建造师
一级注册电气工程师

先后完成深圳市公安局第三代指挥中心、盐城市第一人民医院二期医疗综合体工程等多个 BIM 正向设计项目，获得国家级 BIM 大赛二等奖一项，优秀奖 1 项；省级 BIM 大赛一等奖 2 项。参编公司级 BIM 标准两项，省级标准 1 项。

张 婧
中国建筑东北设计研究院有限公司 BIM 研发中心暖通专业负责人

高级工程师
一级注册消防工程师

长期从事 BIM 正向设计及 BIM 应用相关工作，先后完成中国建筑创意产业园、盐城市第一人民医院二期医疗综合体工程等 BIM 正向设计项目；完成省直青年人才公寓金科苑项目、丝路明珠塔等 BIM 应用项目。获国家级 BIM 大赛一等奖 1 项。

王 娇

高级工程师
注册设备师（给水排水）
BIM 建模师

参与多个 BIM 正向设计及 BIM 应用项目，先后荣获国家级 BIM 奖项 2 项，省级 BIM 奖项 1 项，参编省级 BIM 标准 1 本。

王 楠
中国建筑东北设计研究院有限公司 BIM 研发中心电气工程师

注册电气工程师（供配电）
BIM 高级建模师

从事 7 年 BIM 设计及 BIM 应用及研发工作，先后完成中建钢构大厦及中国建筑钢结构博物馆工程、中国建筑创意产业园、深圳市公安局第三代指挥中心、银川丝路明珠塔 BIM 设计应用等项目，多次获得国家及省部级 BIM 奖。

王世振
中国建筑东北设计研究院有限公司工程师

注册一级结构工程师
工程师

长期从事高层（超高层）及大跨钢结构设计，参与了银川丝路明珠塔超限报告中的多项专项分析；发表核心论文 1 篇。

郑州大剧院项目 BIM 技术综合应用

中国建筑第八工程局有限公司，郑州市数字化城市管理监督中心，河南省建设教育协会

李永明　李颖清　樊军　尹敏　杨贵喜　胡铁厚　康健　王明亮　耿王磊　赵少英　等

1 项目简介

1.1 项目简介

郑州大剧院项目（图 1）位于中原区西流湖街道汇智路以东、雪松路以西、渠南路以南、传媒路以北，本工程总占地面积 50942.97m²；总建筑面积 127739.67m²；地上建筑面积 60032.64m²（5 层），地下建筑面积 61101.03m²（2 层）。

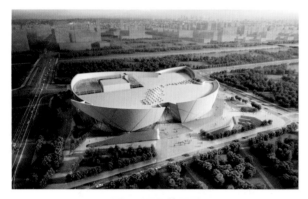

图 1　项目效果图

建设内容包括：1687 座的歌舞剧场（A 区）、461 座的戏曲排练厅（B 区）、884 座的音乐厅和 421 座的多功能厅（C 区）以及地下商业、停车场和配套的附属用房。

建成后将成为郑西新区又一现代化地标。

1.2 企业简介

中国建筑第八工程局有限公司（以下简称中建八局）是世界 500 强企业——中国建筑股份有限公司的全资子公司，始建于 1952 年，企业发展经历了工改兵、兵改工的过程，1966 年奉中央军委和国务院命令整编为基建工程兵部队，1983 年整体改编为企业，总部现位于上海市。中建八局具有房屋建筑工程施工总承包特级资质，主营业务包括房建总承包、基础设施、工业安装、投资开发和工程设计等，下设 20 多个分支机构，国内经营区域遍及长三角、珠三角、京津环渤海湾、中部、西北、西南等区域，海外经营区域主要在非洲、中东、中亚、东南亚。

1.3 重难点分析（表 1）

工程重难点分析　　　　　　　　　　　　　表 1

专业名称	专业模型	专业重难点	专业名称	专业模型	专业重难点
土建专业		结构造型极为复杂，椭圆形楼板及不规则墙面极多，施工质量和进度难以保证	幕墙专业		1. 结构特殊，80% 为弧形双曲面。 2. 幕墙种类多，且造型复杂。 3. 转折交接部位多。 4. 空间定位难度大，均为曲线交接，精度要求高
钢结构专业		外立面钢结构采用大倾角 V 形空间变径钢管结构，V 形柱支座和铸钢件空间定位要求精度高；网架构件种类繁多，安装工艺要求高；舞台工艺钢结构镶嵌在主体结构中，节点复杂，施工难度大	精装修专业		建筑声光的要求高，需要建筑声学设计、电声设计、装饰设计密切配合
机电专业		专业繁多，系统复杂，20 多个专业，各专业管线相互之间交叉严重，空间排布及现场施工难度大			空间曲面 GRG 加工安装精度控制困难，对挂点要求高

2 BIM 实施体系

2.1 BIM 组织架构

针对本工程各重难点，在项目开始之前，由建设单位组织 BIM 咨询单位与施工总包单位进行任务分工，明确 BIM 目标与各方职责，并成立联合 BIM 工作室（图2、图3）。

图 2　现场会议

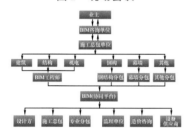

图 3　BIM 组织架构

2.2 软硬件配置

BIM 工作室配备专业图形设计笔记本 30 余台以及 100M 独立光纤等硬件设施，保证了项目 BIM 技术的顺利进行。

同时配备了完善的软件，如：Revit、Lumion、3ds max、SketchUp、Midas、Rhinoceros、Tekla、Luban 等。

3 钢结构 BIM 技术应用分析

3.1 辅助图纸会审

（1）郑州大剧院钢结构造型独特，导致图纸出图缓慢，错误遗漏较多，通过建立三维模型，发现图纸问题，创效及节约工期见表 2。

创效及节约工期汇总　表 2

图纸错误	100 处
涉及构件	梁 1508 个、柱 756 个
避免损失	约 212000 元
节约工期	约 10 天

（2）使出图后施工人员拿到的图纸均为 BIM 验证无误后的图纸。

（3）BIM 工程师深入施工现场，直接与设计院人员沟通，将问题消灭在萌芽状态。

3.2 可视化交底

本工程结构复杂，钢结构节点拼装难度大，利用 BIM 技术对复杂节点提前进行建模，并对工人进行可视化交底，消除操作工人对图纸理解的误差，保证施工质量。

3.3 场地平面布置

利用 BIM 技术建模分析选取搬迁间隔最长部位及最少拆迁量部位进行临设搭建，优化现场临设布置和道路规划方案，保证现场平面布置及文明施工管理。

3.4 三维模型辅助定位放样

本工程造型奇特，空间点位多且定位难度大。椭圆形楼板及异形屋面等采用 BIM 技术提取模型坐标并导出，然后导入全站仪进行现场放样，根据放样结果与模型进行对比，以确保测量精度。

3.5 无人机辅助项目管理

通过设置无人机拍摄航线及固定拍摄每个时点项目形象进度图，实时动态观察项目的进展与进度，进行工期进度控制与安全危险源识别，方便全局把控项目，指导项目管理人员。通过无人机拍摄航线及固定拍摄点，获得每个施工阶段现场的人、材、机布置图，通过此方式指导总平面管理与 BIM 模型行对比分析。

3.6 复杂钢结构深化设计

本工程钢结构形式复杂，支座与铸钢件采用销轴式铸钢连接节点，支撑体系呈 V 形，V 形桁架柱空间角度多变，网架构件种类繁多；舞台工艺钢结构镶嵌在主体结构中，节点复杂。利用 Tekla Structures 对钢结构进行深化设计，实现三维出图，指导工厂进行构件的加工以及现场吊装作业的施工。

3.7 多层吊挂舞台钢结构应用

A 区歌舞剧场舞台钢结构共计 7 层，其位置位于主体结构内，吊装需采用非常规方法进行。因此项目采用 Tekla 软件提前建立模型，模拟预拼装，保证施工质量及安全。

利用 BIM 技术进行舞台钢结构预拼装工序模拟，使工人充分理解和熟知安装路径和安装后的效果，做到无返工，一次成优。

3.8 外立面钢结构施工应用

钢结构外立面为"双倾 V 形柱＋双曲管桁架"，施工复杂且空间定位要求精确，利用 BIM 技术，制作安装模拟视频，提前模拟吊装施工路线，选取合理的吊装方案以及吊装设备，加快施工进度。

4 BIM 创新应用点及集成管理平台

（1）项目级协同平台（图 4）。

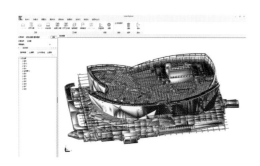

图 4　项目级协同平台

多应用端平台：项目各参与方使用手机端或 PC 端通过集成平台实时参与项目管理。

各参与方实时查看资料：业主实时查看进度，监理方实时提交现场质量安全问题，施工方及时解决现场问题。

在线浏览各项文档：利用云端将工程有关的文件上传至后台，方便项目有关人员随时浏览文件、模型等内容。

（2）施工资料档案管理。专业众多资料管理困难，通过平台，不同账号对应不同权限。通过 BIM 资料管理，使得项目设计图纸、联系函变更及资料上传管理有序。

（3）质量安全管理。运用移动端 APP，从云端获取设计图纸，将现场质量安全问题照片与 BIM 模型进行云标识，闭合质量安全问题。

（4）成本管理。

（5）进度管理。

5 项目效益分析及总结

5.1 经济效益

本工程在我单位承包范围内的钢结构专业的 BIM 应用，带来主要经济效益如表 3 所示。

经济效益分析			表 3
应用 BIM 策划内容	策划优化量	单项效益	效益	额度
钢结构工程（包括舞台钢结构）应用	碰撞检查 560 处	1200 元	节约成本	67.2 万元

5.2 社会效益

本工程通过深度应用 BIM 技术，并结合现场施工，获得以下成果。

（1）积极组织开展 QC 活动，获得河南省建筑业协会"二等奖"荣誉 2 项。

（2）借助 BIM 模型获得 2018 年度河南省省级工法 4 项。

（3）经郑州大剧院项目，总结 BIM 相关经验，参与编制了 4 项河南省信息模型应用标准。

（4）2017 年郑州大剧院项目作为河南省建筑信息模型（BIM）技术应用试点项目。

（5）发表关于项目 BIM 技术应用论文 3 篇。

（6）通过项目实际 BIM 操作经验，自主研发了异形构件族库云平台，方便异形构件模型下载。

5.3 总结

节省人工方面：通过可视化交底，优化材料、调整施工方法，集中加工场加工成品原材及装配式材料的选用，大大节省了人力。

节省材料方面：优化施工设计图纸，合理布置材料位置，根据每个材料剩余的边角料，利用 BIM 技术进行优化至其他位置，节省了损耗量。

施工进度方面：与无人机结合，及时对现场进行实时控制，方便了项目对劳务人员的管理。

施工成本方面：利用 BIM 技术，节省材料、节约人工、节省工期等，大大减少了施工高成本，为项目取得了较好的经济效益。

碰撞检查：通过各专业间的碰撞检查，提前发现设计中的干涉问题，避免施工过程中发现问题造成工期延误。

A091 郑州大剧院项目 BIM 技术综合应用

团队精英介绍

李永明
中建八局第二建设有限公司河南公司
总工程师

一级建造师
高级工程师

负责河南公司技术质量管理、科技推广、新技术应用、工程创优、BIM 中心等工作。先后主持完成了郑州大学第一附属医院郑东新区医院工程国优金奖、郑州市奥林匹克体育中心工程鲁班奖的申报等。

陈泽杰
中建八局第二建设有限公司河南公司郑州大剧院项目 BIM 工程师

BIM 工程师

薛 涛
中建八局第二建设有限公司河南公司 BIM 工作站业务主管

BIM 建模工程师
一级建造师
中国矿业大学（北京）硕士研究生

尹 敏
中建八局第二建设有限公司工程管理部副经理

一级建造师
高级工程师

公司 BIM 工作站技术员，负责郑州大剧院项目 BIM 工作，先后荣获国家级 BIM 奖 1 项，省级科学技术奖 2 项，省级工法 1 项，省级 QC 成果 3 项，发表论文 1 篇，取得专利 1 项。

从事 BIM 管理工作 4 年，曾担任多个项目 BIM 负责人，目前负责公司 BIM 技术推广、培训、BIM 大赛成果申报。先后获得国家级 BIM 奖 5 项，省级 BIM 奖项 5 项，公司 BIM 技能大赛二等奖，省建协 BIM 大赛优秀选手。

先后主持完成了郑州大剧院工程中国钢结构金奖荣誉，郑州大剧院工程第四届中国建筑业协会 BIM 大赛一类成果，河南省优质结构、国家 AAA 级安全文明工地，全国优秀项目管理成果一等奖，中国建筑优秀项目管理奖。

杨贵喜
中建八局第二建设有限公司河南公司郑州大剧院项目执行经理

高级工程师

胡铁厚
中建八局第二建设有限公司河南公司郑州大剧院项目技术负责人

工程师

康 健
中建八局第二建设有限公司河南公司郑州大剧院项目机电安装经理

工程师

历经工程获得郑州市市级安全文明工地，河南省"中州杯"优质工程；中国钢结构金奖荣誉；2016 年河南公司年度先进个人；获得省级科学技术奖二等奖 2 项，特等奖 1 项；省级工法 3 项，省级 QC 成果 5 项，国家级 QC 成果 1 项。

目前已获河南省省级工法荣誉 5 项；河南省工程建设科学技术成果 4 项；实用新型专利 2 项，发表论文 5 篇；国家级 QC 成果 1 项；获得河南省建筑业新技术应用示范工程金奖。

先后获得国家级 BIM 奖 2 项；省级 BIM 奖 2 项；中国安装协会科技进步奖 1 项；省级科学技术奖 2 项，省级工法 1 项，省级 QC 成果 3 项；公司第五届 BIM 应用大赛团体赛一等奖等荣誉。

王明亮
中建八局第二建设有限公司河南公司郑州大剧院项目总工程师

一级建造师
高级工程师

耿王磊
中建八局第二建设有限公司河南公司 BIM 工作站站长

工程师

赵少英
中建八局第二建设有限公司河南公司商法部经理

高级工程师

目前已获河南省省级工法荣誉 10 项；河南省工程建设科学技术成果 4 项；实用新型专利 2 项，发明专利 3 项；发表论文 10 篇；国家级 QC 成果二等奖荣誉 1 项。

从事 3 年 BIM 管理工作，负责公司 BIM 技术的应用与推广，先后获得多项国家级 BIM 成果，发表论文 2 篇，工法 1 项，省级 QC 成果奖 2 项。

先后参与了郑州大学第一附属医院郑东新区医院国优金奖、郑州大剧院中国钢结构金奖申报等，参与多个项目的 BIM 算量建模，发表论文 4 篇。

装配式钢结构设计与施工一体化虚拟建造关键技术及应用

中建科工集团有限公司，北方工程设计研究院有限公司

陈华周　张相勇　周元智　李凌峰　巴图　孙玉峰　李岩松　王成望　孙梦晗　赵亮

1　企业简介

（1）中建科工集团有限公司

1）国家高新技术企业。

2）为客户提供"投资＋研发＋设计＋建造＋运营"整体解决方案。

3）房屋建筑工程施工总承包特级、钢结构工程专业承包壹级、钢结构制造特级、建筑行业工程设计甲级、建筑金属屋（墙）面设计与施工特级资质。

4）ISO 9001、ISO 14001、OHSAS 18001、ISO 3834、EN 1090、AISC 等国际认证。

5）2012 年以来连续 6 年稳居"全国钢结构建筑行业竞争力榜单"首位。

拥有国家科技发明奖 1 项、国家科技进步奖 7 项，詹天佑大奖 13 项，国家专利 450 项，国家级工法 15 项。共获建筑工程鲁班奖 21 项，国家优质工程奖 15 项，中国钢结构金奖 104 项、全国优秀焊接工程奖 112 项（图 1）。

图 1　中建科工集团有限公司所获荣誉

（2）北方工程设计研究院有限公司

隶属于中国兵器工业集团，由创建于 1952 年的大型国家级综合勘察设计机构北方设计研究院和北方勘察设计研究院于 2010 年底重组而成（图 2）。

公司注册资本 1 亿元，现有员工 1300 余人，其中国家级设计大师 1 人，河北省建筑、勘察、

图 2　北方工程设计研究院有限公司

工程设计大师 8 人，中国兵器科技带头人 3 人；国家注册咨询工程师、一级注册建筑师、一级注册结构工程师、一级注册建造师、注册公用设备师、注册岩土工程师、高级项目经理、项目经理 380 余人。

配置有坦克装甲车辆、发动机、弹箭、火炮、枪械、光电、建筑、结构、综合工程、非标设备、工程测量、岩土工程、地质勘察等 50 多个主要专业。

（3）数字化研究院

北方工程设计研究院有限公司于 2008 年即开始关注并展开 BIM 技术研究，2012 年正式成立 BIM 小组选取公司骨干，并设立专项课题进行实验性项目应用，随着 BIM 技术以及建筑工程行业新技术越来越多进入视野，公司于 2015 年 10 月 9 日正式设立 BIM 技术发展研究中心作为公司 BIM 技术研发、应用及推广的核心机构。随着数字技术在工程项目深度应用与发展，公司于 2020 年 3 月 12 日在原 BIM 技术发展研究中心的基础上成立数字化研究院。

数字化研究院在 BIM 技术领域已经进行了多年的研究和开发，具备强大的 BIM 咨询团队，包括建筑各专业人才、地理信息科学、软件二次开发、后期渲染等专业人员，在 BIM 方面能够为建设方、总包单位和设计单位提供设计、施工、项目管理、工程造价、运维等工程项目建筑全生命

周期 BIM 设计咨询服务。

近年来先后完成以枣强全民健身中心、太原市经开区新建九年一贯制学校、某研究所项目、河北省检验检疫局、赤道几内亚赤几比尼大教堂、沧州市车驾管项目、大营会展中心、省委两中心一平台、唐山青龙湖、平凉新洲嘉苑为代表的 BIM 设计咨询项目百余项。北方院数字化研究院致力于推动公司及河北省内建筑工程行业实现勘察设计现代化、工业化和信息化"三化"融合发展，先后参与并主编了《制造工业工程信息模型应用标准》《河北省建筑信息模型应用统一标准》《河北省建筑信息模型设计应用标准》《河北省建筑信息模型施工应用标准》《河北省建筑信息模型交付标准》《河北省建筑信息模型验收与评价标准》等一批国家及省内标准 9 本；发起并参与了以河北省 BIM 技术工作委员会、河北省建筑信息模型学会、河北省 BIM 协作创新联盟为代表的众多行业组织；是中国建筑学会 BIM 分会理事单位，在省内外同行业中具备广泛的知名度和影响力。2018 年中心成功申报省级技术创新中心——河北省建筑信息模型与智慧建造技术创新中心。获得国家级 BIM 奖项 4 项，省级 BIM 奖项 13 项，

获得软件著作权 3 项，发明专利 1 项，在申请软件著作权 3 项。

2 项目概况

总建筑面积 49 万 m²，地上 47 万 m²，地下 2.5 万 m²。是全国最大的钢结构装配式建筑，装配面积达 25 万 m²。工期 2019 年 9 月—2020 年 9 月，整体工期仅 1 年。涵盖建筑、结构、机电、智能化、标识标牌等众多专业。几十万平方米同步施工，各专业穿插施工，施工同步设计，协调难度大（图 3）。

图 3 项目概况

3 BIM 技术设计施工一体化应用

（1）项目 BIM 实施策划见图 4。

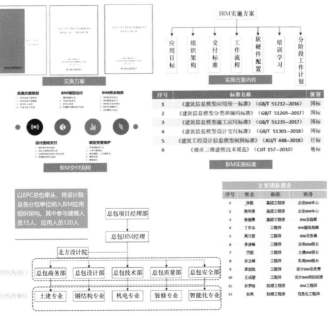

图 4 项目 BIM 实施策划

（2）设计施工一体化 BIM 技术实施标准。设计单位根据项目总体实施方案编制项目设计实施方案，细化标准、固化流程、明确成果，其中包括不同阶段模型深度、模型信息细度、模型审核、

标准族构件管理、重要工程量统计规范、模型数据安全、模型数据传递、成果交付等。

（3）设计施工一体化 BIM 技术实施的软硬件环境。

硬件环境：

云端服务器、终端 aDesk、显示器。

本项目具有设计周期紧、任务重、方案变动大的特点，因此采用基于云端三维协同的设计方式，项目参与人员均在虚拟云桌面端以中心文件形式进行三维协同设计。

基于云桌面的协同工作不仅解决了各专业三维协同设计对硬件的苛刻要求，而且保证了数据资料的安全性。

软件环境：

为确保本项目 BIM 技术顺利实施，项目采用多软件集成应用，其中包括模型建立软件、性能化分析软件、数据分析软件、虚拟漫游软件等，通过不同软件的优势功能完成项目 BIM 技术应用工作。

（4）设计阶段模型数据延展传递。设计施工一体化 BIM 技术应用最重要的是设计阶段的模型数据可交互、可扩展至施工阶段，因此在项目策划阶段就必须有套标准体系来保障设计阶段 BIM 模型能无缝延展到施工阶段及运维阶段。因此设计阶段模型对于土建构件材质、连接方式，机电管线管材、连接方式、设备参数等应与施工阶段保持一致并符合相关施工工艺、工法，从而保证设计阶段 BIM 模型数据能向下游传递。

（5）参数一体化之图模联动见图 5。

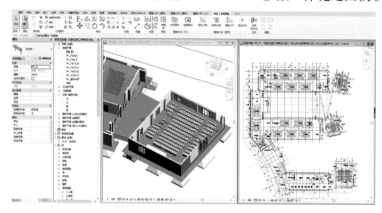

图 5　图模联动

（6）参数一体化之数模联动。

（7）基于 Revit 的二次开发应用。

（8）设计施工一体化 BIM 技术实施流程。

（9）基于 BIM 的性能化分析——风环境模拟分析/疏散模拟/日照分析/景观节点可视化分析。

（10）三维实景园区交互体验。

（11）设计阶段 BIM 技术实施。

（12）三维可视化协同设计成果展示。

（13）重要工程量模型数据可视化统计分析。

（14）施工模型深化。

（15）施工深化模型应用—场地布置/砌体排砖/条板"身份证"/材料表导出/预留预埋。

（16）辅助现场应用见图 6。

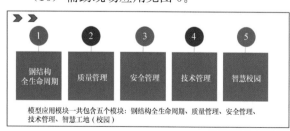

图 6　辅助现场应用

4　BIM 应用总结

4.1　总结（图 7）

图 7　BIM 应用总结

4.2　未来展望（图 8）

图 8　未来展望

A112 装配式钢结构设计与施工一体化虚拟建造关键技术及应用

团队精英介绍

陈华周
中建科工北方大区总工程师

中建科工北方大区总工程师，负责项目的 BIM 总协调。

张相勇
中建科工北方大区
设计总监

中建科工北方大区设计总监，负责项目的 BIM 专业技术咨询。

周元智
中建科工北方大区
技术总监

中建科工北方大区技术总监，负责项目的 BIM 专业技术咨询。

李凌峰
中建科工北方大区
设计中心部门经理
信工学院项目设计总监

中建科工北方大区设计中心部门经理、信工学院项目设计总监，负责项目的 BIM 技术管理。

巴 图
中建科工北方大区
信工学院项目钢结构项目经理

中建科工北方大区信工学院项目钢结构项目经理，负责项目的 BIM 技术实施。

孙玉峰
中建科工北方大区
信工学院项目电气设计管理专员

中建科工北方大区信工学院项目电气设计管理专员，负责项目的 BIM 技术实施。

李岩松
北方工程设计研究院有限公司数字技术研究院院长

北方工程设计研究院有限公司数字技术研究院院长，负责本项目 BIM 技术应用与管理。

王成望
北方工程设计研究院有限公司数字技术研究院副院长兼 BIM 中心主任

北方工程设计研究院有限公司数字技术研究院副院长兼 BIM 中心主任，负责本项目 BIM 技术总体应用。

孙梦晗
北方工程设计研究院有限公司数字技术研究院BIM 中心工程师

北方工程设计研究院有限公司数字技术研究院 BIM 中心工程师，负责本项目机电 BIM 技术应用。

赵 亮
北方工程设计研究院有限公司数字技术研究院BIM 中心工程师

北方工程设计研究院有限公司数字技术研究院 BIM 中心工程师，负责本项目土建 BIM 技术应用。

二、一等奖项目精选

新乡国际商务中心项目

河南天丰钢结构建设有限公司

刘俊　徐世界　杨得喜　张留生　郭亮　关振威　杨亚坤　李会　赵伟　闫文浩　等

1 项目简介

1.1 项目概述

本项目位于河南省新乡市，建筑总高度168m，结构体系为圆钢管混凝土框架-钢筋混凝土核心筒结构。结构基础采用平板式筏基，本工程采用绿色钢结构装配，其装配率达到61%，是目前豫北地区在建最高装配式钢结构建筑（图1）。

图1　项目效果图

1.2 参建单位

建设单位：新乡商务中心建设有限公司。
监理单位：河南诚信工程管理有限公司。
设计单位：中外建华诚城市建筑规划设计有限公司。
施工单位：河南天丰钢结构建设有限公司。

2 单位简介

河南天丰钢结构建设有限公司（图2）成立于1997年，是河南天丰装配集团旗下的支柱企业，住房和城乡建设部钢结构住宅产业化课题承担单位，国家钢结构绿色住宅产业化示范基地，河南省建筑产业现代化试点企业，并率先在同行业中取得质量、职业健康安全、环境管理体系认证。

图2　河南天丰钢结构建设有限公司

3 软硬件配置

3.1 硬件设施（图3）

服务器	建模用台式机	笔记本	移动终端	无人机
处理器：至强 E7-4830V4 内存：32G 硬盘：3T	处理器：i7-7700 显卡：GTX 1060 内存：16G 硬盘：250G+1T	处理器：i7-8750H 显卡：GTX 1060 内存：16G 硬盘：1T	ipad air ipad mini	大疆精灵
1台	4台	6台	12台	1台

图3　硬件设施

3.2 软件设施（表1）

软件设施　　　　　　　　　　　　　　　　　　　　　　　　表1

软件名称	版本	最有效的功能	应用环节	需改进的功能
Autodesk Revit	2016	钢结构BIM建模；钢结构深化设计；构件参数化输出、加工；工程量设计；图纸深化；清单报表生成	深化设计	软件运用占有资源，影响工作效率；模型拆分不够便捷；难以符合施工流水段；工程量统计不符合国内规则
Tekla Structure	19.0	部分节点建立、3D实体模型建立、3D钢结构细部设计、钢结构深化设计、详图设计	深化设计	与Revit兼容性有待提高，模型互导不完整；模型传递过程中信息丢失严重
Navisworks	2016	各专业模型整合，碰撞检测；施工方案模拟；工艺展示	深化设计	模型渲染效果有待提高；施工模拟动画效果有待提高；进度计划中的关键路径不易查找

续表

软件名称	版本	最有效的功能	应用环节	需改进的功能
AutoCAD	2014	二维图纸查看;图纸分割	现场协调	—
Project	2010	进度计划的编制	现场协调	—
Lumion	6.0	材质贴图、场景模拟、向甲方展示汇报	现场协调	对电脑配置要求高;动画输出需要时间太长,效率低
Fuzor	2017	室内精装修渲染;材质贴图;动画输出	现场协调	对电脑配置要求高;动画输出需要时间太长,效率低
数字项目平台	2016	管理平台;发现问题及时上传,明确责任人	现场协调	—

4 BIM 团队建设

4.1 企业 BIM 标准的建立

公司自 2016 年 10 月成立 BIM 中心以来,着重于企业族库及企业标准的制定。

在 2017 年 5 月企业族库基本建立并完善,在 2017 年 8 月印发了关于公司应用 BIM 标准化的文件,并于 2017 年 9 月 1 日正式按照企业建模标准施行。

4.2 本项目组织架构

为了更好地在项目中实施 BIM 管理,公司成立了由 BIM 领导小组与 BIM 信息化小组组成的 BIM 管理团队(图 4)。

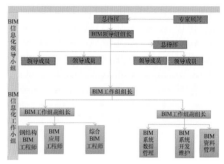

图 4 本项目 BIM 组织架构

4.3 本项目 BIM 应用人员名单及其职责 (表 2)

人员名单　　　　　　　　　　　　　　　　表 2

姓名	工作单位	职务	职责	学习 BIM 技术履历、水平
刘俊	河南天丰钢结构建设有限公司	总指挥	负责 BIM 系统策划、管理	多次参加集团、外部组织的 BIM 培训、讲座
徐世界	河南天丰钢结构建设有限公司	BIM 领导组组长	负责 BIM 应用协调	多次参加集团以及外部组织的 BIM 培训,并顺利结业
杨得喜	河南天丰钢结构建设有限公司	BIM 领导组副组长	负责 BIM 资料管理	负责 BIM 技术工作,推广 BIM 技术
赵伟	河南天丰钢结构建设有限公司	BIM 应用工程师	负责 BIM 施工现场应用管理	了解 BIM 技术应用,参加过北京 BIM 经理培训并结业
郭亮	河南天丰钢结构建设有限公司	BIM 工作组组长	负责 BIM 工作计划的制定、分配、决策	接触 BIM 时间较长,经历过上海多个 BIM 项目,掌握 BIM 全流程知识
闫文浩	河南天丰钢结构建设有限公司	BIM 工作组副组长	BIM 系统数据管理	完成公司内部 BIM 二次开发任务;探索建筑信息化解决方案的实施,BIM 后台信息管理
张留生	河南天丰钢结构建设有限公司	BIM 工作组副组长	BIM 系统开发维护	与 BIM 设计类软件和平台开发、维护、集成工作
关振威	河南天丰钢结构建设有限公司	综合 BIM 工程师	BIM 模型后期的处理、应用、分发	熟练应用 BIM 软件,中国图学学会一级建模师,中国图学学会二级结构建模师
杨亚坤	河南天丰钢结构建设有限公司	BIM 应用工程师	BIM 模型的深化设计、出图	参加多个 BIM 项目的落地,实际应用较强,中国图学学会二级设备建模师
李会	河南天丰钢结构建设有限公司	钢结构 BIM 工程师	BIM 钢结构建模	熟练应用 BIM 软件,中国图学学会二级结构建模师

5 BIM 价值点应用分析

5.1 采用 BIM 技术的原因

(1)钢结构节点繁多。

(2)协调难度大。

(3)施工场地受限。

(4)机电管道错综复杂。

(5)预埋件数量多。

5.2 BIM 施工应用及成果

5.2.1 BIM 技术在钢结构中的二次深化设计应用

Tekla 软件作为钢结构的龙头软件,局限于不能有效地存储构件信息和与其他模型相链接。

Revit 软件则解决了这一难题,由于我公司已经建立了比较完备的钢结构 Revit 节点族库,故 Revit 可以在我公司顺利地进行深化设计出图工作。

5.2.2 BIM 技术在钢结构预埋件定位中的应用

基于施工 BIM 模型,通过 BIM 模型将数据导入自动全站仪中，结合 BIM 施工过程模拟，实现三维空间放线、测量，提升施工精度。

5.2.3 BIM 技术在钢结构吊装、运输过程中的应用

分析相关构配件已实现的参数化程度，对其进行相应的修整，以形成标准化的零件库。利用 BIM 技术中的三维可视化功能对构配件进行运输及吊装模拟，制定合理的吊装、运输计划（图 5）。将 BIM 模型信息引入建筑产品的流通供配体系中，制作二维码。实时查看构件的运输信息，合理地计划构配件生产、运输，实现加工厂和施工现场"零库存"。

图 5 钢结构施工吊装模拟

5.2.4 BIM 技术在安装工程二次深化中的应用

通过模型，进行管线综合优化排布，根据优化好的综合模型自动筛选出净高不符合设计规范的空间位置；利用 BIM 技术出剖面图辅助优化管线，二次平面出图和墙面留洞出图，结合深化后的机电模型，深化钢结构构件洞口预留，指导加工和安装。有效地减少各专业之间碰撞、净高不足等问题（图 6）。

优化前净高不足　　　　优化后净高满足要求

图 6 二次深化应用

5.2.5 动画漫游，三维可视化技术交底

对施工重点、难点、工艺复杂的施工区域运用 BIM 技术的对各工艺进行模拟，找出最佳的施工方法，避免不必要浪费；通过全方位对 BIM 模型复杂节点的查看，使现场施工人员的理解更加直观，提高交底效率，减少施工错误。

5.2.6 工程量计算

利用 BIM 技术对钢结构工程量进行快速计算提取，对施工过程中工程量的查询动态分析。

在我们应用 BIM 过程中发现，Revit 明细表导出为构件清单，能够帮助正常提料的通知复核自己的算量，有效提高算量精度。

根据 BIM 模型，现场管理人员就能合理安排构件进场时间，提高空间及成本利用率!

5.2.7 无人机航拍技术

通过无人机航拍采集地形数据，生成所需测绘地形。将数据成果导入 Civil 3D 中生成地形曲面、原始地形、设计完成后地形、得出土方量。无人机拍摄影像与 BIM 施工模拟进行对比分析获得整个项目的建造影像资料，提高了工作效率。

6 经验总结

6.1 利用 BIM 技术取得的效果

工程利用 BIM 施工的目标是控制安全、质量、工期、成本四大指标，其落脚点就是制作工厂与施工现场。

工厂构件制作过程中，有了 BIM 的介入，目前减少了不必要的损耗约 100t（占总用钢量的 1.25%）。

施工过程中，项目部在"自我诊断、找准问题"的基础上积极开展 BIM 技术创新和 QC 小组活动，在施工管理方式和技术上不断创新，通过多方位的施工模拟，找到最佳机械设备点，减少了不必要的窝工现象，有效缩短工期。

6.2 建立有效的 BIM 网络沟通体系

（1）建立且具体落实"三检"制度（自检、互检、专检）。

（2）利用 BIM 技术开展质量水平的考核。

（3）利用动画来完善现行的生产工艺。

（4）在 BIM 模型中设置关键控制点。

（5）利用 BIM 模型，可以更好地与监理和业主代表沟通，将问题解决在源头。

（6）在现场安装过程中，与 BIM 模型比对，加大质量安全检查和隐患整改力度，及时纠正和查处违章行为。

A005 新乡国际商务中心项目

团队精英介绍

刘 俊
河南天丰钢结构建设有限公司工程副总经理

二级建造师
工程师

主持参加过多项钢结构工程项目，获得中国钢结构金奖 1 项，省级工法 1 项，QC 成果 1 项。

徐世界
河南天丰钢结构建设有限公司商务中心项目经理

一级建造师
高级工程师

先后主持完成焦作重工、新乡商会大厦、郑州宇通等多项大型钢结构工程，获得省级 QC 成果 1 项，专利 2 项，中国钢结构金奖 2 项。

杨得喜
河南天丰钢结构建设有限公司商务中心项目总工

一级建造师
高级工程师

主持和参与完成多项钢结构工程，获得国家级 QC 成果 1 项，省级 QC 成果 3 项，专利 3 项，河南省建设科技进步奖一等奖 1 项，参编国家行业标准 1 本。

张留生

一级建造师

长期从事钢结构深化设计、钢结构加工制作，参与新乡商会大厦、新乡大数据、新乡国际商务中心等多个超高层钢结构工程项目建设。

郭 亮

工程师

获得国内 BIM 大赛奖项 9 项，参编《建筑施工企业 BIM 技术应用实施指南》《第五届建筑业企业信息化建设案例选编》。

关振威
河南天丰钢结构有限公司

BIM 高级建模师（结构设计专业）

从事 BIM 工作三年，参与多个项目的建模。获得省级 QC 成果 1 项，申报国家发明和实用新型专利 1 项，参编省级工法 1 项。

李 会
河南天丰钢结构建设有限公司

BIM 高级建模师（结构设计专业）

从事 BIM 工作 3 年，参与新乡市商务中心项目、华为大数据产业园研发中心项目、火炬园同开发中心项目、忆通壹世界项目 BIM 模型建立工作。

赵 伟
河南天丰钢结构建设有限公司质量安全部部长

工程师

多年从事工程建设质量安全管理工作，参与公司多项中国钢结构金奖项目的质量安全管理工作，获得 2 项 BIM 成果。

闫文浩
河南天丰钢结构建设有限公司商务中心项目副经理

工程师
二级建造师

主持和参与完成天津天宝汇金广场、周口天明商务中心等多项大型工程，先后获得省级 QC 成果 1 项，省级工法 1 项，专利 2 项，发表论文 2 篇。

钢结构专业在南京冶修二路桥项目中的 BIM 应用

中建八局有限公司钢结构工程公司

付洋杨　吕彦雷　王硕　周胜军　董涛　吴旦翔　秦瑞　方君宇　顾海然　樊警雷　等

1　项目概况

南部新城红花机场北片区项目跨外秦淮河冶修二路桥建设工程北接石杨路，南接秦淮南路，横跨南京市外秦淮河。桥梁为梁拱组合结构，总用钢量约为 4000t。项目于 2019 年内建成。

"大桥红线宽 45m，设计速度为 40km/h，设有双向 6 车道，桥梁全长 128.6m，总用钢量约 4000t，分机动车和非机动车通行。"据施工单位现场负责人表示，如采用传统水中施工方法，将导致受汛期影响较大，措施工程多，焊接施工不便，工期长、投入大，对外秦淮河水污染大；且外秦淮河内船舶通过时，存在安全风险。因而大桥采用了异位拼装、整体顶推、一跨过河的方案，水中临时墩数量将减少一半，无需搭设机械站位平台，极大减少水上作业量、保护水环境（图 1）。

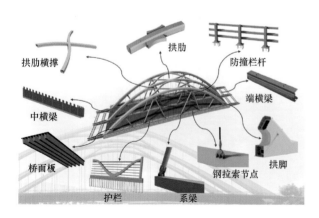

图 1　大桥构成部分

该项目运用顶推法施工，施行在陆上建造，再平移于水上的建设方法，水中不设下部结构，顶进跨度为 122m，运用数字建造技术，采用步履式顶推施工工艺，是江苏省到目前为止最大跨径的顶推桥梁。

2　公司介绍

中建八局钢结构工程公司作为中建八局旗下的专业直营公司，不断打造多元化的产业结构及全产业链的商业模式，发展成为具备综合设计与咨询、制造加工、施工安装及维护维修等能力的全生命周期钢结构工程服务商。拥有钢结构设计院、钢结构制造厂（制造特级）、检测中心、自有劳务公司、吊装公司，是集设计、科研、咨询、施工、制造于一体的国有大型钢结构公司。

八局钢构跟随国内外大政策和中建八局版图规划，先后成立了 7 大重点区域经理部以及海外分公司，不断扩宽市场领域，为中国建筑走向世界而不断努力。

3　成果及亮点介绍

3.1　BIM 技术应用亮点

（1）结合多项 BIM 技术顶推施工。

（2）多软件配合进行高精度建模。

（3）三维激光扫描复核构件精度。

（4）构件二维码编号。

（5）无人机实景建模。

（6）施工流程及工艺工法模拟。

（7）VR 漫游。

（8）协同管理。

3.2　应用成果及效益分析

（1）建模深化：多种 BIM 软件结合创建本项目的异形结构模型，提高深化设计的准确性；基于 BIM 模型快速算量、出图及方案编制，项目风险控制和成本得到了有效控制；无人机技术的投入，缩短了地形建模时间约 5 个工作日，并可以尽早进行场地规划。

（2）加工制作：基于BIM的快速出图、数字化套料、三维模拟等技术指导构件加工，减少30%返工率，节省材料，提升经济效益；三维激光扫描复核构件的精度和偏差，提升整个结构的质量。

（3）现场安装：采用综合顶推施工技术，通过BIM数字化模拟计算分析进行方案编制，施工进度模拟针对施工重点部位提前制定专项施工方案，节约施工工期20天。

3.3 BIM建模标准

钢结构深化建模时需完全依据设计图纸或变更联系单中所提供的截面绘制模型，材质严格按照设计方提出的钢结构材料属性要求绘制。工作点、工作线及工作面应尽量准确，以方便后续审核及调图。构件及零件前缀在同一工程中，规范统一。工程较大，有分模情况，需相应规划每个分模中的构件及零件前缀。

3.4 BIM团队介绍

南部新城红花机场北片区项目跨外秦淮河冶修二路桥建设工程的BIM工作是由公司科技部主导，设计研究院配合，项目部实施的。科技部进行项目BIM工作的策划、培训以及监督实施；设计研究院进行模型创建，结构验算；项目部根据获得的信息实施BIM工作。

3.5 BIM应用重难点分析

（1）采用整体顶推方法进行施工，顶推面高低差大、顶推重量大、稳定性、同步性要求高。

（2）钢箱梁及钢箱拱体积大、重量重、分节大，制造、运输、现场拼装工艺要求高。

（3）高空拼装作业、吊装作业、水中施工作业多，安全管理难度大。

4 钢结构深化设计

4.1 软硬件使用及设计流程

基于项目的需要选择适合的钢结构BIM软件，配合软件运行的使用环境，进行硬件配备。提前梳理深化流程，为后续BIM工作作准备（图2、表1）。

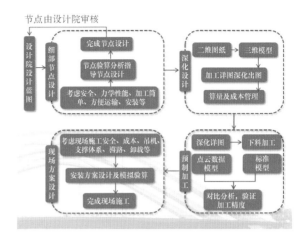

图2 深化设计流程

软件作用 表1

软件图例	主要作用
Tekla	建模，深化设计，清单报表生成等
Dynamo	复杂结构建模
Midas	计算分析、施工模拟、设备验算
Revit	建模以及各专业模型的校核
ABAQUS	有限元节点验算
SAP2000	支撑设计、混凝土结构复核
PKPM	混凝土结构复核
Scene	三维激光扫描数据模型处理
Qualify	标准模型与点云模型的对比分析
3ds max	技术交底，模拟动画的制作
Solidworks	异形结构建模
Autodesk 360	查看和编辑二维和三维文件

4.2 Dynamo进行复杂构件建模

本项目箱形拱肋结构共3根，截面规格为（2000～2804mm）×2000mm，分段最重重量为29.5t。针对建模过程中箱形拱肋结构定位困难的问题，使用Dynamo等设计院给定的控制点坐标快速创建模型。

4.3 复杂节点深化

根据构件实际加工流程，利用Tekla进行深化建模。输出构件图、零件图等，指导钢构件预制加工并避免因加工可行性原因导致的返工率，节约原材料。

4.4 拱肋横撑设计问题处理

通过设计院的控制点坐标建立双曲造型，并发现尾部位置角度存在问题，无法与拱肋衔接，通过与设计院沟通进行更改，减少了后期冗余工作。

5 钢构件加工制作

包括构件三维激光扫描质量复核、复杂构件加工模拟、构件加工套料、切割优化、物料跟踪。

6 现场施工租生产

包含场地规划、现场机械布置及工况分析应用、拼装场地胎架布置及拼装模拟、柱顶工装验证分析、拱结构施工过程变形分析、顶推方案模拟、步履式顶推系统的模拟应用、临时墩模拟、进度管理、安全性应用、二维码应用、数字化监控系统、BIM协同管理。

7 BIM 应用改进

自2013年以来，八局钢构经过7年的BIM技术应用实践，打下了坚实的BIM技术基础。为紧跟BIM技术的发展，我们对应用中出现的制度、管理等问题，进行反思和改进。

BIM考核制度：严格BIM考核制度，在重点项目上有专职或兼职BIM人员，并执行按章程考核（表2）。

公司 BIM 考核制度评分表　　　　　　　　　　　　　　　表 2

项目名称		项目负责人			得分			备注
BIM 学习	公司组织的 BIM 培训出席率							
	不及格(0～80%)	良好(60%～80%)	优秀(80%～100%)	0	5	10		
BIM 应用	进度应用(例如碰撞检测、专项施工方案模拟等)			0	10	15		该项标准 1. 不及格（没有涉及 BIM 的应用） 2. 良好（有一项涉及 BIM 的应用） 3. 优秀（有 2 项及 2 项以上的涉及 BIM 的应用）
	安全应用(施工安全分析模拟、节点的有限元分析等)			0	10	15		
	质量应用(例如三维激光扫描仪的应用,机器人放线、焊接等)			0	10	15		
	成本应用(基于BIM的造价管理应用、互联网BIM应用、物联网BIM应用等)			0	10	15		
BIM 建设检查	公司对项目部 BIM 建设的检查包括： 1. 项目部建有 BIM 管理制度、组织架构； 2. 具有本项目 BIM 应用的成果总结； 3. 有本项目 BIM 的档案建立							

提前介入：重点项目自项目投标开始进行跟踪，确认立项后积极介入，确保提前开展建模、检查碰撞、安装及进度模拟等工作。目前已经在跟进广商中心项目、柳州轻轨项目、天津国家会展项目。

充分沟通：与业主、总包、监理通过平台协同办公，同步信息。公司深入了解项目需求，做好支撑工作。

保证投入：保证投入包括人员投入和物资投入。项目配备兼职或专职BIM人员，保证项目日常BIM工作，及时发现问题解决问题；要有相应的物资投入，协同平台、无人机、三维激光扫描仪、软件等。

A010 钢结构专业在南京冶修二路桥项目中的 BIM 应用

团队精英介绍

付洋杨
中建八局钢结构工程公司科技部业务经理

注册安全工程师
工程师
BIM 建模师

荣获省部级及以上 BIM 奖 22 项，专利授权 17 项，发表论文 4 篇。从事 BIM 管理 8 年，先后主持或参与上海国家会展中心、桂林两江国际机场、重庆来福士广场、天津周大福金融中心等项目的 BIM 工作。

李善文
中建八局钢结构工程公司华东公司总工程师

一级建造师
一级造价工程师
注册安全工程师

先后获得国家级 BIM 大赛奖项 2 项，省部级科技进步奖 2 项；取得专利 10 余项；获得省部级工法 5 项。

王 硕
中建八局钢结构工程公司科技部业务经理

注册安全工程师
工程师
BIM 高级建模师

参与国家会展中心、深坑酒店等大型项目的 BIM 工作，目前已获得国家级 BIM 奖 6 项，取得专利 3 项，省级 QC 成果 1 项，发表论文 3 篇。

史 伟
中建八局钢结构工程公司蚌埠市体育中心项目经理

一级建造师
工程师

多次获得创新杯、龙图杯，参加香港、上海建筑施工行业 BIM 技术应用等多项 BIM 大赛，并取得优异成绩。先后发表论文 16 篇，取得专利 3 项，获得 BIM 类大奖 6 项。

董 涛
中建八局钢结构工程公司蚌埠市体育中心项目技术负责人

工程师

先后获得国家级 BIM 奖 4 项，省级 BIM 奖 1 项，参与编写省级工法 2 篇，课题研究 1 项，中国钢结构金奖项目 3 项，全国优秀焊接工程奖项目 2 项。

吴旦翔
中建八局钢结构工程公司设计研究院党支部副书记

一级建造师
高级工程师

从事钢结构工程设计与技术工作 13 年，在施工过程分析、安装设备验算、钢结构桥梁等方面有着较为丰富的经验。

杨文林
中建八局钢结构工程公司科技部业务经理

海南大学本科

主要从事公司 BIM 管理工作，搭建公司三维模型库，主导项目 BIM 大赛的申报，创优动画制作及 BIM 技术培训与推广。

方君宇
中建八局钢结构工程公司科技部业务经理

工程师

先后参与 2 项"鲁班奖"工程建设，获得国家级 BIM 成果 2 项、省级 QC 成果 1 项目、省级工法 1 项、专利 10 项，发表论文 2 篇。

顾海然
中建八局钢结构工程公司科技部副经理

一级建造师
工程师

先后担任厦门世茂双子塔、南京青奥会议中心、北京丽泽 SOHO、青岛国际会议中心等项目技术负责人，获得专利授权 11 项，发表论文 8 篇，获省部级科学技术奖 1 项。

樊警雷
中建八局钢结构工程公司科技部经理

高级工程师
八局钢构专家委员会钢结构焊接专家

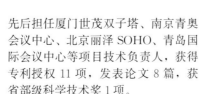

从事钢结构工程建造 15 年，完成课题 12 项，工法 28 项（省部级 7 项），授权专利 29 项，发表论文 12 篇，获得省部级及以上科学技术奖 4 项，BIM 奖 7 项，各层级奖项均有参与和斩获。

中国南方航空大厦施工全过程 BIM 技术的应用

广州机施建设集团有限公司，广东省建筑设计研究院，浙江东南网架股份有限公司

汤序霖　邓恺坚　陈智富　冯少鹏　陈少伟　李顿　文伟灿　吕媛娜　陈炜健　肖伟龙

1 项目简介

1.1 项目概况

工程名称：中国南方航空大厦。

地址：广州市白云区白云新城。

功能：南航集团总部办公楼；集综合商务办公、大型会议、餐饮购物、文化展览等现代服务功能为一体的综合体。

定位：5A 甲级写字楼。

建筑面积：20.33 万 m^2。

用钢量：1.8 万 t。

建筑高度：塔楼 150m，地下 4 层＋地上 36 层；
裙楼 30m，地上 6 层。

总造价：10.8 亿元。

项目效果图如图 1 所示。

图 1　项目效果图

1.2 项目特点

（1）主塔楼为全装配式超高层钢结构建筑，其中结构采用钢管混凝土柱＋U 型钢组合梁＋外包多腔钢板混凝土剪力墙核心筒结构体系，裙楼及地下室采用空心楼盖，幕墙采用单元式板块玻璃幕墙，装修采用全装配式地板、隔墙及吊顶等。

（2）大量采用新技术、新工艺和预制钢构件，施工难度大、工期紧、管理要求高。

（3）在项目建设中，BIM 技术覆盖深化设计、施工组织、进度管理、成本控制、质量、安全监控、运营维护等施工全过程，实现项目全生命周期内的技术和经济指标最优化。

2 工程重难点

2.1 主要原因

南方航空大厦是全装配式高层钢结构建筑，结构、幕墙、装修皆为装配式。主塔楼由钢管柱、钢板剪力墙及钢梁拼装而成，其中包括新型的内设钢管钢板剪力墙、U 型钢梁楼板、大型钢箱转换桁架、预应力叠合板与 28m 跨度钢箱梁组合结构等，总用钢量达 1.82 万 t。

工程体量大，大量采用新技术、新工艺和预制钢构件，结构新颖，吊装技术难点多，装配精度要求高，但计划工期紧，管理要求高，机械作业量大，BIM 技术可将所有构件与 4D 模拟联系在一起，结合所有的信息，组成多个信息库，使其对施工过程中所用到的材料、人员、工具进行合理分配，且利用 BIM 技术的施工模拟找出施工难点，对提高项目进度有不可或缺的意义。

2.2 情况说明

在中国南方航空大厦的建设过程中，BIM 技术的运用覆盖施工组织管理的各个环节，包括深化设计、施工组织、进度管理、成本控制、质量、安全监控、运营维护等。

从建筑的全生命周期管理角度出发，施工阶段 BIM 运用的信息创建、管理和共享技术，可以更好地控制工程质量、进度和资金运用，保证项目的成功实施，为业主和运营维护方提供更好的售后服务，实现项目全生命周期内的技术和经济指标最优化。

通过在设计、施工阶段使用BIM技术，提升建设品质和建设效率。在运维阶段，搭建"BIM＋FM（Facility management 设施管理）"系统，实现空间管理、设备维护、资产管理、能耗监控，使BIM的价值贯穿建筑物的全生命周期（图2）。

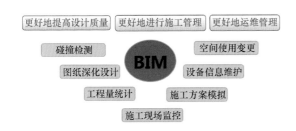

图2　BIM应用

3　BIM团队介绍及应用配置

3.1　组织架构

组织架构如图3所示。

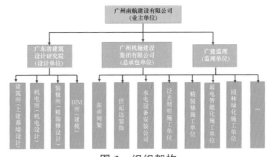

图3　组织架构

3.2　设计师介绍

BIM设计师见表1。

BIM设计师　　　　　　　　　　　　　　　　　表1

序号	姓名	工作单位	技术职称	团队中拟担任角色
1	汤序霖	广州机施建设集团有限公司	高级工程师	总策划
2	邓恺坚	广州机施建设集团有限公司	高级工程师	总体负责人
3	陈智富	广州机施建设集团有限公司	工程师	BIM负责人
4	冯少鹏	广州机施建设集团有限公司	工程师	项目经理
5	陈少伟	广东省建筑设计研究院有限公司	助理工程师	设计负责人
6	李頔	广州机施建设集团有限公司	工程师	施工负责人
7	文伟灿	广州机施建设集团有限公司	工程师	技术员
8	肖伟龙	浙江东南网架股份有限公司	高级工程师	钢结构深化
9	吕媛娜	广州机施建设集团有限公司	助理工程师	资料员
10	陈炜健	广东省建筑设计研究院有限公司	助理工程师	设计工程师

3.3　BIM应用

BIM应用见表2。

BIM应用　　　　　　　　　　　　　　　　　表2

序号	阶段	交付单位	交付成果
1	设计阶段	设计院	1. 施工图设计BIM模型(LOD300)
			2. 施工图设计碰撞报告
			3. 施工图净空检查报告
			4. 图纸质量审查报告
			5. 施工图设计整合模型漫游动画
2	施工阶段	施工总包及专业分包	1. 施工现场布置模拟(含场地方案文档)
			2. 施工设备模拟(含设备清单文档)
			3. 施工进度模拟(含施工进度计划文档)
			4. 施工节点验收可视化视频展示
			5. 管线综合分析报告及图纸深化
			6. 施工工艺模拟(含施工技术交底文档)
			7. 施工阶段工程量统计分析报告及工程量清单
			8. 施工阶段节点模型
			9. 施工模型

4 BIM 应用的特点、亮点及创新点

4.1 基于 BIM 的装配式建筑施工技术，可全面提升建造品质和效率

（1）基于 BIM 的集成化设计、工业化生产，实现钢结构全装配式。

（2）基于 BIM 的幕墙深化设计、方案模拟，实现幕墙的装配化。

（3）基于 BIM 的点云空间扫描、工厂化预制，实现装配式装修（图 4）。

图 4 BIM 模型

4.2 构建 BIM 项目级管理平台，实现了项目协调管理

（1）应用 BIM5D 和"协筑"云平台，构建施工管理协同平台。

（2）应用 Autodesk Vault 软件平台，构建数据管理协同平台

4.3 BIM 的精细化管理，全面推进标准化管理和绿色施工

（1）模拟施工总平面和临设布置，合理安排施工资源。

（2）三维可视化设计和校审，提高建造质量和效率。

（3）三维管线综合平衡，合理布置，节约资源。

（4）优化施工方案，全面推进绿色施工。

（5）基于 BIM 优化施工工艺，提高施工质量。

（6）围绕 BIM 模型开展协调和交底工作，构建可视化的施工平台。

（7）施工单位通过 BIM 模型多方协同，实现项目的协调管理。

（8）应用 BIM5D 管理平台，缩短工期、控制成本。

（9）可视化的质量、安全管理，全面推进标准化施工。

4.4 搭建"IBMS＋FM＋BIM"智能化集成平台，实现了运维模式的创新

（1）基于 BIM 的智能化运营管理，实现运维数据采集与发布。

（2）基于 BIM 的智能化运营管理，实现可视化空间管理。

（3）基于 BIM 的智能化运营管理，实现可视化设施设备维护。

5 应用效益与总结

5.1 应用效益

南航大厦施工全过程应用 BIM 技术，使项目获得了金钢奖、粤钢奖、省优工程、1 个发明专利、5 个实用专利、6 个省级工法等奖项，还节省了建造费用总额约 3580 万元，实现了 BIM 信息系统对工程全寿命期的计划、组织、控制、协调等协同管理，达到了标准化、规范化、绿色环保的管理目标，为在更大范围内推广 BIM 技术的应用打下基础。

5.2 总结

项目通过使用 BIM 技术，提高了各参建方沟通效率。

（1）真正使 BIM 技术与施工相结合，解决了项目多个施工难题。

（2）节约了施工成本，提高一次成优率，为项目创优奠定了基础。

（3）同时打造一批 BIM 实用人才，制定企业 BIM 发展战略，为公司其他大型项目使用 BIM 技术积累了经验。

A013 中国南方航空人厦施工全过程 BIM 技术的应用

团队精英介绍

汤序霖
广州机施建设集团有限公司总经理助理兼科技部总经理

华南理工大学结构工学博士
高级工程师

2014 年至 2018 年，从事土木工程领域两站博士后研究，主持省、市科研项目多项，并获得"广州市珠江科技新星"称号。

邓恺坚
中国南方航空大厦项目经理

一级建造师
高级工程师

作为中国南方航空大厦的项目经理，多次主导本项目科技开发及评优，先后获得国家发明专利授权 5 项、实用新型专利授权 8 项，省级工法 8 项。

陈智富
广州机施建设集团有限公司 BIM 负责人

BIM 高级建模师
装配式 BIM 应用工程师
工程师

先后参与公司承建的中国南方航空大厦、广州十四号线嘉禾望岗以及石丰路保障性住房等工程项目施工。作为公司 BIM 负责人，主导多个项目 BIM 技术应用。

冯少鹏
广州机施建设集团有限公司第五工程管理部总经理

二级建造师
高级工程师

先后获得专利授权 8 项、省级工法 4 项、部级 QC 成果 2 项，承担了 1 项市科技计划项目，获得中国钢结构金奖 1 项，广东钢结构金奖 1 项。

陈少伟
广东省建筑设计研究院有限公司

BIM 技术工程师
BIM 高级建模师

长期从事 BIM 设计工作，作为湛江、潮汕和珠海机场的 BIM 技术负责人，先后参与大型公建项目 10 余项，科学研究项目 2 项。

李 顺
广州机施建设集团有限公司工程部副总经理

工学博士
高级工程师

长期从事建筑工程总承包管理信息化研究及装配式建筑科技研发工作，先后参与多个项目的 BIM 策划及管理工作。

文伟灿
广州机施建设集团有限公司装配式＋BIM 技术工程师

装配式 BIM 应用工程师
工程师

从事 BIM 管理工作 3 年多，先后获得省级和国家级 BIM 技术成果奖各 2 项，获得 BIM 技术相关的省级工法 2 项，部级科学技术奖 1 项。

吕媛娜
广州机施建设集团有限公司第五工程管理部资料主管

BIM 高级工程师
华南理工大学本科学历

先后参与公司承建的中国南方航空大厦项目、王老吉大健康产业、白云新城规划道路工程、护林路市政道路配套设施工程等项目施工。

陈炜健
广东省建筑设计研究院有限公司

BIM 技术工程师、BIM 高级建模师

从事 BIM 设计管理工作近 6 年，先后获得国家级 BIM 奖项 5 项，省、市级 BIM 行业奖章多项。

肖伟龙
浙江东南网架股份有限公司华南公司总工程师

一级建造师
高级工程师

作为华南公司的总工程师，从事钢结构多年，经验丰富，先后获 9 项专利，4 项省级工法，发表论文 5 篇。

BIM 技术在巴中体育中心的实践和应用

浙江精工钢结构集团有限公司

沈斌　刘中华　赵文雁　曹佐盛　王强强　潘文智　张坚洪　赵闯　陈剑锋　曹磊

1　项目概况

1.1　建筑概况

工程位于四川省巴中市经济开发区兴文镇；总占地面积 113524m²，体育场建筑面积 50223m²，包含室内体育场、室外体育场、球类训练馆及其他配套设施（图1）。

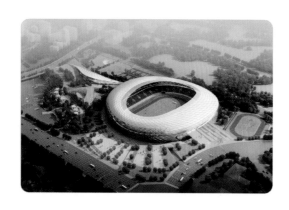

图 1　建筑效果图

体育场看台可容纳 3 万座，东西看台为双层看台，最大标高 24.94m，南北看台为单层看台，最大标高 11.95m；体育场钢屋盖为类椭圆形环形空间结构，呈马鞍形曲面造型，屋盖最大标高 41.7m，长轴 266.6m，短轴 230.0m。

1.2　钢结构概况

体育场看台采用钢筋混凝土框架结构体系；体育场屋盖结构外部采用落地的立面单层网壳结构体系，内部采用了车辐式索承网格结构体系，两者以立柱及大环梁为分界。

屋盖结构平面尺寸为 266.6m×230.0m，最大悬挑跨度约为 44.6m，结构最大标高约为 40.8m；钢结构总用钢量约为 8000t。

1.3　企业简介

公司成立于 1999 年，是一家集国际、国内大型建筑钢结构设计、研发、销售、制造、施工于一体的大型上市集团公司。

钢结构产品体系：公共建筑、工业建筑配套系统；金属屋墙面系统、幕墙系统、楼承板系统、光伏屋面集成建筑；绿筑 GBS-PSC 产品体系。

精工 BIM 创新研发中心成立于 2014 年，依托国家级企业技术中心、省级技术创新研究院、院士科研工作站等技术力量，致力于建筑信息技术的研发及应用（图 2）。

图 2　企业荣誉

2　项目实施重难点

项目实施重难点见图 3。

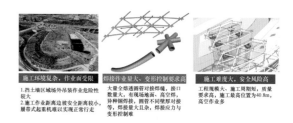

图 3　项目实施重难点

3 BIM 应用及成果

3.1 设计优化——节点优化设计

体育场看台采用钢筋混凝土框架结构体系；体育场屋盖结构外部采用落地的立面单层网壳结构。

本项目构件及节点类型多，节点受力复杂，在设计阶段采用 ANSYS、SAP、Midas 等分析软件对 BIM 模型进行节点有限元分析、结构变形计算、抗震分析、温度变形分析并通过分析极端结果对结构合理性进行判定及优化，确保满足结构安全性、经济性以及功能性要求。

3.2 碰撞检查及优化

本工程造型复杂，杆件众多，采用 BIM 协同一体化设计优势进行碰撞检查及优化，进行了结构自身的碰撞检查，提高了结构设计准确性，减少了设计错误，节约工期和成本。

针对临时措施（支撑架、提升架等）与结构间的空间位置碰撞分析，避免了施工过程中出现临时措施无效的情况，造成不必要的浪费。

3.3 基于参数化的钢结构深化设计

体育场屋盖呈曲面造型，杆件三向相交，为保证工程建筑效果，控制点曲线为曲率变化的样条曲线。

3.4 数字化数控加工

依据深化后的 BIM 模型，结合施工方案、加工界面、加工设备参数等，将构件模型转换为预制加工设计模型及图纸，采用数字化加工，提高构件加工精度，降低成本、提高工作效率。

3.5 三维激光扫描及数字化顶拼装

精工钢构集团借鉴航空和高端海工设备制造领域的成功经验，利用高精度的工业级三维激光扫描仪对实际钢构件进行非接触式的高精度三维数据扫描采集（图 4）。

（1）对实际钢构件扫描，通过对扫描模型的测量实现构件测量。

（2）在虚拟环境下仿真模拟实际预拼装过程，

精度：0.085mm

图 4 工业级光学三坐标三维扫描仪

通过扫描模型与理论模型拟合对比分析，实现结构单元整体的数字预拼装。

3.6 施工方案优化

将数字化模型导入 Midas Gen 和 ANSYS 专业计算分析软件，模拟施工过程，计算分析施工过程中杆件应力变化，确保施工安全，优化施工方案。

3.7 虚拟仿真

包含施工方案可视化交底、施工方案信息化交底。

3.8 精工 BIM 平台

以 BIM 技术为基础，结合二维码、物联网、云计算、大数据、GIS 等技术自主创新研发。

4 应用总结及效益

4.1 总结

（1）本项目为川东北地区最大的体育场，BIM 技术的多项应用，为本项目的顺利实施提供了有力保障，且本项目对 BIM 技术成果有扩散和辐射作用。

（2）基于 BIM 技术进行设计、施工，大幅增加了建筑综合效益、缩短了项目建筑工期、提升了建筑工程品质。

（3）自主研发的虚拟预拼装技术和 BIM 管理平台，不仅增强企业核心竞争力，而且为推动 BIM 技术在建筑行业的应用提供了新思路。

4.2 创新研发成果

发明专利包括 2 项核心发明专利授权：

（1）"一种基于 VB 插件的虚拟预拼装算法及

应用"；

（2）"一种钢结构 BIM 信息化平台的应用方法"。

科技成果包括 3 项成果国际先进水平：

（1）"一种新型的建筑铸钢件尺寸检测技术"；

（2）"钢结构工厂发货、配套、安装预警全套技术"；

（3）"钢结构库存、堆料可视化智能管理系统"。

软著专利：4 项软件著作权专利。

省级工法：浙江省 2018 年省级工法 1 项。

论文：核心期刊发表论文 2 篇。

自主研发的 BIM 项目管理平台被国家工信部评为"2018 年工业互联网 App 优秀解决方案"，是钢结构行业唯一获奖单位。

自主创新研发的"数字化预拼装成套技术"，被中国施工企业管理协会评为"2019 年工程建设行业十项新技术"，是唯一的民营企业获奖单位。

1 项发明专利荣获"2019 年度中国发明专利优秀奖"。

1 项成果获得浙江省建设科学技术二等奖。

4.3 应用影响力

BIM 技术应用不仅优化了传统管理模式，而且使资源分配更加合理，对企业的节能减流、加速转型与升级具有重要作用，同时也契合当今社会所提倡的绿色建设发展要求。

自主研发的企业级 BIM 平台，实现了同类管理平台相关技术零的突破，具有积极的示范效应，同时契合了国家"十三五"规划提出的"全面提高建筑业信息化水平，着力增强 BIM、大数据、智能化、移动通信、云计算、物联网等信息技术集成应用能力"。为建筑行业施工企业 BIM 技术成功应用，探索出一条具有可操作性的途径。

2020 年 4 月 25 日，由我司与总包单位联合承办的"钢结构施工及 BIM 应用暨巴中市体育中心屋盖预应力张拉观摩交流会"在巴中召开。交流会上，精工钢构项目总工马滔对巴中体育中心的钢结构制作与安装、拉索施工等场馆关键施工技术进行总结分享，通过施工过程的视频展示，向与会领导和专家介绍了项目的实施过程及施工进展。我司技术中心王强强和江涛分别就"BIM技术在巴中体育中心的实践和应用""开合屋盖全

生命周期管理"向与会人员作了分享，专家教授对精工钢构 BIM 管理平台利用数字化技术、信息化手段来规范项目管理表示肯定，看好精工钢构未来的发展空间（图 5）。

图 5　会议现场

A014 BIM 技术在巴中体育中心的实践和应用

团队精英介绍

刘中华
精工钢构集团总工、副总裁，
浙江绿筑总经理

教授级高工
中国钢结构协会专家委员会专家
中国建筑金属结构协会建筑钢结构专家委员会专家

先后在国内核心期刊及学术会议上发表论文近 34 篇，取得国家发明专利 15 项，新型实用专利 25 项，国家级工法 4 项，省级工法 8 项，各类科技成果 23 项。荣获国家科技进步二等奖 2 次，省部级科学技术奖 7 次。

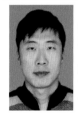

沈 斌
精工钢构华南事业部
BIM& 动画组组长

BIM 高级建模师（结构设计专业）
工程师

2020 年度公司优秀员工，长期从事钢结构施工 BIM 及动画制作工作，先后主持并参与完成多项超高层和空间类钢结构施工动面制作工作；先后获得国家级 BIM 奖项 2 项，省级 BIM 奖项 2 项，省级科技成果 1 项，发表论文 2 篇。

赵文雁
精工钢构华南事业部
总工

一级注册结构工程师
高级工程师
广东省钢结构协会专家

主要从事钢结构设计、施工技术等咨询工作。作为技术负责人完成了深圳湾体育中心、广州天环广场、广州白云机场和海花岛等钢结构项目的建设工作。期间在核心期刊发表专业论文 12 篇，获得广东省技术发明一等奖 1 项。

潘文智
精工钢构华南事业部
技术支持工程师

工程师
华南理工大学硕士

主要从事钢结构的计算分析、结构优化及施工技术工作；曾获广东省科技进步二等奖 1 项，发表 SCI 收录论文 1 篇、EI 收录论文 3 篇、中文核心期刊论文 4 篇。

王强强
比姆泰客信息科技有限公司常务副总经理

高级工程师

取得发明专利 8 项，实用新型专利 10 项，软著及外观专利 8 项；省级科技成果 8 项，均为国际先进水平，其中 2 项技术国际领先；获批省级工法 1 项；核心期刊发表专业论文 20 余篇曾荣获中国钢结构协会科学技术奖一等奖、二等奖。

曹佐盛
精工钢构华南事业部
技术支持工程师

工程师

长期从事钢结构施工组织设计、安装，先后参与完成湖南广电、深圳佳兆业、巴中体育中心的现场实施，荣获国家级 BIM 奖项 1 项，发表论文 1 篇。

张坚洪
精工钢构华南事业部
技术部经理

一级建造师
工程师

主要从事钢结构施工技术工作，作为技术负责人完成了赫基国际大厦、海南国际会展中心和三亚体育中心，等钢结构项目的建设工作。省级科技成果 1 项，省级 QC 成果 2 项，发明专利 3 项。

赵 闯
精工钢构华南事业部
项目技术支持组组长

工程师
武汉理工大学硕士

公司"优秀员工"。长期从事钢结构深化设计和施工技术管理工作，先后负责多项超高层和大体积空间钢结构施工技术管理；省级科技成果 1 项，工法 1 项，专利 1 项。

陈剑锋
精工钢构华南事业部
BIM& 动画工程师

工程师

长期从事钢结构施工 BIM 及动画制作工作，先后参与完成多项超高层和空间类钢结构施工动画制作工作；荣获国家级 BIM 奖项 1 项，省级 BIM 奖项 2 项。

曹 磊
精工钢构华南事业部
技术工程师

工程师

长期从事钢结构施工组织设计、安装，先后参与完成了三亚体育中心体育场、西双版纳站房、磨憨站房的现场实施，荣获国家级 BIM 奖项 1 项，取得发明专利 1 项，发表论文 1 篇。

钢结构工程广义成像 BIM 三维可视化平台研发与应用

华北水利水电大学，河南奥斯派克科技有限公司，郑州双杰科技股份有限公司

刘尚蔚　马颖　袁莹　蒋莉　胡雨晨　魏鲁婷　李闯　黄竟颖

1　基于对极几何理论的广义成像系统研发

1.1　院校简介

华北水利水电大学水利学院（原水利工程系）是华北水利水电大学办学历史最长、规模最大的主干学院。伴随着学校六十多年的发展，学院已成为一个综合实力较强，在国内具有较高知名度的教学科研单位。学院有水利水电工程、农业水利工程 2 个国家特色专业建设点专业，国家综合改革试点专业有农业水利工程，国家卓越工程师教育培养计划有水利水电工程，国家级卓越农林人才教育培养计划有农业水利工程，国家级工程实践教育中心有河南省水利勘测设计研究有限公司；有工程管理、水文与水资源工程 2 个河南省特色专业建设点专业，水文与水资源工程、港口航道与海岸工程 2 个河南省工程教育人才培养模式改革试点专业，省级实验教学中心有水工程水文化虚拟仿真实验教学中心（图 1）。

图 1　华北水利水电大学校园

1.2　研究背景

近景摄影测量技术是指对距离较小的目标物进行摄影，再通过对获取的图像进行一系列处理从而还原目标物体的形状、大小及位置。在近景摄影过程中，目标对象距离拍摄站点的位置距离有一定的限制，最小限制距离可达毫米级别。在现阶段的近景摄影测量手段中主要包含近景摄影与三维激光扫描方法，在实际的工程应用中，结合二者的优势，是近景摄影测量技术的发展方向。

2　基于对极几何原理的广义成像系统

华北水利水电大学魏群团队研发的广义成像系统，由双手机摄影成像系统奥斯派克广义成像仪及手机程序 Auspic_GIS（Generalized Imaging Sys-tem）组成。奥斯派克广义成像仪在固定长度的摄影基线杆两端装配两台手机，主光轴平行，且都与摄影基线垂直，通过数据线将广义成像仪与手机标准接口相连，在广义成像仪操作界面设置角度并发送转动指令到水平和垂直转盘，Aus-pic_GIS 按照预设拍照角度和拍照间隔获取影像，影像通过 Auspic_GIS 存储于手机内存和云空间（图 2）。

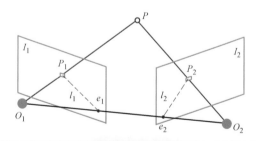

图 2　成像系统原理

特点：

（1）提高多数据来源融合的可能性，完善空三精度融合；

（2）提升模型精度，为数字测图应用提供更可靠的数据源；

（3）实现大范围三维实景重建，采集距离近，分辨率高，信息丰富。

3 广义成像系统组成

3.1 Auspic_GIS

Auspic_GIS 操作流程如下。

（1）启动程序

注册用户。用户登录、修改密码、编辑用户信息。

（2）新建工程

新建项目、新建参考点、编辑参考点、新建测量点。

（3）影像采集

影像采集、查看 EXIF 信息、数据存储/上传。

3.2 贾鲁河桥梁三维可视化平台

3.2.1 白沙园区瑞佳路跨贾鲁河桥梁工程

瑞佳路跨贾鲁河桥梁项目位于郑东新区白沙园区瑞佳路。该项目西起铁牛路，东至万三路，全长约 410.7m。包括桥梁工程、道路工程、交通工程、排水工程、绿化工程、照明工程。

桥梁总长 207m，总宽 56m。道路横断面为四幅路型式，共宽 56m；极具创意的 A 形塔，从桥面伸出高、低弯塔，高度分别为 52.4m 和 41.9m，构成了一个新月形状，塔底部微露出水面，呈现出"春江潮水连海平，海上明月共潮生"的意境（图3）!

3.2.2 平台介绍

工地是一个大型建设区域，人、财、物及环境都在不断的变化之中，各类信息广泛且在动态变化，工程管理工作复杂，给管理工作带来很大困难。目前工程各个机构、建筑等情况的介绍仍停留在传统的文字与图片结合的模式中，只能给

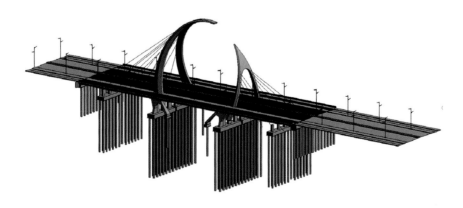

图3 贾鲁河桥梁效果图

管理人员以静态信息展示，不够生动、直观。集成工地各建筑物三维可视化展示、物联网管理的三维可视化系统将是大势所趋，将成为工程管理不可缺少的有力助手，对工程的对外形象宣传、高效管理产生重要作用。

3.2.3 特点

极速：实现城市级别以上高精度三维数据的秒级加载。

共享：向大量访客提供在线数据并发访问及共享协作。

融合：多源异构三维数据＋物联网传感器实时信息流＋全球在线二维图。

安全：采用行业最佳数据安全策略。

3.2.4 全景信息标绘

贾鲁河桥梁三维可视化平台全景展示如图 4所示。

图 4　贾鲁河桥梁三维可视化平台全景展示

4 BIM 应用总结

4.1 总结

本研究通过广义成像系统定点拍照采集贾鲁河大桥底部的近景影像，利用空地融合技术方案，建立具有真实纹理的三维实景模型。对平差前后的三维模型几何结构以及精度报告进行对比和统计分析，发现经过广义成像系统近景摄影后，瑞佳路跨贾鲁河桥梁模型几何结构进行了明显的改善。

通过对可视化平台的进一步研究，基于平台搭建展示模型的三维信息显示平台系统，该系统初步完成了一些功能，例如基本操作功能，可视化分析模块，对象编辑，图层叠加，创建编辑二、三维图形图标、文字等功能，并导入瑞佳路跨贾鲁河桥梁及只有河南·戏之国建筑群实景三维模型和人工模型开展系列功能的验证。

4.2 主要创新点

（1）基于广义成像系统的多源数据融合建模技术

基于单一技术构建的三维模型多存在模型空洞粘连等问题，为了提高三维模型的完整性和真实性，提出无人机倾斜摄影与广义成像系统联合的多源数据融合建模技术。针对同一目标物利用多种技术手段进行数据获取，按照一定的规则对多源数据进行融合处理，得到更加有效、完整、真实的目标物信息，实现目标物的整体描述。

（2）构建三维可视化平台

构建了三维实景模型可视化平台，通过构建空地融合精确真三维模型和人工模型，将实景模型和人工模型导入三维可视化平台进行测量、浏览、查询、分析等功能实现。改变了传统模式中的人工测量和二维平面可视化的方式。

4.3 展望

系统的设计目的是搭建一个展示实景三维场景的三维地理信息显示平台，只展示了一些基本的操作，浏览、编辑以及简单的分析功能，未能在系统中开发一些高级的分析功能，以后时间允许有待继续完善系统不足之处。

基于多视角影像密集匹配、纹理映射等技术的自动化三维建模技术愈渐成熟，大规模多细节层次的海量模型数据，对系统软硬件提出了很高的要求，如何有效地提高数据承载力、改善三维模型加载速度以及显示效果成为下一步研究工作。

不同技术手段采集的数据在色彩应用方面存在差异，因此在多源数据融合建模中，融合构建的三维模型会出现色彩差异，三维模型的匀光匀色问题需要进一步研究。

A115 钢结构工程广义成像 BIM 三维可视化平台研发与应用

团队精英介绍

刘尚蔚
华北水利水电大学水利水电工程系主任

华北水利水电大学教授
博士

主要从事工程结构三维可视化仿真与虚拟现实技术研究。获发明专利 28 项、软件著作权 2 项，发表论文多篇。获河南省科技进步奖 3 项，中国钢结构协会科学技术奖 2 项。

马 颖
华北水利水电大学
副教授

博士
硕士生导师

主要从事工程结构抗震研究，先后主持 1 项国家自然科学基金青年基金项目和 2 项省部级项目，获 1 项河南省科技进步三等奖。

袁 莹
华北水利水电大学讲师

硕士
一级建造师
注册监理工程师

男，汉族，河南开封市人，讲师，硕士。一级建造师，注册监理工程师。主要从事水利水电工程施工技术的研究。

蒋 莉
华北水利水电大学
副教授

硕士生导师

女，汉族，1976 年出生，毕业于华北水利水电大学，水工结构工程专业，副教授，硕士生导师，主持河南省科技攻关项目 1 项，参编教材 1 部，发表论文十余篇。

李 闯
华北水利水电大学水工结构工程专业 2021 届应届毕业生

工程师
工学硕士

本硕专业均为水利工程，研究生期间参与了国家自然科学基金项目"基于BIM 的水利工程信息资源集成与共享机制研究"和河南省重点研发与推广专项项目，研究生期间任学生会干部，多次获得奖学金、优秀学生干部、省级优秀毕业生的荣誉称号。

黄竟颖
华北水利水电大学水利工程专业 2021 届应届毕业生

工程师
工学硕士

本硕专业均为水利工程，研究生期间参与了国家自然科学基金项目"基于BIM 的水利工程信息资源集成与共享机制研究"和河南省重点研发与推广专项项目，研究生期间任水利学院研究生会宣传部副部长，多次获得研究生学业奖学金。

胡雨晨
华北水利水电大学水利工程专业硕士

BIM 建模师

华北水利水电大学水利工程专业硕士，研究生期间任水利学院研究生学生会干部，多次获得研究生学业奖学金。

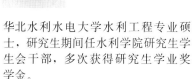

魏鲁婷
华北水利水电大学水利工程专业硕士

BIM 建模师

华北水利水电大学水利工程专业硕士。已考取全国 BIM 技能等级考试一级证书，掌握 BIM 建模技术。曾担任学生会副主席等职务，多次获得学业奖学金、优秀学生干部等称号。

中国大运河博物馆 BIM 技术应用

江苏邗建集团有限公司，扬州万福环保机械钢构营造有限公司

李景华　韩高勇　杨歆　李义俊　胡磊　巫峡　刘长玉　张科　牛海涛　徐方舟

1 项目简介

1.1 项目概况

中国大运河博物馆项目是集文物保护、科研、展览、休闲体验为一体的现代综合性博物馆。建筑方案由中国工程院张锦秋院士领衔设计，南京博物院负责布展，总投资约 18 亿元（图 1）。

图 1　项目效果图

整个项目分博物馆、大运塔、今月桥三个区域独立施工，以博物馆为主要进度控制对象。地下室以后浇带为界分为三个施工区域按先后顺序独立平行作业，一区划分为 3 个施工段，二区分为 9 个施工段，三区分为 6 个施工段。地上部分根据前期施工工序分为 2 个施工区域。

1.2 公司简介

江苏邗建集团有限公司是集设计、科研、施工、安装、房地产开发于一体，跨行业、跨地区、跨国境经营的大型多元化建筑企业集团。具有房屋建筑工程施工总承包特级，市政安装、机电安装、水利水电工程等多项总承包及专业承包一级施工资质。集团公司高度重视质安管理和科技创新，始终坚持"用我们的汗水和智慧向社会奉献精品"的质量方针，"坚持人文、营造绿色、追求和谐"的环境方针，先后创鲁班奖、国优奖、中

国安装之星、全国建筑工程装饰奖工程、中国钢结构金奖 25 项、省优工程 100 余项，被授予"国优工程三十周年突出贡献单位""全国工程建设质量管理优秀企业"等荣誉称号；江苏邗建集团现下辖分公司 21 个，拥有 10 个参股公司，足迹遍布全国 30 多个省、市、自治区以及中东、非洲、东南亚等海外市场（图 2）。

图 2　公司概况

1.3 BIM 实施节点

2019 年 11 月项目 BIM 小组成立，2019 年 12 月项目 BIM 实施策划完成，2020 年 2 月 BIM 建模优化工作完成，2020 年 3 月 BIM5D 平台过程管理，2020 年 4 月辅助技术交底，2020 年 5 月运用成果整理，2020 年 12 月竣工模型。

1.4 工程重难点

（1）工期紧、任务重：受疫情影响，项目工期滞后，为保证项目按时按质完成必须在土建主体结构施工前完成整体项目建筑结构及机电管线系统的建模，碰撞检查并优化管线综合设计，提供模型并漫游。工期紧，任务重。

（2）钢结构专业复杂：本项目钢结构与安装及精装修专业交叉多，BIM 深化工作量大，对钢

结构部门与各专业的协同要求高。

（3）安装专业复杂，协调工作难度大：机电安装工程专业众多，涉及建筑、结构、给水排水、消防、电气、通风空调与智能化等全专业，空间控制高，需要协同作业。

（4）工程质量要求高：本工程的质量目标要求高，为确保工程鲁班奖目标顺利实现，确定在项目建设中采用BIM技术进行管理，以期在建筑节点优化、管线综合平衡布置、预留预埋等方面，模拟施工，确保现场正常有序施工。

1.5 工程重难点应对策略

（1）团队制定目标：编制本项目BIM实施方案，明确BIM工作目标，包含执行标准、交付标准、软件标准、LOD、建模流程、管综流程、施工模拟流程等。

（2）复杂节点预演：根据图纸、施工方案建立准确模型，论证施工方案的可行性，优化方案，复杂节点的工期确定，提前做出应对方案。

（3）平台帮助现场管控：通过BIM5D平台系统，实现无缝连接，将项目信息反馈到云端，利用手持终端设备及时反馈现场安全、质量、进度情况，管理App系统帮助管控现场。

（4）辅助质量控制：提前检查出图纸问题，提前优化图纸，BIM动画模拟施工过程，优化工期，三维技术交底，现场二维码扫描，帮助加强质量管理，杜绝返工。

1.6 BIM实施应用目标

（1）优化项目工期及资源配置，保证工期。

（2）辅助各专业进行深化设计指导现场施工。

（3）合理优化施工方案辅助项目实施的方案制订。

（4）构建项目数据信息平台实现资源数据的可追溯。

（5）可视化项目协同，加强各专业分包的动态管理，提高组织协调水平。

（6）施工现场可视化管理提高质量安全管理水平。

2 BIM实施策划

2.1 组织结构

项目BIM团队由集团BIM中心及项目各专

业管理人员组成。在总承包管理体系下，设置建筑、结构、给水排水、暖通、电气、装饰、钢构等相关专业工程师，作为BIM技术开展过程中的具体执行者，负责将BIM成果应用到具体的工作过程中。

2.2 BIM策划方案与实施标准

编制BIM实施方案，制定BIM5D应用制度，明确项目BIM技术应用实施效果，结合项目实际情况推进BIM技术落地使用，确保应用执行有效。

2.3 BIM工作平台

BIM工作平台如图3所示。

图3 BIM工作平台

3 BIM技术应用

3.1 场地布置应用

包括各专业模型展示、临时设施及场布方案

模拟、塔式起重机方案模拟。

3.2 BIM 深化应用

（1）图纸问题审查；

（2）土建节点模拟；

（3）土建二次墙图留洞及交底：土建二次墙图留洞、土建二次墙图留洞交底；

（4）机电模型碰撞检查；

（5）机电模型问题审查及方案论证；

（6）净高分析及优化；

（7）机电专业综合深化图纸出图；

（8）精装修深化应用；

（9）钢结构深化应用。

3.3 BIM 平台应用

（1）数字化 5D 平台应用。

（2）疫情管理应用。

（3）安全管理应用。

（4）质量管理应用。

（5）进度管理应用。

（6）成本管理应用。

（7）技术管理应用。

（8）图纸管理。

（9）三维交底。

4 BIM 应用总结

4.1 效益分析

效益分析如图 4 所示。

阶段	内容	成果
	总平面布置	对总平面进行预规划，预布置工作，结合模拟施工调整布置，促进项目施工顺利对临建进行三维精细建模设计，确定临建方案，确保最终效果符合模型设计要求
	图纸审核	总包方组织各专业分包，进行图纸审核会议，各方提出图纸修改意见，提前解决设计存在的问题130处，节约资金约50万元
	方案交底	通过BIM模型深化对各专业进行图纸生成出图及三维模型二维码展示，辅助交底指导现场施工，共计交底35次
施工阶段	专业碰撞检测	通过模型碰撞检测发现不同碰撞350多处，减少现场返工
	二次墙翻转	软件留洞+BIM5D最优排砖+自动出量，并结合现场管控，减少现场垃圾，洞口利用率达到95%，节约资金约35万元
	BIM5D平台	提高了人员读图识图能力，项目图纸沟通效率大幅度提高，方便现场施工管理
	进度管理	总计划、周计划科学合理，现场进度按照计划要求进行，满足节点要求，节约工期缩短约15天
	质量安全管理	通过平台管理，现场质量安全问题迅速得到解决，加强了过程精细化管理，促进工期缩短约10天
	数字周报	通过平台数据采集，让项目管理者、公司领导、甲方、监理等各个参与方都能实时了解到项目的情况，获得了好评

中国大运河博物馆项目BIM效益分析

图 4 效益分析

4.2 成果总结

中国大运河博物馆项目目前正在施工，BIM 技术的应用重大而长远。通过 BIM 技术管理，实现工程各阶段信息及数据的统一、关联有序组织及沉淀积累，为业主创造更大的效益。

（1）BIM 运用在深化设计、技术交底等方面效果突出，其他方面还需要进一步探索。

项目应用 BIM 技术在图纸审核、深化设计阶段，发现了大量的专业碰撞等设计问题，通过方案协调会借助三维可视化模型去讨论解决问题，极大地提升了深化设计效率和质量。现场基本做到按图施工，零返工，对现场进度推进和成本管控有很大帮助，而且在提升可视化，加强专业协调方面效果尤为显著。现场管理应用部分存在不能较好地结合现场实际情况的现象，导致应用人员抵触较多，有待进一步发展。

（2）BIM 技术推广使用的困难已由技术方面转换为管理和思想方面。

BIM 技术的使用不能仅仅依靠一部分人或者一个部门，必须全体管理人员参与，改变传统的工作模式，调动全体管理人员使用是一个项目 BIM 应用成败的关键。在涉及多个部门联动或施工班组应用时推广使用困难，主要是由于改变了传统工作模式、模式转变过程中工作量增加、软件部分功能操作不便且开发周期长等情况导致部分管理人员、劳务人员抵触心理较大。由项目经理牵头的 BIM 管理是本项目 BIM 成功的关键。

5 下一步应用计划

（1）组织社会级观摩会，将 BIM 技术应用经验与大家进行交流，同时学习他人的经验；

（2）积极发掘 BIM 创新应用点；

（3）积极培养全专业建模人才，打造依靠 BIM 技术的精细化管理团队。

A034 中国大运河博物馆 BIM 技术应用

团队精英介绍

李景华
江苏邗建集团有限公司副总经理、副总工程师

一级注册建造师
高级工程师
国家级 BIM 大赛一等奖 2 项，二等奖 1 项
省级 BIM 大赛一等奖 1 项

江苏省扬州市有突出贡献的中青年专家，江苏省建筑行业协会绿色施工分会专家，江苏省建筑行业协会工程质量管理专家，江苏省劳动模范，多次被评为江苏省技术创新先进个人，江苏省优秀总工程师，中国施工企业管理协会科技专家。

韩高勇
扬州万福环保机械钢构营造有限公司总经理

高级工程师

江苏省钢结构行业"优秀企业家""邗城十大名匠"，主持 2 个项目获得国优"钢结构金奖"，5 个项目获得省优"扬子杯"，获得发明专利 1 项，实用实型专利 6 项，国家级 BIM 奖 3 项，省级 BIM 奖 5 项。

李义俊
扬州万福环保机械钢构营造有限公司副总工程师

高级工程师

负责钢结构深化设计、项目策划、项目创优，获得省优 2 个，实用实型专利 4 项，国家级 BIM 奖 2 项，省级 BIM 奖 4 项，发表论文 4 篇，2020 年度被评为集团"突出贡献先进个人"。

杨歆
江苏邗建集团有限公司
BIM 中心小组组长

BIM 建模工程师
国家级 BIM 大赛一等奖 2 项
二等奖 1 项
省级 BIM 大赛一等奖 1 项

江苏省五一创新能手、省技术能手、江苏省住房城乡建设系统技能标兵，从事 BIM 工作 10 年，担任中国大运河博物馆 BIM 项目组长，负责协调各专业完成 BIM 技术的落地应用。项目成果同时荣获多项国家及省级大奖。2021 年被评为公司"劳动模范"。

张 科
江苏邗建集团有限公司
BIM 中心小组组长

一级建造师

从事 BIM 管理和技术工作，25 年施工现场的工作经验，先后参与多个国家、省市级获奖项目的现场技术和 BIM 管理工作，发表各类技术论文 6 篇，获奖 QC 论文 1 项，获得 BIM 国家和省部级奖项 4 项。

徐方舟
江苏邗建集团有限公司
BIM 中心 BIM 工程师

一级建造师
BIM 高级建模师（结构专业）
一级造价师

从事近 6 年 BIM 管理工作，负责公司 BIM 技术推广与培训，参与 1 项"鲁班奖"工程创建，2 项"国优"工程创建，获得多项国家 BIM 成果，QC 成果与科学技术奖。

胡 磊
江苏邗建集团有限公司
BIM 中心 BIM 工程师

一级建造师
BIM 商级建模师（设备专业）

从事 BIM 机电安装工作 4 年，先后获得国家级 BIM 成果 2 项，省级 BIM 成果 1 项，省级 BIM 技能竞赛优秀选手。

牛海涛
江苏邗建集团有限公司
BIM 中心小组组长

一级建造师
BIM 建模工程师
广联达特聘金牌讲师

从事 BIM 工作 6 年，参与中国大运河博物馆、扬州颐和医疗中心等 BIM 工作，先后荣获国家级 BIM 大赛一等奖 2 项、二等奖 1 项，BIM 大赛一等奖 1 项，参加广联达数字建筑大奖赛获数字项目巅峰优胜奖。

巫 峡
江苏邗建集团有限公司
BIM 中心 BIM 工程师

BIM 建模师（设备专业）

从事近 10 年机电施工管理。参与扬州华懋购物中心电气深化施工、参加中国扬州大运河博物馆机电安装深化施工等。先后荣获国家级 BIM 奖 2 项，省级 BIM 奖 1 项，QC 成果 2 项，发表论文 2 篇。

刘长玉
扬州万福环保机械钢构营造有限公司项目经理生产部部长

从事钢结构施工管理 25 年，中国大运河博物馆、五彩世界综合体项目钢结构项目负责人，获得钢结构金奖 1 项，省级 BIM 奖 2 项，发表论文 1 篇，2020 年度被评为集团"劳动模范"。

蒙能锡林热电厂钢结构冷却塔项目

河南二建集团钢结构有限公司

王庆伟　张永庆　段常智　孙玉霖　王勇　高磊　刘杰文　张艳意　张有奇　朱立国

1　项目简介

1.1　工程简介

蒙能锡林浩特发电厂 2×350MW 供热机组工程间接空冷系统钢结构塔位于锡林浩特市运营中的锡林热电厂东侧。塔体主结构是采用格构式构件组装形成的空间结构，总高度 181m，分为下部椎体及上部圆柱塔体。椎体高度 64.615m，底部直径为 154.30m，共 6 层。上部圆柱塔体高度 116.385m，直径 96m，共 12 层。加强环共 4 层。每层均由 36 个三角形网格组成。展宽平台采用桁架结构，以檩条为支撑的蒙皮墙板作为围护结构，蒙能钢结构塔为世界上在建的最高、最大钢结构间接空冷塔（图 1）。

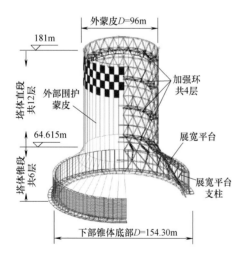

图 1　蒙能锡林浩特工程

1.2　工程特点

（1）成熟技术引进；

（2）工程造价低；

（3）绿色环保和可持续发展；

（4）施工工期短。

1.3　钢结构间接空冷塔结构模型图

钢结构间接空冷塔结构模型及效果如图 2 所示。

图 2　钢结构间接空冷塔结构模型及效果

2　采用 BIM 技术原因

2.1　工程目标

（1）质量目标：中国电力优质工程、内蒙古自治区草原杯奖、中国钢结构金奖。

（2）科技创新：全国新技术应用示范工程、发明专利、实用新型专利、省级工法、国家级工法、国家及省市级科技进步奖、科技成果、省级及以上施工技术创新成果。

（3）安全文明目标：争创内蒙古自治区安全文明施工工地，努力实现"零事故、零伤害、零污染"，创建一流安全文明施工现场。

（4）绿色施工：全国绿色施工示范工程、住房和城乡建设部绿色施工科技示范工程。

2.2 工程重点及难点

（1）异形扭曲构件的制作与三角单元的预拼装；

（2）异形扭曲构件复杂节点的空间测量与定位；

（3）塔体的高空作业、水平垂直通道及防护措施；

（4）吊装垂直运输机械布置，选型及安拆；

（5）辅助工具、工装的设计和应用。

3 BIM 团队介绍

江阴双良必宏钢构工程技术有限公司：负责钢结构塔的设计工作；其成员莫古什先生是匈牙利必宏工程有限公司的钢塔设计灵魂人物，设计水平高超，现场经验丰富，是国外已投运的 26 座钢结构塔的设计者，同时负责钢结构间冷塔的热工工艺设计。

中国建筑科学研究院：负责将欧洲设计团队钢结构塔设计按中国法规和规范进行审核和转化，并出具施工图，已具有国内 2×660MW 信友钢结构塔等项目的设计审核经验。

河南二建集团钢结构有限公司：负责钢结构间冷塔的项目执行和施工组织。

4 BIM 软硬件配置

BIM 软硬件配置要求如图 3 所示。

图 3 BIM 软硬件配置要求

5 BIM 技术应用情况

5.1 BIM 技术应用

蒙能钢结构塔钢塔主体为纯钢结构，高度 181m。过程中采用 BIM 技术辅助施工。BIM 技术主要应用在以下几个方面：

（1）采用 Tekla 进行三维建模深化；

（2）结构优化设计；

（3）构件数字化制作；

（4）钢三角现场拼装；

（5）吊装机械方案制订；

（6）安装辅助工具设计与制作。

5.2 BIM 项目组织策划

BIM 团队成立以后，根据项目的情况首先编制了 BIM 管理制度、BIM 建模标准，其次组织编写了 BIM 实施方案。通过编制的文件规范指导 BIM 技术应用、BIM 模型建立等，为项目平台使用奠定基础。

5.3 Tekla 模型的建立

各分部 Tekla 模型的创建如图 4 所示。

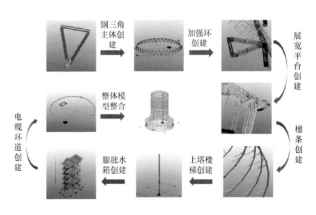

图 4 Tekla 模型的创建

标准化节点的创建、检查碰撞，辅助图纸会审、多用户协同建模、制作图纸的实时性变更。

5.4 结构优化设计

钢结构节点优化如图 5 所示。

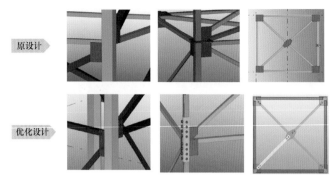

图 5　钢结构节点优化

5.5　数字化制作

包括工程图纸统计及材料制作、套料排版、构件数字化制作。

5.6　钢三角单元拼装

根据 BIM 模型设置坐标原点,导出各个部位的关键控制点空间坐标,结合坐标现场制作用于拼装的地胎胎架。使选取的关键控制点与地胎上建立的空间坐标点相对应,达到准确拼装的效果。减小了拼装产生的误差。

5.7　吊装方案制定

塔式起重机附着与钢塔在极端风荷载作用下协同变形计算;

超大独立高度塔式起重机标准节变截面局部加强技术;

塔式起重机长距离附着杆件设计及节点加强技术;

倾斜锥段施工电梯结合高位水箱支架及临时格构架布置附着技术。

5.8　新技术应用、新材料应用、绿色施工、项目荣誉

项目相关荣誉如图 6 所示。

图 6　项目相关荣誉

6　人才培养方向

(1)提高 BIM 氛围,通过组织 BIM 交流会、BIM 大赛,提高 BIM 氛围。

(2)加快 BIM 人才培养,通过公司内部组织培训学习,以及积极参加社会培训,加快人才培养。

(3)扩大 BIM 技术推广,通过 BIM 中心深入项目调研,制订应用方案,在项目全面推广。

(4)提高 BIM 模型利用率,设计和施工单位建立统一建模标准,实现各阶段模型传递,同时探索新的应用点,提高模型应用率。

(5)BIM 进一步落地,通过 BIM 技术确实为施工人员带来便利和作用,同时通过项目制度约束,提供平台的使用效率。

(6)方向:完善 BIM 体系,在已有 BIM 制度和标准基础上,总结 BIM 应用经验和教训,不断完善 BIM 体系,为后续应用提供指导。

A051 蒙能锡林热电厂钢结构冷却塔项目

团队精英介绍

王庆伟
河南省第二建设集团有限公司副董事长

教授级高工

河南省钢结构协会副会长，河南省建筑业协会技术委员会主任，河南钢结构行业发展"领军人物"。

张永庆
河南二建集团钢结构有限公司总经理

高级工程师
一级建造师

河南省红十字会爱心大使、河南省中州杯评选专家库成员，河南三门峡2×660M机组工程担任安装项目副经理，该工程2008年荣获"国家优质工程银质奖"。

段常智
河南二建集团钢结构有限公司总工程师

正高级工程师
一级建造师

新乡市建设工程质量专家库员、2017年度新乡市学术技术带头人、中国施工企业管理协会建设工程全过程质量控制管理咨询专家。

孙玉霖
河南二建集团钢结构有限公司总工程师助理

二级建造师
工程师

长期从事钢结构深化设计、钢结构施工技术工作，先后主持完成了新乡守拙园3号楼钢结构工程、神州精工年产60000t封头生产线项目等。

王勇
河南二建集团钢结构有限公司总经理助理

工程师

长期负责钢结构现场施工管理，先后主持了濮阳龙丰电厂、蒙能钢结构塔现场施工、国电双维电厂等大型钢结构的吊装工作。获得中国钢结构金奖项目2项。

高磊
河南二建集团钢结构有限公司技术部副部长

工程师
郑州大学本科学历

长期从事钢结构深化设计、钢结构制作和安装。先后完成漯河立达双创孵化园项目、新乡金谷项目等，荣获国家级QC成果1项，省级QC成果2项，专利5项。

刘杰文
河南二建集团钢结构有限公司技术员助理

工程师

长期从事钢结构深化设计、钢结构制作和安装。负责建筑产业园钢结构的深化。负责相关工程的施工模拟及动画展示制作。获得QC成果3项，专利3项。

张艳意
河南二建集团钢结构有限公司项目执行经理

一级建造师
工程师

长期从事钢结构深化、项目管理工作，担任国电上海庙电厂一期钢结构冷却塔施工项目经理。

张有奇

工程师

长期从事钢结构深化设计、钢结构制作和安装。先后完成国家技术转移郑州中心项目、郑州紫荆网络信息安全科技园科技馆项目等。

朱立国
技术部主管

工程师

从事钢结构深化设计、钢结构加工安装工作多年，多次参建国家级重点工程和省级重点工程。先后获得国家级BIM奖1项，省级BIM奖3项，专利1项。

国家会展中心场馆功能提升工程

上海市机械施工集团有限公司

马良　赵隽之　苏培红　柯敦华　王皓峰　闵溯洋　周锋

1　项目概况

1.1　项目功能定位

上海国家会展中心（以下简称"国展"）场馆功能提升工程是 2018 年上海市重点工程，直接服务于第一届中国国际进口博览会（以下简称"进博会"）。国展位于上海虹桥商务区，比邻虹桥交通枢纽。整个展区内现有 8 个大展馆和 3 个小展馆，具备 50 万 m^2 室内展览空间和 70 万 m^2 室外展场（图 1）。为了更好地承接本次进博会，为后续的各届展会奠定一个稳固的基础，建设单位总结国展历年来的经验，提出了国展场馆功能提升的需求。

图 1　上海国家会展中心效果图

1.2　数字化技术应用需求

作为建筑全生命周期管理中的一环，适应实际功能变化的建筑结构更新是现代化城市更新的永恒命题。我们的 BIM 数字化建造技术在这个项目阶段也能够发挥其深厚的技术潜能。

如同所有大型改建项目，本工程首先遇到的就是现状条件分析问题。现状环境数据的全面性、精确性直接关系到后续改造实施的可行性及整体质量。数字化建造技术建立在丰富详尽的信息采集技术上，为工程实施提供真实可靠的基础数据库。

1.3　工程建设范围

本次国展功能提升工程包含多个子项工程，分布在整个博览会展馆的不同区域。根据功能关联性，可以概括为以下四大工程区域：

（1）主会场（原 F3 展厅）内外改造；

（2）平行论坛建设（原 4.2 馆室内功能改造）；

（3）大国风范装饰柱（国展展厅整体外立面装饰改造）；

（4）能源中心外立面改造。

1.4　工程建设内容

本次进博会作为首届博览会，力求在方方面面都做到完美，为后续的历届博览会开个好头。所以在场馆建设方面，也需要做到尽善尽美。实际的建设内容包含多个方面，涵盖了施工专业、施工工艺、施工流程等众多技术层面。

图 2　工程建设内容

2　数字化精准建造技术实施概述

2.1　施工单位简介

（1）上海建工集团股份有限公司

"和谐为本，追求卓越"，上海建工是中国建设行业的龙头企业，具有60多年的历史。

上海建工打造完整的产业链，从规划、设计、施工到运行保障维护；从工程建设全过程到高性能商品混凝土和建筑构配件生产供应；从房地产开发到城市基础设施项目的投资、融资、建设、运营。一大批专业技术能力强、经营管理素质高的企业在为社会提供全面服务的同时，塑造了"上海建工"优质品牌的形象。

（2）上海市机械施工集团有限公司

上海机施子公司：上海机施建筑设计咨询有限公司，专业从事各类工程项目的钢结构设计及BIM技术咨询。公司于2010年完成结构转型，成为上海建工机施集团的下属公司。

公司现位于闸北区上海建工机施集团办公区内，拥有近800m²的独立办公空间。公司现有技术设计人员45人，分属不同的工作团队（钢结构深化设计，竞标方案设计，BIM技术咨询等），年设计能力20万t。公司采用大型企业分级管理模式，确保第一流的工作质量。公司技术团队能熟练应用世界各国设计规范和多种设计应用软件，满足国内外客户的各种设计要求。

2.2 数字化技术应用理念

数字化技术在建筑工程项目的应用是多方面、全维度的。数字化精准建造技术是顺应工程实际需求而衍生出来的独特技术实施体系，是为高需求、短周期的大型改造工程量身配套的成熟技术。在全面准确的建筑体现状数据采集基础上，以外科手术般的精准度要求进行技术应用，指导建筑改造施工的实施。实现施工资源投入的定尺定量，为实际工程节约大量资源和时间投入，推动绿色节能施工的发展。

2.3 BIM数字化技术团队组织架构

BIM数字化技术团队组织架构如图3所示。

图3　BIM数字化技术团队组织架构

2.4 数字化技术实施手段

（1）丰富的数据采集手段；
（2）真实的数据分析环境；
（3）互动的数据共享模式。

3 数字化技术应用实施

3.1 数字化全专业总集成管理

主会场改造首先涉及拆除施工，需要做到精确拆除，减少对原结构的破坏。在数字化模型的帮助下，精确划分拆改施工界面，优化改造工序的整体安排。

3.2 数字化视觉效果模拟

VR技术辅助，综合外观造型、施工可行性、施工周期、附属灯光设备布置等因素，进行建筑大空间人眼视角环境仿真分析（图4、图5）。

图4　人眼视角的会议中心大空间VR演示

图5　舞台灯光设备支架整合效果

3.3 复杂曲面造型多专业数字化集成

基于程序计算，控制满足施工安装需求，优化生成装饰板支架结构排布（图6）。

白玉兰曲面造型装饰结构及支撑结构体系深化设计从曲面外表皮模型反推支撑结构空间布置，基于程序化计算支撑构件的空间排布，通过参数

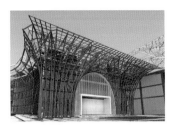

图 6　完成构件实体放样的整体效果

化控制，提高调整优化工作效率。

3.4　数字化进度模拟辅助精细化施工管理

外立面装饰板施工进度演示及施工管理协调如图 7、图 8 所示。

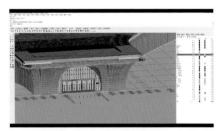

图 7　装饰板三维模型与数据表格的程序同步

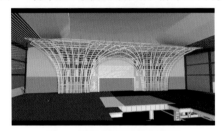

图 8　装饰板安装流程演示

程序化联动模型数据与现场施工信息，精确到每一组装饰板块，实时反映现场工况，预报后续施工计划，辅助现场工程师进行精细化的施工进度协调及和其他专业的工序联动。

3.5　数字化三维扫描技术在工业建筑改造中应用

国展能源中心外立面改造由三维扫描技术实施。

能源中心改造项目最大的困难就是现状信息的采集，现有建筑体的数据资料欠缺，建筑现状复杂，运营状态下人工测量条件不足。这一系列综合因素决定了我们必须使用非常规的技术手段，但同时也是为此类工程项目量身定制的现代化技术。

3.6　数字化全装配式大型场馆建造技术实践

（1）平行论坛全场馆全专业装配式构造模块

的形成

大型、多功能场馆建筑的主体结构模块的数字化建构及墙面模块、吊顶模块、机电模块的数字化整合分析，确保了特殊建设环境下的建造质量和工期，开启了高效建造的技术新篇章。

（2）数字化装配式建造流程应用

基于施工拼装流程工序模拟，指导模块形式的优化。优化连接节点处理，保证一定的灵活转换性，应对现场变更需求。

4　总结与展望

4.1　建筑功能改造技术创新对建筑全生命周期管理的促进

（1）大型建筑的全方位功能改造是现代化城市更新的核心组成部分，社会影响面广大；

（2）改造工作的实施强调界面划分清晰，有效控制资源投入；

（3）针对大型改造项目进行的数字化技术实施，解决了大量在常规新建项目中不曾突出体现的技术问题；

（4）数字化技术在大型改造项目中的实施成果，弥补了建筑体全生命周期管理中从竣工阶段后的信息空缺，延伸了建筑项目管理的深度。

4.2　施工单位主导的设计施工一体化建筑改造项目实施模式

（1）在一个建筑项目的各个参与方中，施工单位对建筑体构造的了解程度是最全面的，所以在涉及大规模改造施工时，施工单位是有项目指导能力的，也应该承担起信息咨询统筹管理的任务；

（2）施工单位为建设单位提供建筑改造实施的专业信息，协助建设单位确定项目目标；

（3）施工单位为设计单位提供现场实物信息，协助设计单位将概念方案逐步深化落地；

（4）施工单位汇总整理项目实施过程信息，协助项目对外汇报宣传。

施工单位协调整合各类专业技术力量，精确实现项目的既定目标。

A054 国家会展中心场馆功能提升工程

团队精英介绍

马 良
上海建工机施集团技术中心 BIM 及测绘研究室主任

赵隽之
上海机施建筑设计咨询有限公司 BIM 项目经理

苏培红
上海机施建筑设计咨询有限公司副总经理

柯敦华
上海机施建筑设计咨询有限公司钢结构深化主管

王皓峰
上海机施建筑设计咨询有限公司 BIM 项目工程师

闵溯洋
上海建工机施集团国展场馆功能提升项目工程师

周 锋
上海建工机施集团副总工程师

唐山新体育中心项目施工阶段 BIM 应用

上海宝冶集团有限公司，上海宝冶北京建筑工程分公司，郑州宝冶钢结构有限公司

赫然　裴海清　胡洋　林剑锋　宋天帅　武文龙　潘小铜　闫宇晓　张雅星　阎中钰

1 工程概况

1.1 工程概况

唐山新体育中心项目，位于河北省唐山市南湖世园会 D1 门区东侧，政通路两侧，新岳道以南，卫国南路以西区域。唐山新体育中心项目建成后，将成为集"赛事、训练、演出、商业、旅游、休闲"于一体的唐山城市新地标（图1）。

图1　工程效果图

国家体育建筑乙级标准；建筑面积：68925m²；建筑层数为地上 5 层，地下 1 层；建筑高度 43.28m；座席数为 35006 个；抗震设防烈度为 8.5 度，全国此类体育场建筑极少；结构形式为钢筋混凝土框架-剪力墙＋悬挑三管桁架。

体育场：结构体系为钢筋混凝土框架-剪力墙＋悬挑三管桁架。下部为十字柱劲型结构，有垂直下部分看台柱、上部 V 形斜柱两种。体育场屋盖采用 68 榀悬挑三管钢桁架结构，单榀悬挑桁架能够独立承担屋盖的竖向荷载和水平荷载；屋盖最高标高约 43.28m，东西看台最大悬挑长度 42m，南北看台最大悬挑长度 27m，单重最大 40t。

1.2 重难点分析

（1）施工方面。①本工程管桁架屋盖采用分段吊装，吊装过程中的应力变化、位移控制为难点。同时结构施工过程分析是检验施工过程安全性的有效保证。②本工程屋盖管桁架相连，合拢

均采用圆管相惯连接，主、环桁架、屋面支撑处节点由 6 根以上杆件汇集于一处相贯连接，对接过程中无法满足焊缝质量要求。利用铸钢件节点，采用一次性浇铸节点。

（2）加工方面。管桁架屋盖杆件均为相贯线节点，制作过程中需采用数控相贯线切割以确保管口精度，上下弦杆均呈拱形曲面，弯管过程角度精准控制是对现场安装的有效保证。

（3）现场组织管理方面。在施工过程中，除了协调本专业的施工管理之外，还需要协调其他专业的施工。尽量减小交叉施工的相互影响。

（4）工程体量大。体育场建筑面积约 68925m²，钢材 4320t，管桁架 8000t，工程体量大，施工工期紧。

（5）悬挑跨度大。

（6）结构异形。体育场的屋面造型为一个光滑的马鞍形，平面为圆形造型，V 形柱为双扭造型，钢柱与上部环梁节点深化是重点。

2 BIM 策划

（1）BIM 团队组织。公司建立以项目经理为 BIM 应用第一责任人的管理机制，公司 BIM 中心为项目 BIM 实施提供咨询和技术支持，促进 BIM 实施应用（图2）。

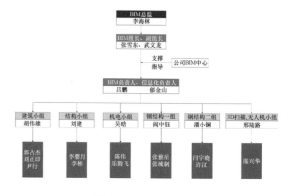

图2　BIM 团队组织

（2）BIM策划方案。依据上海宝冶集团有限公司企业标准，编制BIM策划实施方案、实施细则等，保证项目BIM应用顺利实施。

制订严格的BIM管理流程和BIM实施流程，每个流程清晰合理，为支撑项目BIM应用提供有力保障。

（3）软硬件应用。本工程以Revit、Tekla、Rhino作为主要建模软件，Trimble Realworks为逆向建模软件，以无人机、三维扫描仪作为实体模型数据采集设备。

（4）人才培养。以集团线上培训平台为依托，定期对BIM人员进行培训、考核，同时在项目实施过程中对BIM人员和分包单位进行阶段性培训，以保证项目BIM应用顺利开展并实施。

（5）证书获取。通过培训，获取图学会一级（20人）、二级（11人）证书，提升专业水平。

3 BIM应用

（1）Tekla钢结构建模。利用Tekla软件进行钢结构主体及屋面网架模型搭建。结构模型制作主要由十字劲性钢骨柱、管桁架屋面、钢马道组成。采用Tekla Structures软件，通过对钢结构构件进行定位，实现钢结构精准对接安装。

（2）屋盖管桁架节点深化如图3所示。

图3 屋盖管桁架节点深化

（3）Tekla钢结构深化出图累计1300余张。

（4）钢结构安装受力位移分析。采用3D3SV进行吊装分析，检验结果表明，结构能够满足承载力计算要求，应力比最大值为0.33，单榀主桁架在施工荷载作用下端部最大竖向位移25mm，屋盖结构整体安装完毕，东、西看台屋盖主桁架中心最大竖向位移为−19.8mm，临时支撑卸载后，最大下挠值为117mm，均在设计控制范围。

（5）加工厂制作包括主板下料、开设坡口、BH型钢组立、主焊缝焊接等。

4 节点深化设计

（1）梁柱节点难点解决办法

钢骨柱上部翼缘宽度大于对应梁截面宽度，梁筋无法贯通。体育场为弧形结构，存在多处折线梁、变截面梁、底部标高不一致的梁，钢筋主筋贯通率无法满足。本工程抗震设防烈度8.5度，梁柱钢筋直径大、根数多、较密集，现场钢筋施工困难。解决办法如下。

①经与设计沟通，加腋处理，梁脚部纵向受力钢筋直接绕通钢骨柱。②经与设计沟通，折线处、变截面及标高不一致的梁，梁钢筋过型钢柱柱中，满足锚固长度，个别位置无法满足的过柱中伸至柱边。③基于Revit对梁柱钢筋进行三维空间管理，明确钢筋加腋、焊接及穿孔位置，深化出图，设计确认，指导现场施工。

（2）环梁节点难点解决办法

V形柱外倾内倒，环梁钢筋与钢骨柱交界处如果按照50%贯通的原则进行施工，无法穿过中间的钢立板，且钢筋单排较多（14根），梁截面积不够。解决办法如下。

环梁受拉和受压区钢筋每排外侧两根钢筋从外侧绕通，其余钢筋则焊接至搭接板上，并且环梁钢筋采用28（10根）钢筋代换25（14根）的钢筋，以减小钢筋的根数，并对柱头钢筋优化，基于三维模型进行钢筋空间管理，深化出图，设计确认，指导现场施工。

（3）V形柱平面投影定位

体育场外侧造型为椭圆形，V形柱外围柱钢筋水平投影与下层生根柱钢筋之间存在一定扭曲关系，图纸中无法精准定位，造成现场施工困难。基于Revit模型进行坐标提取，设计确认，按照投影平面定位钢筋及模板，辅助进行施工。

（4）V形柱模板支设定位

体育场V形柱外倾内倒，空间无定位参照点，并且V形柱最大高度达26m，必须进行分段施工，因此为保证V形柱的整体性提出较高要求。基于Revit三维模型对V形柱进行切分，在三维空间进行投测坐标点，导出数据为模板搭设提供数据支撑，保证V形柱施工质量。

（5）V形柱底板灌浆、振捣孔

为保证二节柱、V形柱下部梁柱节点浇筑质

量，需在 V 形柱钢骨柱底板开孔，因梁柱钢筋较密，现场开孔定位困难，难以精准定位。为保证开孔准确，基于三维模型进行开孔预判，保证开孔精准，累计开孔 310 处，出具图纸，指导现场施工。

（6）深化过程中发现的其他问题

V 形柱顶部劲性结构钢骨柱节点处缺少排气孔和混凝土灌浆孔。V 形柱顶部斜梁节点无做法。V 形柱 V 点以下缩尺箍筋截面不一，需实测实量，方可进行箍筋下料。

5 BIM 创新

（1）在项目策划前期运用 BIM 技术对大临场布进行三维模拟，通过多视角展开多方案优化布置，合理布置现场物料堆放、钢筋加工棚及道路运输路线规划，指导现场标准化施工。

（2）在建模过程中，发现建筑图和结构图相冲突的问题，对问题进行梳理，并在每日例会上对发现问题进行图模会审，做好会审记录，及时反馈设计，确保问题提前解决。

（3）在前期基于集团工艺标准，建立项目虚拟样板，利用 VR 技术进行虚拟建造，并移交现场人员使用，实现样板引路。

（4）利用 4D 进度模拟对计划进度和实际进度进行对比，对实际进度发生的偏差，进行原因和实际影响分析，及时进行调整，使工作按时完成，保障工程进度。

（5）VR＋AR 可视化：利用 VR＋AR 定时对现场管理人员及作业人员进行安全教育，并进行虚拟体验和可视化交底，使施工作业人员更清楚透彻地理解施工方法、施工过程重点、质量标准，进一步保证施工质量。

（6）每日定时、定点对现场进行垂直＋倾斜摄影，形成可视化进度报告，在每周例会汇报现场进度。定期对现场进行倾斜摄影，实现现场数字同步建造，利用三维信息模型，针对各阶段，不断优化现场布置，方便现场管理及材料运输。

（7）对现场钢结构已完工程进行三维扫描；利用软件生成点云模型；导入 Revit 模型；误差对比统计；现阶段钢结构安装偏差符合规定要求。

（8）为了让模型及节点更好地指导施工，应用集团开发的 PMP 平台，宝冶云二代，在手机端浏览各节点 BIM 模型，方便现场施工。

（9）将模型轻量化处理后上传至平台，项目成员现场可以方便地针对需求查看模型提取信息，在降低了使用门槛的同时提高了 BIM 模型的利用率。

6 总结

基于 BIM 技术，梁柱、环梁节点深化累计共 342 个，累计出图 198 套，钢筋穿孔、焊接板精准定位累计共 7030 余处，累计节省资金达 1320 余万元，节省工期 30d。

A082 唐山新体育中心项目施工阶段 BIM 应用

团队精英介绍

赫 然
上海宝冶集团有限公司副总经理

一级建造师
高级工程师

上海宝冶集团有限公司（北京分公司）总经理，上海宝冶集团有限公司（北京分公司）党委书记，获国家级 BIM 奖 8 项，省部级 BIM 奖 2 项；荣获中冶科学技术奖先进个人。

裴海清
上海宝冶集团有限公司（北京分公司）总工程师

教授级高级工程师

胡 洋
上海宝冶集团有限公司（北京分公司）总经理助理、第一工程事业部总经理

一级建造师
高级工程师

林剑锋
上海宝冶集团有限公司（北京分公司）副总经理

一级建造师
注册安全工程师
高级工程师

获国家级 BIM 奖 8 项，省部级 BIM 奖 3 项；荣获中冶科学技术奖先进个人，中冶集团科技创新先进个人。

获国家级 BIM 奖 7 项，省部级 BIM 奖 2 项。

先后取得专利 10 项；获国家级 BIM 奖 8 项，省部级 BIM 奖 3 项。

宋天帅
上海宝冶集团有限公司（北京分公司）技术质量环保部部长

高级工程师

武文龙
上海宝冶集团有限公司钢结构工程公司（郑州宝冶钢结构有限公司）、唐山新体育中心钢结构项目总工程师

一级建造师
高级工程师

潘小铜
上海宝冶集团有限公司钢结构工程公司（郑州宝冶钢结构有限公司）钢结构技术工程师

BIM 建模工程师
一级建造师
华北水利水电大学本科学历

先后取得专利 3 项；获国家级 BIM 奖 7 项，省部级 BIM 奖 2 项。

长期从事钢结构工程施工管理工作，先后完成专利 10 项，获中国钢结构行业数字建筑及 BIM 应用一等奖，中国钢结构优秀项目经理，河南省土木建筑科学技术奖优质工程奖荣誉称号等多项行业奖项。

长期从事钢结构深化设计、BIM 管理工作，先后获得国家级 BIM 奖 1 项，省级 BIM 奖 1 项。

闫宇晓
上海宝冶集团有限公司钢结构工程公司（郑州宝冶钢结构有限公司）

技术工程师
郑州大学本科

张雅星
上海宝冶集团有限公司钢结构工程公司（郑州宝冶钢结构有限公司）

项目施工技术工程师
BIM 建模工程师

阎中钰
上海宝冶集团有限公司钢结构工程公司（郑州宝冶钢结构有限公司）

项目技术工程师
BIM 建模工程师

长期从事钢结构深化设计、BIM 管理工作，先后参与首都博物馆东馆、合肥蔚来汽车、国家信息大厦钢结构深化管理工作。

长期从事钢结构深化设计、钢结构加工安装工作，先后完成省级 QC 成果 1 项。

长期从事钢结构深化设计、钢结构加工安装工作，先后完成省级 QC 成果 1 项，取得专利 1 项。

笋溪河特大桥钢结构 BIM 创新技术及应用

华北水利水电大学，中电建路桥集团有限公司

魏鲁双　孙凯　张多新　姜华　乔钢　王英杰

1 华水智控 BIM 创新技术

创新技术 1：提出了工程结构计算式 BIM 方法，可实现动态快速设计建模。

创新技术 2：提出了结构构件 BIM 数字建模的动态关联信息数据标准格式及存储检索方法，并建立了相应的工程结构 BIM 族库。

创新技术 3：提出了 3D 打印模型与数值计算统一网格的方法，实现了工程结构照相扫描集成、快速逆向建模及实时计算评价。

创新技术 4：基于全景时光隧道技术、VR 虚拟技术和数值计算方法，研发了工程结构采集、处理和显示成套技术。

2 项目应用展示

笋溪河特大桥是重庆市江习高速公路关键控制性工程为单跨钢桁加劲梁悬索桥，桥全长 1578m，桥型布置为 215m＋660m＋268m，两根主缆中心距为 28.0m，主缆矢跨比为 1：10，每根主缆有 106 根索股组成，吊索采用标准强度为 1770MPa 平行钢丝吊索，其水平间距为 8.0m，主梁采用钢桁加劲梁结构形式，标准节段桁高 5.5m，节间长 4.0m。设计时速 80km，桥梁净宽 22.0m，按 4 车道高速公路标准建设（图1）。

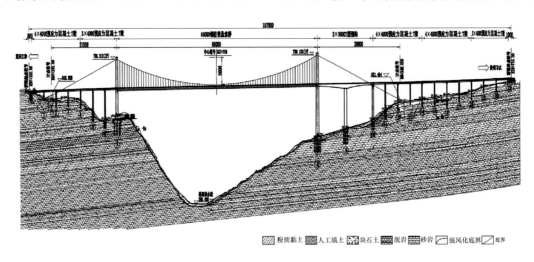

图例：粉质黏土　人工填土　块石土　泥岩　砂岩　强风化底界　底界

图 1　项目效果图

2.1 运行环境

管理员在平台中对运行环境、用户授权、数据库权限等进行配置，工作人员需通过相应权限进入管理系统，管理人员登录界面和系统主界面。进入系统后，在三维浏览模块可查看工程概况信息、工程地质信息、主桥结构信息、引桥及附属信息、关键技术等（图2）。

2.2 核心 BIM 数据模型建立

笋溪河特大桥主要分为五个工区，分别为江津岸引桥、江津岸锚碇、主桥、习水岸引桥、习水岸锚碇（图3）。

（1）钢筋制作安装→铺设冷却水管→模板安装→逐层浇筑混凝土→至后锚室底部→搭设定位支架→分层浇筑锚体混凝土→浇筑压重块。

图 2 软件运行环境

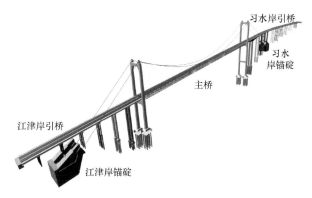

图 3 笋溪河特大桥组成

（2）逐层浇筑鞍部混凝土→鞍部后浇带施工→张拉索股锚固预应力束→索股锚固构件安装→后锚室回填→施工前锚室侧墙与顶板。

（3）桩基施工：平整场地→埋设钢护筒→旋挖钻钻孔施工→成孔检查→钢筋笼吊放及混凝土浇筑。

（4）塔柱施工：安装劲性骨架→钢筋制作安装→模板安装→混凝土浇筑→混凝土养护→拆模→爬升模板→进入下一节段施工循环。

（5）横梁施工：支架搭设→底模安装→钢筋制作安装→侧模与内模安装→浇筑开口箱→内模与顶模安装→顶板钢筋安装→浇筑第二次混凝土→预应力安装。

（6）主索鞍依靠安装在塔顶的悬臂吊装门架，利用卷扬机提升并就位，主索鞍鞍体分两部分进行吊装，现场安装时用螺栓连接成整体。

（7）猫道架设：猫道采用三跨连续结构形式，由承重索、猫道门架承重索、扶手索、猫道门架、塔顶转索鞍及变位系统、横向通道、锚固体系等组成。

（8）主缆架设：索股牵引→索股横移→索股整形入鞍→垂度调整→索股入锚→锚跨张拉→完成单根索股架设。

（9）紧缆、索夹安装：每根主缆由 2 台紧缆机进行紧缆，边跨紧缆由锚碇向主塔方向进行，中跨由跨中往主塔方向进行。

（10）钢桁梁拼装：下弦杆、下平联安装→腹杆安装→上弦杆、横梁安装→上平联安装→高强螺栓安装。

（11）钢桁梁运输：龙门式脚手架提升至运梁平车，运梁平车设可以旋转 90°的旋转平台，梁段运输至主塔后方，旋转 90°至安装方向，进入起吊工作平台。

（12）梁段吊装：梁段吊装采用缆索吊装系统进行安装架设。

（13）桥面板安装：桥面板分别从 1/4 和 3/4 跨位置向主塔和跨中进行安装。

2.3 健康监测 BIM 可视化模块应用

（1）根据前期对笋溪河特大桥的健康监测需求的调研，采用风速仪、斜度传感器、GPS 接收机、加速度传感器和力传感器综合布置的方案。

笋溪河特大桥传感器安装位置分布在主塔、跨中 4 个断面，共安装三维超声波风速仪 6 个、螺旋桨风速仪 9 个、大气温湿度计 3 个、结构温湿度传感器 6 个，总计 15 种类型，131 个（图 4）。

序号	监测项目	传感器类型	命名	数量
1	风速风向	二维超声波风速仪	SCBFJ	6
2		螺旋桨风速仪	LXJFJ	9
3	结构内外环境温湿度	大气温湿度计	DQWSJ	3
4		结构温湿度传感器	JGWSJ	6
5	结构温度	光纤光栅温度传感器	GJWJ	18
6	结构三维动态变形	GPS	GPSJ	9
7	结构应变	应变传感器	YBJ	18
8		索塔纵向加速度	STZJJ	2
9		索塔横向加速度	STHJJ	2
10	结构振动	主梁竖向加速度	ZLSJJ	14
11		主梁横向加速度	ZLHJJ	7
12		主梁纵向加速度	ZLZJJ	2
13	吊索振动与索力监测	吊索加速度传感器	DSJJ	28
14	支座位移	支座纵向位移传感器	ZZZWJ	2
15	散索鞍倾斜变形	散索鞍倾角传感器	SAQJ	4

图 4 健康监测

（2）根据传感器布置模型，建立 BIM 信息模型。将模型的名称和编号名称设置为一致。附加的属性信息包括对应监测设备信息、测点信息、监测应力。

（3）传感器信息管理。

1）数据操作：包括对数据的添加、编辑、删除、批量导入，导出以及刷新。

2）曲线图的绘制：包括某测点监测的所有应力数据和某个测试断面在某个时间的监测数据，同时可以根据需要进行选择绘制。

3）根据编号查找模型视图中的传感器模型，并局部放大显示（图5）。

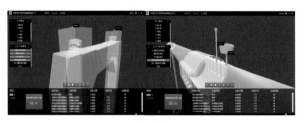

图5　模型视图中传感器

2.4　全景时光隧道 BIM 模块应用

（1）对笋溪河特大桥五个工区江津岸引桥工区、江津岸锚碇工区、主桥工区、习水岸引桥工区、习水岸锚碇工区进行了空中 360°全景施工过程监测，应用空中 360°全景技术可为施工过程管理提供空中、全面、全视角的现状信息（图6）。

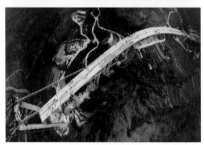

图6　全景显示

（2）对于施工的场地布置、设备设施等地面重要结构，应用地面 360°全景技术为施工现场管理提供近距离、高精度、全视角的现状信息。同时采用虚拟现实技术实现现场场景的真实感体验。

3　结束语

3.1　第三方科技查新

2018 年 7 月 13 日，水利部黄河水利委员会查新中心，根据项目提供的材料，将国内外相关文献检索结果与本项目的查新进行比较，得出如下结论。

国外检出文献是关于 BIM 研究与应用的报道，未见如委托项目计算式 BIM、BIM 数字建模的动态关联信息数据标准格式及存储检索方法、3D 打印模型与数值计算统一网格的方法和关键技术的报道。

3.2　成果获奖

成果获奖如图7所示。

图7　成果获奖

3.3　知识产权证明

发明专利 17 种，如图8所示。

图8　发明专利

论文 8 篇，企业 BIM 标准，如图9所示。

图9　企业 BIM 标准

A113 笋溪河特大桥钢结构 BIM 创新技术及应用

团队精英介绍

魏鲁双

河南省钢结构协会秘书长、河南省钢结构可视化仿真中心主任

中国科学院大学计算机应用技术专业研究生毕业，博士学位

主要从事三维可视化仿真与虚拟现实技术的研发应用、钢结构工程详图制作及软件系统研发、图形计算力学方法等领域的研究。近几年获省部级进步奖 11 项、市厅级科技进步奖 6 项；参与国家级多个科研项目研究、获得发明专利 25 项。

孙 凯

华北水利水电大学钢结构与工程研究院办公室副主任

BIM 技术研究所所长，主要从事数字水利、数字管理、智慧工地、BIM 技术等方面的教学科研工作。近五年获得省部级二等奖 2 项、发表论文 3 篇、获得发明专利 2 项。

张多新

华北水利水电大学土木与交通学院副院长

工学博士
副教授
硕士研究生导师

钢结构与工程研究院副院长，力学与实践、力学季刊等期刊审稿专家。长期从事固体材料力学性能及本构模型、工程结构多尺度数值计算等方面的研究。第一作者发表学术论文 30 多篇，其中 SCI、EI 收录期刊论文 7 篇，作为第一发明人获得国家发明专利授权 3 项。

姜 华

华北水利水电大学博士研究生、河南省钢结构协会专家

获省部级科学技术一等奖 3 项、二等奖 2 项国家一级学会 BIM 应用奖 3 项

主要从事工程结构仿真、BIM 技术、钢结构设计等。作为副主编出版钢结构培训丛书一套（10 本）；发表论文 17 篇，其中 EI 检索 7 篇；获得授权发明专利 17 项。

乔 钢

中电建路桥集团有限公司重庆市渝西水资源配置工程 EPC 总承包部副总经理

一级建造师
高级工程师
装配式 BIM 项目经理

先后获省部级科学技术奖（科技进步奖）3 项、BIM 创新应用奖 1 项、发明专利 1 项、实用新型专利 7 项、省部级工法 5 篇（其中第一完成人 3 篇）、发表 EI 论文 1 篇。

王英杰

中电建路桥集团有限公司济潍高速项目总承包部副经理

一级建造师
高级工程师

先后获省部级科学技术奖（科技进步奖）2 项、BIM 创新应用奖 1 项、省部级工法 4 篇，取得实用新型专利 7 项，发表 EI 论文 1 篇。

跨河管廊钢栈桥 BIM 应用

西安建筑科技大学

郑江　钟炜辉　高垚　王凯　吴小丽　庞亚红

1　项目简介

延长石油富县煤油气资源综合利用项目管廊跨河大桥工程，是连接东西厂区煤油气输送管道的主要通道，其建设能完善全厂区管网的综合利用，对全厂的生产、生活有重大的意义。

本桥梁全长 318m，主体材质为 Q345qD，桁架宽 15m，高 6m，第一联四跨全长 180m，包含三级"台阶"结构，第二联三跨全长 138m，桥梁下部采用空心薄壁墩，群桩基础（图 1）。

图 1　项目照片

2　指导老师简介

郑江，男，博士（后），国家一级注册结构工程师、讲师、陕西省发展改革委综合评标评审专家。主要讲授本科《钢结构设计原理》《钢结构设计》《钢结构稳定》以及《BIM 在土木工程中的应用》等课程。主要从事结构工程、复杂钢结构施工力学理论研究和设计，BIM 在施工阶段的应用研究等。主持省部级科研项目 4 项；参与国家自然科学基金项目 3 项；主持多项横向科研项目的相关研究及设计工作，与国内大型企业和研究院进行技术难题公关工作，其中以专业负责人身份参与中国飞机强度研究所大型飞机一体化加载框架的结构设计。研究成果获陕西省科技进步二等奖 2 项，上海市科技进步奖 1 项，中冶集团科学技术一等奖 1 项，主编教材《BIM 在土木工程中的应用》，发表学术论文 20 余篇。

3　单位简介

陕西华山路桥集团有限公司是陕西建工集团有限公司控股的多元化股份制企业。现有公路工程、市政公用工程、房屋建筑工程施工总承包壹级资质，以及钢结构等多项专业承包资质。

近年来，公司承建了多项国家、省、市重点工程和民生工程，屡获殊荣。

4　项目分析

项目相关照片如图 2 所示。

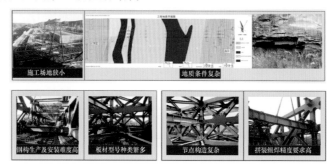

图 2　项目相关照片

5 参与各方需求分析

参与各方需求分析如图3所示。

甲方需求	施工需求	监理需求	厂家需求
效果控制	布置施工场地	准确报价	方便运输
造价控制	施工备料	准确施工	合理套料
工程进度控制	避免施工错误		加工深度
运维模拟	施工成本控制		控制深度
	工程进度控制		
软件选型、硬件配置、人员培训			

图3 参与各方需求分析

6 硬件配置

硬件配置如图4所示。

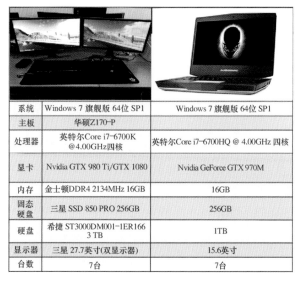

系统	Windows 7 旗舰版 64位 SP1	Windows 7 旗舰版 64位 SP1
主板	华硕Z170-P	
处理器	英特尔Core i7-6700K @4.00GHz四核	英特尔Core i7-6700HQ @ 4.00GHz 四核
显卡	Nvidia GTX 980 Ti/GTX 1080	Nvidia GeForce GTX 970M
内存	金士顿DDR4 2134MHz 16GB	16GB
固态硬盘	三星 SSD 850 PRO 256GB	256GB
硬盘	希捷 ST3000DM001-1ER166 3 TB	1TB
显示器	三星 27.7英寸(双显示器)	15.6英寸
台数	7台	7台

图4 硬件配置

7 BIM技术在项目中的应用点

7.1 投标阶段

快速生成成本预算如图5所示。

7.2 施工阶段

（1）钢结构深化设计

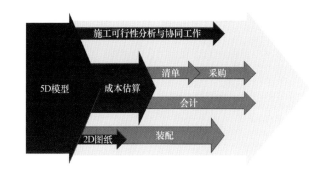

图5 成本预算流程

钢结构深化流程如图6所示，深化节点如图7所示。

（2）顶推施工方案比选

顶推施工方案比选如图8所示。

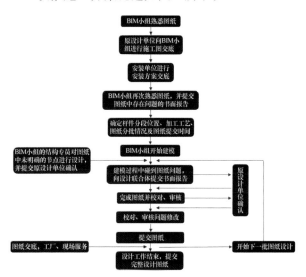

图6 钢结构深化流程

图7 深化节点

8 BIM技术在项目应用中的难点

（1）复杂节点开发

本工程节点形式复杂，深化设计工作量大。

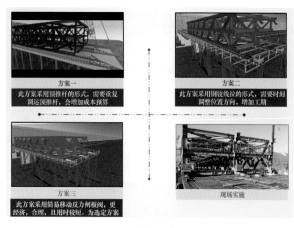

图 8 顶推施工方案比选

按照传统的建模方式，建模工作持续时间长达 20 余天，为了提高建模效率，BIM 小组开发了适用于本工程的参数化节点组件，实现了零、构件按照定义的规则自动连接。对复杂异形节点组件的开发，使建模时间缩短了 2/3，并为类似工程提供了系统的解决方案。

（2）工程量按需定制统计模板

钢结构工程的工程量统计工作具备自身特点，在整个施工周期中需按材质、板厚对钢材进行分类统计，按型号、强度等级对螺栓、铆钉进行分类统计，按表面涂装厚度对表面积进行分类统计。针对以上问题，BIM 小组应用模板编辑器根据需求定制了材料、零件、螺栓汇总清单，解决了本工程在实施过程中各阶段不同的工程量统计难题。

（3）钢桁架顶推方案推演及力学仿真

本项目钢桁架安装受现场地形制约，BIM 小组会同项目技术组编制了顶推施工方案。通过在设计模型中增加顶推施工临时支撑体系、顶推设施及过程纠偏控制措施等关键构件，在实体施工前对拟定的顶推实施方案进行了全面推演，发现并解决了可能出现的技术问题。

（4）钢桁架顶推方案推演及力学验算

考虑到顶推过程中结构主体及临时支撑体系可能出现的结构健康问题，BIM 小组结构力学专员结合 BIM 模型 4D 模拟的各个施工工况与力学仿真分析模型，对顶推过程中桥梁及临时支撑体系的关键部位进行了内力及变形的安全验算，反向验证、完善了顶推施工方案。经 BIM 技术与力学结构模拟制订的施工方案，具有更好的可实施性，为桥梁施工提供了质量、安全保证。

9　BIM 模型精细度和应用技巧

本项目 BIM 模型 LOD 等级按照不同阶段的需求及应用目标经历了一个逐步提升的过程。本着适用的原则，在不同阶段按需应用不同 LOD 等级的模型，避免了过度建模，使 BIM 组员更多地将精力集中于应用模型处理、解决项目实际问题（图 9）。

图 9　BIM 模型精细化设计

10　采用 BIM 技术所取得的实际效益

（1）成本控制更加精准；

（2）减少返工，节约施工成本约 20％；

（3）避免窝工，节约工期 5％；

（4）本工程零伤亡，零事故。

11　对项目应用 BIM 技术的体会和未来计划

通过 BIM 技术在本项目的应用，解决了大量工程实际问题。BIM 技术为项目的顺利进行提供了有力的保证。在后续的工作中，我们将从以下方面推动 BIM 技术发展。

（1）内部推广：加强内部学习、培训、交流，促进更多的学生和企业员工参与、使用 BIM 技术，提高各项目的管理水平。

（2）对外交流：积极参与全国、地方的 BIM 培训，学习先进的 BIM 应用、管理知识并应用到本企业的日常管理工作中。

（3）平台应用：引进适用于企业的 BIM 管理平台，从企业级实现 BIM 技术的全方位应用，实现科技强企。

B118 跨河管廊钢栈桥 BIM 应用

团队精英介绍

郑 江
西安建筑科技大学教师、博士（后）

国家一级注册结构工程师
陕西省发展改革委综合评标评审专家

指导国家级大学生创新创业训练计划项目，及多项省级和校级大学生创新创业训练计划项目。科研方面主要从事结构工程、复杂钢结构施工力学理论研究和设计，主持省部级科研项目多项；主持 10 余项横向科研项目的相关研究及设计工作。

钟炜辉
西安建筑科技大学
土木工程学院副院长

美国俄亥俄州立大学访问学者
中国钢结构协会专家委员会委员

主要从事土木工程专业的教学和管理，以及结构抗倒塌分析、新型装配式钢结构等方面的研究工作。

高 垚
西安建筑科技大学
2019 级硕士研究生

主要从事施工过程 BIM 及力学仿真分析研究。

王 凯
西安建筑科技大学
2019 级硕士研究生

主要从事 BIM 及结构风洞分析研究。

吴小丽
西安建筑科技大学
2018 级硕士研究生

主要从事 BIM 及钢结构方向研究。

庞亚红
西安建筑科技大学
2018 级硕士研究生

主要从事 BIM 及钢结构方向研究。

BIM 技术在郑州航空港区光电显示产业园建设项目施工阶段的综合应用

中建八局第一建设有限公司

王自胜　王希河　唐太　栾华峰　张瑞源　马贤涛　张钦　董宏运　李盛堃　高枫

1　项目概况

1.1　工程基本情况

光电显示产业园建设项目位于郑州市航空港区，总建筑面积 32.4 万 m^2，总投资 55 亿元，是河南省重点工程，同时也是河南省首个高科技电子厂房项目。项目的实施，填补了河南在新型显示产业领域的空白，改变了河南省"缺芯少屏"的局面，实现了区内自产显示屏，也对促进河南产业结构的转型升级，对打造先进制造业集群具有十分重要的意义（图 1）。

图 1　项目效果图

F1 主厂房结构概况：主厂房为液晶面板的主生产区，总建筑面积 12.1 万 m^2，其结构形式为混凝土结构＋钢结构，主钢结构由钢箱形柱、钢桁架、钢梁、钢支撑组成，采用钢材材质为 Q345B，其中 2 层为华夫板结构，屋面防水层为气密性保温金属屋面，跨度 7.500m＋31.800m＋32.400m＋33.600m＋23.4m＋5.400m。

1.2　公司简介

中建八局第一建设有限公司属中国建筑集团有限公司下属三级独立法人单位，具有房屋建筑工程施工总承包特级资质、市政公用工程施工总承包特级资质、机电工程施工总承包壹级、水利水电贰级等 7 项总承包资质，建筑工程、人防工程、市政行业设计 3 项甲级设计资质，具备军工涉密资质、消防设施工程专业承包壹级、机场场道贰级等 18 项专业承包资质。

公司拥有"国家级企业技术中心"研发平台，是国家科技部认证的"国家高新技术企业"。

公司长期致力于建筑科技和绿色施工管理的研究与创新，自主研发的"BIDA"机电一体化施工技术较传统模式缩短工期 3 个月。在山东建筑大学项目，实施了全国首个"钢结构"＋"装配式"＋"被动房"超低能耗绿色建筑。瞄准建筑产业化，投资建设了中国建筑绿色产业园（济南），下设"四厂一中心"，即：建筑产业化工厂、BIM＋机电一体化工厂、装饰部品预制工厂、绿色新型模架工厂、绿色建筑科技孵化中心。被中建协授予"最佳 BIM 企业"奖。

1.3　项目特点

（1）施工总承包项目特点；
（2）场内交通流量大；
（3）空间管理难度较大；
（4）施工节点复杂。

1.4　BIM 体系建设

（1）BIM 组织框架
建立企业保障层、总承包管理层、总承包操作层、分包操作层确保 BIM 技术贯彻应用与实施。
（2）软硬件配置
软硬件配置如图 2 所示。
（3）项目 BIM 工作机制
通过实施导则及管理流程对项目 BIM 工作进行管理。

图 2 软硬件配置

2 BIM 应用及创新点

2.1 深化设计

本工程钢结构部分主要应用 Tekla 软件进行图纸的深化设计和加工详图的制作。本工程钢结构深化设计主要有 F1 主厂房，M1 主厂房，D1、D2、D3、D4 管廊，L1 连廊，主要结构形式为型钢桁架结构，钢框架结构，本工程主要以 F1 主厂房为主要应用点进行总结（图 3）。

2.2 图纸优化

根据逆序施工方案要求，将原设计两节柱合并为一节柱，最大柱高度 21.50m，模拟施工过程，计算施工过程钢柱构件变形及应力比，保证构件受力满足要求。加工过程通过模型定位，三维定位测量，检查构件主控点坐标偏差情况，并进行调整，保证构件加工精度。在主控点位置设置测量反光贴，提高现场施工的测量精度，减小施工偏差。依据此种施工方案，形成了高科技洁净电子厂房柱脚铰接超高钢柱施工工法（图 4）。

2.3 模型指导加工

深化模型完成后，经原设计单位确认，出具加工详图。根据建立的钢结构模型，导出各型号钢材的用钢量，指导物资部门进行材料的采购，根据构件设计项目，应用软件进行排版下料、预制、焊接，构件出厂前根据现场安装计划按顺序编号，便于现场施工安装。

BIM 技术应用于结构碰撞检测及优化。节点创建完成以后，必须对模型进行碰撞校核，一是

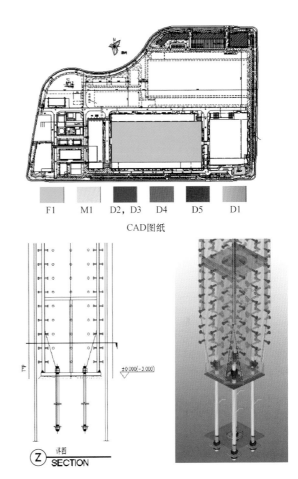

CAD图纸

图 3 节点深化设计

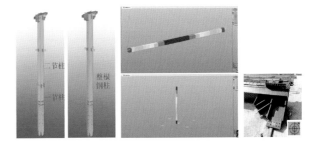

图 4 图纸优化

检查是否有遗漏未做的节点；二是检查构件及零部件是否有碰撞重合现象；三是检查蓝图设计是否有不合理现象。为下一步出图、出报表的准确性以及现场安装奠定基础。碰撞校核完成后，应当对整个模型进行编号。在建模时构件属性填写正确，Tekla 可以自动生成编号。

2.4 构件预拼装

使用全站仪测量单节段节点的尺寸、端面、轴线、精度管理点三维坐标，计算三维偏差、几何特征及三维拼接中多节段节点间的错位量等信息，在计算机中对节段节点进行精度管理，减少误差的积累，按照精度管理的结果，指导节段节点的加工（图5）。

图 5　构件预拼装

2.5 模型图纸管理

通过使用 Tekla 图纸列表，可对施工过程中的变更进行管理：

（1）通过对不同时期的变更添加不同的等级，显示不同的颜色，可轻易辨识变更内容；

（2）根据图纸变更实施更新模型，可自动更新相关构件信息，自动生成 CAD 图纸，并对变更位置亮化标注，起到提示作用；

（3）可单独计算因变更引起的工程量的变化，便于进行商务管理。

2.6 BIM 商务算量

通过 Tekla 模型算量，可以在软件中实现一键出量，具有过程简单、持续周期短、精度高的特点。

算量功能-自动分类：在 Tekla 算量过程中，可根据位置自动分类，构件可根据类别分类，两者也可以交叉分类，模型灵活分类的属性使算量结果同样具有分类属性，这对于业主方的成本控制及模块化管理大有帮助，并且有利于施工方的阶段化材料购买和合理控制项目资金。

算量功能-提取数据：算量结果可直接提取到 Excel，方便快捷。Tekla 模型是算量信息获取的唯一来源，模型变更就会产生算量信息的更新，这保证了数据结果的准确性和唯一性。

2.7 施工重难点分析

（1）施工方案模拟；
（2）施工进度模拟；
（3）基于 BIM 成本管理；
（4）基于 BIM 安全管理；
（5）智慧图纸；
（6）模型围护管理；
（7）C8BIM 平台应用。

3　总结及后续计划

BIM 技术在华锐光电项目中的应用，解决了传统管理手段效率低、可追溯性不强、精确性不高等问题，实现了项目管理的可视化、高品质，确保了工程质量和进度。对高科技厂房工程施工管理意义重大，为今后高科技厂房领域的 BIM 推广应用起到了引导示范作用。

BIM 技术的应用，使得工程进度更快，成本更省，计划更精确，施工安排更合理，图纸出错风险更低，长远来看不但有利于设计与施工，也有利于工程的运作、维护和设施管理，实现可持续的费用节约。

基于 BIM 模型与数字化信息化的结合，实现施工流程与建造方法的标准化、工业化、自动化，体现了先进的精细化施工管理。

A044 BIM技术在郑州航空港区光电显示产业园建设项目施工阶段的综合应用

团队精英介绍

王自胜
中建八局山东分局郑州办事处主任

先后主持完成了郑州新郑国际机场二期扩建工程、河南省人民医院等河南省重点工程，主持完成多项国家优质工程、鲁班奖工程、钢结构金奖工程等荣获国家级质量奖项工程，荣获多项专利、工法、科学技术奖等科技奖项。

王希河
中建八局第一建设有限公司中原公司总工程师

荣获3项鲁班奖、4项国优工程、2项钢结构金奖，所负责项目获评省级新技术应用示范工程6项，个人先后获得省级工法20项、国家级专利39项。

唐　太
中建八局第一建设有限公司中原公司质量总监

荣获1项鲁班奖、2项国优工程、2项钢结构金奖，所负责项目获评省级新技术应用示范工程3项，个人先后获得省级工法10项、国家级专利26项。

栾华峰
中建八局第一建设有限公司郑州航空港区光电显示产业园建设项目项目经理

现任郑州航空港区光电显示产业园建设项目项目经理，郑州新郑国际机场T2航站楼项目副经理。多次获得国家级科技奖进步奖、BIM奖，省部级工法、科技进步奖。

张瑞源
中建八局第一建设有限公司郑州航空港区光电显示产业园建设项目钢结构技术负责人

目前已获得国家级BIM一等奖1项，专利5项，省部级科技成果3项，4项QC小组成果，省级工法5项，项目中国钢结构金奖申报工作的主持者。

马贤涛
中建八局第一建设有限公司中原公司优秀讲师
BIM高级建模师

曾任公司科技部经理，负责公司各项科技成果申报，BIM技术推广与培训，参与2项国优工程创建，获得多项国家级BIM成果、QC成果与科学技术奖。

张　钦
中建八局第一建设有限公司郑州航空港区光电显示产业园建设项目技术工程师

目前已获得省级工法5项，国家级科技进步奖二等奖1项，国家级BIM一等奖1项，省部级科技进步奖特等奖、一等奖各1项，3项QC小组成果，参与中国钢结构金奖的创建并获奖。

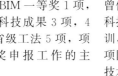 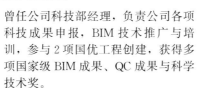 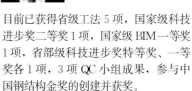

  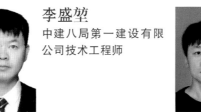 

董宏运
中建八局第一建设有限公司郑州航空港区光电显示产业园建设项目项目总工

目前已获得省级工法5项，受理、授权专利7项，发表论文2篇，国家级科技进步奖1项，国家级BIM一等奖1项，主持完成工程的工作并获得中国钢结构金奖1项、河南省工程建设优质工程1项。

李盛堃
中建八局第一建设有限公司技术工程师

荣获河南省新技术应用1项、河南省省级工法2项、国家级QC成果一等奖1项、省级QC成果3项、发表论文2篇。

高　枫
中建八局第一建设有限公司郑州航空港区光电显示产业园建设项目质量总监

河南大学本科毕业

目前已获得省级QC成果4项，国家级BIM奖项1项。

三、二等奖项目精选

新乡市大数据产业园14♯研发中心

河南天丰钢结构建设有限公司

房务俊　张鹏　杜发庆　郭亮　关振威　杨亚坤　李会　陈铮　贾俊峰　朱世磊　等

1　工程概况

项目采用 EPC 管理模式；本工程为装配式钢结构高层建筑，装配率达 75%；总建筑面积约 5.66 万 m^2，地下 1 层，地上 22 层，建筑总高度 88.8m；结构主体形式采用钢框架-钢支撑结构体系；钢柱为变截面箱形钢构件，钢梁为焊接 H 型钢，楼面采用钢筋桁架楼承板组合楼板；总用钢量高达 5600t，如图 1 所示。

图 1　项目效果图

2　实施方案

在 EPC 工程总承包模式下，我司 BIM 中心将建筑、结构、机电、装修各专业有效地串联，BIM 技术的应用有效地增强了 EPC 项目团队的协同管理能力，实现智能建造（图 2）。

图 2　BIM 效果

3　公司简介

河南天丰钢结构建设有限公司成立于 1997 年，是河南天丰装配集团旗下的支柱企业，集团钢结构是以节能建筑设计、研发、制造、施工为一体，是全国首批 15 家钢构企业开展建筑工程施工总承包壹级资质之一，拥有钢结构设计甲级资质，建筑金属屋（墙）面设计与施工特级资质，钢结构工程壹级资质，钢结构制造特级资质，住房和城乡建设部钢结构住宅产业化课题承担单位，国家钢结构绿色住宅产业化示范基地。

4　BIM 团队及软硬件介绍

4.1　企业 BIM 标准的建立

公司自 2016 年 10 月成立 BIM 中心以来，着重于企业族库及企业标准的制定。在 2017 年 5 月企业族库基本建立并完善，在 2017 年 8 月印发了关于公司应用 BIM 标准化的文件，并于 2017 年 9 月 1 日正式按照企业建模标准施行。

4.2　本项目组织框架

为了更好地在项目中实施 BIM 管理，公司成立了由 BIM 领导小组与 BIM 信息化小组组成的 BIM 管理团队（图 3）。

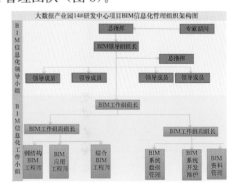

图 3　项目组织框架

4.3 本项目软硬件设施

项目软硬件设施见表1。

项目软硬件设施

表1

服务器	建模用台式机	笔记本	移动终端	无人机
处理器:至强 E7-4830V4 内存:32G 储存:3T	处理器:i7-7700 显卡:GTX 1060 内存:16G 硬盘:250G+1T	处理器:i7-8750H 显卡:GTX 1060 内存:16G 硬盘:1T	ipad air ipad mini	大疆精灵
1台	4台	6台	12台	1台

软件名称	版本	最有效的功能	应用环节	需改进的功能
Autodesk Revit	2016	钢结构BIM建模;钢结构深化设计;构件参数化输出、加工;工程量统计;图纸深化,清单报表生成	深化设计	软件运用占有资源,影响工作效率;模型拆分不够便捷;难以符合施工流水段;工程量统计不符合国内规则
Tekla Structure	19.0	3D实体模型建立、3D钢结构细部设计、钢结构深化设计、详图设计	深化设计	与Revit兼容性有待提高,模型互导不完整;模型传递过程中信息丢失严重
Autodesk Revit	2016	钢结构BIM建模;钢结构深化设计;构件参数化输出、加工;工程量统计;图纸深化,清单报表生成	深化设计	软件运用占有资源,影响工作效率;模型拆分不够便捷;难以符合施工流水段;工程量统计不符合国内规则
Navisworks	2016	各专业模型整合,碰撞检测;施工方案模拟;工艺展示	深化设计	模型渲染效果有待提高;施工模拟动画效果有待提高;进度计划中的关键路径不易查找
AutoCAD	2014	二维图纸查看;图纸分割	现场协调	—
Project	2010	进度计划的编制	现场协调	—
Fuzor	2017	室内精装修渲染;材质贴图;动画输出	现场协调	对电脑配置要求高;动画输出需要时间太长,效率低
3ds max	2016	建筑效果图、建筑动画制作输出	现场协调	参数配合需要花费大量的时间去调试

5 施工重难点

（1）本工程体量大，钢结构节点复杂，钢柱均为变截面箱形柱，施工难度大。

（2）钢结构工程材料种类繁多，快速精准分拣难度大。

（3）本工程质量目标为"中国钢结构金奖"，变截面箱形钢柱一次焊接合格率要达到98%以上，才能满足要求。

（4）本工程为EPC管理模式，涉及建筑、结构、幕墙、机电安装等多个专业，各系统管线错综复杂，精度要求高，施工蓝图并未考虑各专业之间的空间关系，施工难度大。

（5）本工程正方形塔楼每层每个角部的钢结构构件体系，外悬结构构件由悬挑梁以及次梁组成，其四个大角的钢构件吊装数量多、空中拼装对接汇口难度较大。

6 EPC＋BIM

应用一：三维可视化交底如图4所示。三维可视化交底可避免图纸中存在的碰撞问题，避免施工过程中可能出现的返工；同时设计单位通过与施工单位的有效沟通，根据施工单位所拥有的设备和材料，及时优化设计，降低成本（图5）。

应用二：钢结构吊装、运输过程中的BIM技术应用二维码技术。分析相关构配件已实现的参数化程度，对其进行相应的修整，以形成标准化的零件库（表2）。

图 4　三维可视化交底一

图 5　三维可视化交底二

材料表　　　　　　　　　　　　　　　　　　　　　　　　　表 2

构件编号及模型	零件编号	规格	长度(mm)	材质	数量	重量		
						单重(kg)	总重(kg)	
2KZ1-17		□400×500×18				2×1768.54＝3537.07		37.26
	M465	□400×500×18	5105	Q345B	1	1246.47	1246.47	9.27
	D38	PL10×85	490	Q345B	8	3.27	26.16	0.76
	M467	PL20×70	70	Q345B	4	0.77	3.08	0.06
	P80	HI650-12-14×220	450	Q345B	3	48.13	144.38	2.99
	P121	HT650-12-14×240	450	Q345B	1	50.10	50.10	1.03
	P294	PL12×120	240	Q345B	4	2.71	10.85	0.26
	P313	PL16×364	464	Q345B	1	21.21	21.21	0.36
	P316	PL10×364	464	Q345B	1	13.26	13.26	0.35
	P343	PL14×60	250	Q345B	16	1.65	26.38	0.48
	P401	PL25×740	640	Q345B	1	92.94	92.94	1.02
	P683	PL20×240	150	Q345B	1	5.65	5.65	0.09
	P657	PL20×220	150	Q345B	3	5.18	15.54	0.24
	P848	PL18×110	300	Q345B	8	4.66	37.30	0.57
	P849	PL18×364	420	Q345B	2	21.60	43.20	0.67
	P1782	PL28×50	364	Q345B	8	4.00	32.00	0.48
	栓钉	STUD19×120			120			
	栓钉	STMD19×120			120			

应用三：管线综合深化设计如图 6 所示。

图 6　管线综合深化设计

应用四：辅助工法制作如图 7 所示。

图 7　辅助工法制作

7　人才培养

公司非常重视 BIM 团队的建设，自 2016 年至今，公司先后投入 300 余万元用于 BIM 的建设，公司以 BIM 中心为内部师资，先后召回各个项目部人员进行 BIM 培训，参加培训人员 230 人次，并鼓励其参加全国 BIM 等级考试。公司有人力资源社会保障部和中国图学学会的全国 BIM 等级一级建模师 46 人，二级建模师 8 人。

8　应用效果

应用 BIM 技术申报专利和工法，打破传统二维图纸难于表达清晰的局面，荣获新乡市 QC 成果一等奖，河南省 QC 成果奖，制作高层钢结构建筑外悬构件安装工法，为申报金钢奖、文明工地做好准备工作。

A006 新乡市大数据产业园 14♯研发中心

团队精英介绍

房务俊
新乡市大数据产业园技术负责人

从事施工管理工作 15 年，多次参与及主导省级、国家级 BIM 大赛，申报 QC 成果 1 项。

曹玲玲
河南天丰钢结构建设有限公司高级工程师

一级建造师
全国工程建设质量管理小组活动诊断师（中级）

参与公司 6 项中国钢结构金奖项目的质量管理，获得国家级 QC 成果 5 项，专利 5 项，BIM 成果 2 项，省级工法 1 项。

杜发庆
河南天丰钢结构建设公司项目二部总工程师

工程师

主持完成大数据项目和国际商务中心项目的施组设计策划与总编、关键技术实施与管控、重大方案编制与实施等，为公司装配式钢结构高层和超高层建筑的实施奠定了强力的技术支撑。

郭 亮

工程师

先后荣获国家级 QC 成果 2 项，省级 QC 成果 5 项，发明专利 1 项，实用新型专利 2 项，省级工法 3 项，河南省建设科技进步奖一等奖 1 项，获得国内 BIM 大赛奖项 9 项，参编《建筑施工企业 BIM 技术应用实施指南》《第五届建筑业企业信息化建设案例选编》选编。

关振威
河南天丰钢结构有限公司 BIM 高级建模师

BIM 高级建模师（结构设计专业）

参加国家级 BIM 大赛 6 项，省级 BIM 大赛 4 项。从事 BIM 工作 3 年，参与多个项目的建模。获得省级 QC 成果 1 项，申报国家发明和实用新型专利各 1 项，参编省级工法各 1 项。

杨亚坤
河南天丰钢结构建设有限公司 BIM 高级建模师

BIM 高级建模师（设备设计专业）

国家级 BIM 大赛获奖 4 项，省级 BIM 大赛获奖 3 项。从事 BIM 工作 6 年，参与厦门 ABB 低压厂房项目、新乡市商务中心项目、华为大数据产业园研发中心项目、火炬园研发中心项目、忆通壹世界项目 BIM 模型建立工作。

李 会
河南天丰钢结构建设有限公司 BIM 高级建模师

BIM 高级建模师（结构设计专业）

国家级 BIM 大赛获奖 4 项，省级 BIM 大赛获奖 2 项。从事 BIM 工作 3 年，参与新乡市商务中心项目、华为大数据产业园研发中心项目、火炬园研发中心项目、忆通壹世界项目 BIM 模型建立工作。

陈 铮
河南天丰钢结构建设有限公司质量工程师

质量工程师

参与多项金钢奖获奖工程的全面质量管理工作，省级刊物发表专业论文 3 篇，获得省级 QC 成果二等奖 1 项。

贾俊峰
河南天丰钢结构建设有限公司技术部 BIM 建模工程师

BIM 建模工程师

长期从事钢结构施工技术管理工作、BIM 管理工作，将 BIM 应用引入钢结构围护二次深化设计工作过程中来，参与多项中国钢结构金奖项目的技术管理工作。

朱世磊
河南天丰钢结构建设有限公司注册结构工程师

结构工程师

长期从事钢结构设计工作，先后完成多个装配式钢结构工程的设计。积极参与 BIM 的学习和应用。取得河南省建设科学进步一等奖，BIM 应用奖，专利 2 项。

BIM 技术在阜阳市大剧院钢结构工程中的应用

中建八局第二建设有限公司，浙江中南建设集团钢结构有限公司

侯庆达 陈谨 李俊俊 霍志超 许宝辉 吕家玉 常文军 黄兴 韩骏飞 李浩

1 公司及项目简介

1.1 工程概况

阜阳大剧院项目位于安徽省阜阳市城南新区，总建筑面积 5.97 万 m²，包含综合剧场、多功能小剧场、电影院线及配套附属设施，总投资 7.57 亿元。

建筑立意："七彩玫瑰"，三片变化的"花瓣"将三种功能包围在一个整体，墙面卷曲延伸至屋面形成花瓣、花蕊。

项目钢结构主要分为大剧场、中剧场、大厅及幕墙钢结构四部分。项目建成后，将成为皖北地区最高档次的艺术表演中心（图1）。

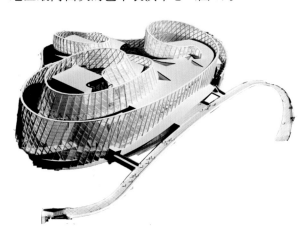

图 1 项目效果图

1.2 形象进度

目前本工程主体、钢结构已经完成，安装、装饰正在施工中（图2）。

1.3 公司简介

中建八局第二建设有限公司是世界 500 强企业——中国建筑集团有限公司的三级子公司，是

图 2 项目进展

中国建筑第八工程局有限公司法人独资的国有大型骨干施工企业。具有年承接合同额 600 亿元以上，实现营业收入 300 亿元以上的综合能力。公司 2012 年 1 月成立 BIM 工作站，目前，累计培训了 3000 人次以上，近 300 个工程项目实施 BIM，采用多种主流 BIM 软件。BIM 应用范围涵盖了我司主要业务板块：房建、基础设施、房地产、建筑设计。包括：会展机场、城市综合体、文化场馆、工业厂房、市政水务等工程。

1.4 BIM 应用策划

目前安徽省尚未发布省级 BIM 应用标准，公司在《建筑信息模型施工应用标准》GB/T 51235—2017 的基础上，编制了更为详细的 BIM 施工应用文件，项目针对本工程钢结构特点，结合相关文件，组织编写了 BIM 实施流程及《阜阳市大剧院钢结构 BIM 实施方案》《阜阳市大剧院钢结构建模统一标准》等文件，用于明确指导项目钢结构 BIM 工作的开展。

1.5 BIM 团队介绍

项目在开工初期便调配公司内部相关 BIM 技术人员组建 BIM 工作室，配备 5 名专职 BIM 技术人员和多名项目兼职员工，负责项目 BIM 技术具体实施、BIM 技术应用落地工作，进行全专业

模型构建及深化应用。

1.6 软硬件配备

钢结构奇特的造型及项目对 BIM 技术的深度应用需利用多款软件来综合实现，同时大量异形构件的搭建、运算对硬件配置也提出了更高要求，项目配备 2 台 DELL 7910 塔式工作站，4 台 HP ZBOOK 移动工作站，基本满足了软件综合应用的需要（图 3）。

图 3 软硬件配备

2 BIM 技术应用

2.1 难点分析

（1）识图难：工程造型奇特、带状曲面多，存在大量空间扭曲构件，空间定位难度大。

（2）加工难：幕墙、钢结构等造型种类多，变截面双曲造型材料加工组装难度大。

（3）协同难：复杂的建筑形体对深化设计要求高，专业施工面穿插多，各专业协同任务重。

2.2 各专业模型建立

本项目钢结构双曲面多，内容复杂，与其他专业协同任务重，为确保钢结构模型的准确性，项目提前建立了与钢结构相关的各专业模型，并通过 BIM 模型对各专业设计内容进行了详细的模拟和优化（图 4）。

2.3 协调检查

通过钢结构模型的深化及钢结构与主体、机电、幕墙等专业的协调检查，发现施工图纸的错、漏、碰、缺等问题，加快图纸会审进程，极大方便了各参建方的沟通交流，实现高效办公。

图 4 各专业模型

2.4 图纸会审

经模型检查，发现钢结构及与相关专业间存在各类问题共 260 余处。

2.5 测量放线

外幕墙钢结构造型的双曲多变导致测量放线工作难度大，本工程利用 3D-RTS 放样机器人，利用钢结构模型自身建立坐标系，实现了场区内测量点、后视点的自由选择，通过模型直接为放样工作提供数据，精准快速，极大地提高了工作效率。

2.6 埋件模拟

双曲异形幕墙每根主龙骨的倾斜方式都不同，利用精细化建模模拟出每一种幕墙龙骨与支墩的埋件连接方式，结合 RTS 机器人对连接精度进行复核，保证幕墙钢结构与埋件的安装质量。

2.7 可视化沟通

钢结构工程的方案研讨、技术交底、工期管理等工作极大依托于对 BIM 技术的可视化应用。

2.8 重点技术方案制订

（1）外幕墙钢结构吊装方案；
（2）大剧场舞台钢桁架吊装。

2.9 仿真分析

（1）钢结构施工阶段全过程仿真分析；
（2）挂篮模型分析。

2.10 BIM＋VR 应用

（1）三维技术交底；
（2）720 云应用。

2.11 自研 BIM 云平台

DBWorldCloud 平台应用。

引入"草料二维码"解决方案，采用"互联网＋BIM"的管理方式对材料进行科学化、智能化、高效化的管理。

3 BIM 应用效益及总结

3.1 社会效益

项目以鲁班奖为工程目标，通过 BIM 技术的应用，实现了复杂异形结构工程下的高施工质量标准，迎来社会各界交流学习 20 余次。

3.2 经济效益

本项目钢结构工程 BIM 技术应用的经济效益主要体现在以下几个方面。

（1）劳动力节省：以大剧场钢结构测量放线为例，定位放样观众厅顶部钢桁架的全部轴线，采用普通全站仪 2 人需要 4 个小时，而采用 RTS 机器人进行测量仅需 2.5 个小时，提高了效率 40％左右。并且对于钢结构外幕墙的复杂造型位置，传统测量方式无法准确实施。

（2）工程量减少 15％：以大厅钢结构造型墙为例，通过人工复杂计算得到的工程量为 53.56t，而通过 BIM 模型 1∶1 准确计算出的钢结构工程量为 45.98t，在节省人工的同时，工程量减少 15％。

3.3 BIM 应用总结

（1）图纸会审：基于 BIM 的图纸会审会发现传统二维图纸会审所难以发现的许多问题，通过软件的碰撞检查功能进行检查，可以很直观地发现图纸不合理的地方。

（2）可视化沟通：BIM 可视化在本工程钢结构安装中发挥巨大作用，钢结构复杂的造型以及与其他专业之间的交叉作业是施工中的难题。有了 BIM 技术的介入，缩短了沟通时间，减少了成本，提高了沟通效率。

（3）大型施工方案模拟：通过制作动画模拟

钢结构安装、吊装等重大方案，有利于项目对方案进行优化，并可用于对管理人员与工人的技术交底中。

（4）工程量统计：利用 BIM 模型导出钢结构工程量，可为商务算量提供复核依据，提高工作效率。

（5）信息化管理：通过公司自研的 BIM 协同云平台，在对 BIM 模型进行管理的同时实现对现场质量、安全的信息化管理。

3.4 BIM 应用心得

（1）BIM 的使用重点是改变传统的施工模式，施工中对二维的图纸经常有理解的偏差，但三维的模型却不一样，其非常直观地将建筑蕴含的信息展示出来。所以，不论是施工交底的时候，还是与甲方人员交流的时候，都会非常方便，并且会加快施工交底的效率，从而提升施工的效率和正确率，这也是目前在项目运用中最直观的表现。

（2）BIM 最大作用是中间的字母 I，也就是信息。BIM 技术以其强大的信息整合与共享能力为项目管理提供了便利，但是想要最终实现建筑信息化需要对项目人员提出更高的要求，提高项目人员的整体 BIM 应用水平，做到全员 BIM。

（3）目前 BIM 应用还是碎片化为主，零星的应用几个技术来帮助项目解决问题，未实现全方位的系统化应用，离图 5 中全生命周期的应用还有较大差距。还需我们继续努力探索，在实践中发现问题，解决问题。

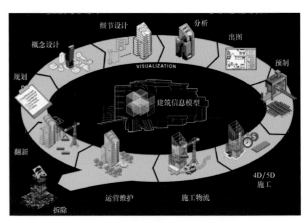

图 5　BIM 贯穿建筑全生命周期

A008 BIM 技术在阜阳市大剧院钢结构工程中的应用

团队精英介绍

侯庆达
中建八局第二建设有限公司华东公司
总工程师

一级建造师
高级工程师

安徽省钢结构协会理事，先后取得省级工法 3 项，发表论文 6 篇，取得专利 4 项，获得工程建设科学技术进步奖二等奖 1 项，国家级 BIM 奖 6 项，参编团体标准 1 项，荣获安徽省钢结构优秀建造师等多项行业荣誉。

陈 谨
中建八局第二建设有限公司华东公司
BIM 工程师
BIM 建模师

曾荣获国家级 BIM 大赛二等奖 4 项、三等奖 1 项，省级 BIM 大赛三等奖 1 项，参编省级 BIM 标准 1 本，发表论文 1 篇。从事 2 年的 BIM 管理工作，负责公司 BIM 人才培养，主导公司 BIM 应用及推广，BIM 大赛的成果申报和答辩工作。

李俊俊
中建八局第二建设有限公司华东公司
BIM 工程师
BIM 建模师

从事 2 年的 BIM 管理工作，负责分公司 BIM 人才培养，主导分公司 BIM 应用及推广，BIM 大赛的成果申报和答辩工作。曾荣获国家级 BIM 大赛二等奖 4 项、三等奖 1 项，省级 BIM 大赛三等奖 1 项。

霍志超
中建八局第二建设有限公司中科院肿瘤医院项目责任工程师

BIM 高级建模师

作为阜阳市大剧院项目 BIM 负责人，先后荣获国家级 BIM 奖 2 项，省级 QC 成果 1 项，发表论文 4 篇。

许宝辉
中建八局第二建设有限公司华东公司技术质量部副经理

一级建造师
工程师

目前已获国家级 BIM 奖 5 项，省级科技创新奖 1 项，省级工法 1 项，省级 QC 成果 4 项，授权、受理专利 9 项，发表论文 6 篇。

吕家玉
中建八局第二建设有限公司华东公司技术质量部经理

一级建造师
工程师

曾作为阜阳市大剧院项目总工程师，先后获得国家级 QC 成果 2 项，授权专利 9 项；获得省部级工法 2 项，发表论文 2 篇；获得国家级 BIM 奖 5 项，获得中国钢结构金奖项目 1 项。

常文军
中建八局第二建设有限公司亳州绿地项目总工程师

工程师

目前已获省级 QC 成果 6 项，国家级 QC 成果 1 项，省级工法 1 项，专利 14 项。

黄 兴
中建八局第二建设有限公司华东公司工程管理部副经理

BIM 建模师

先后取得国家级 QC 管理成果 2 项，省级 QC 管理成果 10 余项，国内领先单项（综合）技术 2 项，省级工法 1 项，授权专利 7 项，发表论文 1 篇。

韩骏飞
浙江中南钢构阜阳片区项目负责人

从事钢结构施工管理 10 年，主持参与阜阳市科技文化中心、图书馆、博物馆钢结构项目深化加工安装并荣获中国钢结构金奖。

李 浩
阜阳市大剧院项目钢结构深化负责人

工程师
一级建造师

曾在国内多家钢结构单位任技术负责人、总工程师等职位，参与国内外多个重大钢结构项目的深化工作及技术支持。

钢结构专业在蚌埠市体育中心项目中的 BIM 应用

中国建筑第八工程局有限公司钢结构工程公司

王硕　吕彦雷　付洋杨　周胜军　吴旦翔　秦瑞　樊警雷　顾海然　方君宇　程笑　等

1 工程概况

1.1 项目概况

本项目钢结构开工日期为 2016 年 10 月 1 日，完工日期为 2017 年 8 月 31 日，总日历天数 334d，钢结构主要施工工期为 5 个月，总用钢量 2.2 万 t。

体育场、体育馆、综合馆、体校、景观塔同时开工，现场调度难度大，统筹协调深化设计、制作、安装等各个环节的是本工程的重难点。

蚌埠体育中心是安徽省第十四届省运会的重要比赛场馆（图 1）。

图 1　项目效果图

1.2 公司介绍

中建八局钢结构工程公司是隶属于中建八局的专业公司，拥有钢结构设计院、钢结构制造厂（制造特级）、检测中心、自有劳务公司、吊装公司，是集设计、科研、咨询、施工、制造于一体的国有大型钢结构公司。公司是中国钢结构协会、中国建筑金属结构协会、上海市金属结构行业协会的会员单位，是《钢结构》《施工技术》《建筑施工》杂志社理事单位，上海市高新技术企业。公司总部设于上海浦东。

1.3 团队介绍

蚌埠市体育中心项目的 BIM 工作是由公司科技部 BIM 中心主导，设计研究院配合，项目部实施的。科技部进行项目 BIM 工作的策划、培训以及实施并监督实施；设计研究院进行模型创建、结构验算；项目部根据获得的信息开展 BIM 工作，反馈工作成效。

1.4 项目重难点及诉求

（1）结构复杂：蚌埠体育中心项目钢结构制作工艺和节点连接复杂，包含了倒三角桁架、平面桁架、单层网壳、编织网壳等结构形式。对于复杂的空间曲线和曲面以及复杂劲性结构，使用传统方式进行放样难以完成，结构深化设计出错概率大，劳动强度大，工作效率低。我们必须保证图纸的精确性，同时指导工厂的下料制作及现场安装。

（2）铸钢件较多，校核流程复杂：铸钢件在安装过程中对制作精度要求很高，本工程铸钢件工程量达 5100t，并且铸钢件形状不一，必须保证铸钢件图纸与钢构件连接部位的精准。

（3）专业交叉多：钢结构施工队伍要进行结构设计、深化设计及构件制作和安装，包括承接土建、机电、幕墙装饰和金属屋面等连接部位。必须避免因劲性结构连接形式复杂产生碰撞。

1.5 BIM 实施思路及应用亮点

1.5.1 BIM 实施思路

通过 BIM 应用实现以下目标：

（1）深化图纸模型，合理细节；

（2）指导加工制作与安装；

（3）可视化交底；

（4）信息交换与共享，增强各专业协同；

（5）提高资源利用率。

1.5.2 应用亮点

（1）节点设计及深化建模；

（2）可视化交底；

（3）专业协同；

（4）罩棚结构整体变形分析；

（5）无人机实景建模；

（6）三维激光扫描复核构件质量。

2 钢结构节点设计

2.1 铸钢节点设计

（1）本工程中体育场节点多而复杂，大部分为铸钢节点。

（2）体育场主体包含铸钢件柱顶支撑节点74个。柱顶伞状支撑和柱的连接节点内力大、受力复杂、交汇角度小，BIM数字设计保证结构的安全性并方便施工。

2.2 设计与深化流程

设计与深化流程如图2所示。

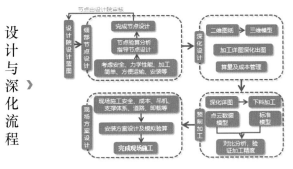

图 2 设计与深化流程

2.3 典型节点优化

经过节点设计，计算验证，进行节点优化，增加安全性，节约钢材，增加效益。

3 钢结构深化设计

3.1 BIM 建模标准

钢结构深化建模时需完全依据设计图纸或变更联系单中所提供的截面绘制模型、材质严格按照设计方提出的钢结构材料属性要求绘制。工作点、工作线及工作面应尽量准确，以方便后续审核及调图。构件及零件前缀在同一工程中，规范统一。工程较大，有分模情况，需相应规划每个分模中的构件及零件前缀。

3.2 铸钢节点深化

Tekla 深化铸钢节点功能欠缺，最终借助

Advance Steel 完成了铸钢节点的深化。

3.3 扭曲斜交式网架深化

景观塔钢结构主要是由扭曲斜交形式钢管网架、三角形截面螺旋向上的避雷针构件组成，Tekla 建此类模型耗时耗力，使用 Advance Steel 可以进行快速建模。

3.4 其他复杂节点深化

针对不同结构，采用 Tekla 和 Advance Steel 对图纸和细部节点形式进行模型深化。

3.5 碰撞检查

通过全专业合模来检查各专业与钢结构交叉作业过程中的碰撞问题。

3.6 基于 BIM 模型的快速出图

基于钢结构深化模型，出具详细加工图，指导加工厂加工，加快了工作效率，提升了加工进度。本项目钢结构目前累计出图总数达 6742 张。

3.7 算量及成本管理

通过 BIM 清单计算程序可以导出每根构件的重量及连接件重量，甚至分类统计重量和面积，从而方便制订采购计划和劳务用工计划，增强建造成本的计划性和可控性。

4 钢构件加工制作

4.1 模型辅助构件加工

通过三维模型直接转化成数控加工数据，精度高、速度快、质量好。

4.2 三维激光扫描核对铸钢件外观质量

在铸钢件加工过程中，利用三维激光扫描仪对所有铸钢件外观进行点云扫描，然后进行点云模型处理。将标准数字化模型和三维扫描的点云数据模型进行比对，核对铸钢件精度。

5 现场施工和生产

5.1 施工方案模拟对比分析

对钢罩棚结构安装及卸载施工顺序的多个方案

通过有限元分析软件 Midas Gen 对构件应力、结构变形、支撑反力等进行了施工全过程模拟分析。

5.2 格构柱支撑布置及设计分析

现场实测标高后，在模型中对柱顶工装进行深化，得到格构柱的标准加工图，以及柱顶工装、柱底转换平台的节点详图。根据支撑的高度及加固措施的不同，选取施工模拟分析中反力最大的格构式柱为验算对象。

5.3 重型履带吊装钢梁模拟分析

主钢梁具有尺寸大、重量大、弧度大、位置高等安装难点，采用重型履带式起重机进行吊装，吊臂与履带的角度并不是固定不变的，考虑最具代表性的工况借助 Midas 对施工过程进行模拟分析，确定最佳方案，保证施工安全。

5.4 施工进度模拟

钢结构模型体量大，使用 Navisworks 将模型轻量化处理，制作施工进度模拟，可视化安排工期进度。

5.5 可视化交底

应用 BIM 技术进行三维模型漫游、施工进度模拟等与劳务队、各专业队伍，进行技术交底，大大提高沟通协调效率。

5.6 无人机 BIM 应用

（1）利用无人机拍摄实时地形，直接生成地形模型，节约建模时间，确保精确度，并且可以在模型上进行标注和测量。

（2）防止工人违章操作，监管安装生产流程。

（3）在恶劣天气或者不适宜人类进入的环境进行现场观测，防止意外发生，保证人和财产安全。监管大面积场地，节约人力物力。

（4）按照实际更新项目进度，安排节点计划。

5.7 BIM 协同管理平台

中建八局 BIM 协同管理平台支持 PC 端和手机端，通过平台发出公告、联系单、设计问题、质量问题等，共享通信录、现场资料、管理进度计划、BIM 模型等，实现了对项目的协同管理。

6 效益分析及总结

6.1 绩效考核与培训

进行普及培训、专业培训、高级培训。

从上至下的考核制度，加强项目人员的能力。

6.2 效益分析

高耸筒体双螺旋钢网格结构采用液压同步累积提升的方式安装，施工前提前进行三维模拟，保证结构顺利提升到位；渐变悬挑实腹梁使用钢梁拼装及脱模技术，通过对机械吊装工况的分析计算、渐变悬挑实腹梁有限元模拟分析等技术，确保施工过程安全。

6.3 总结

（1）节点设计：节点、方案经由详细的设计理念和计算分析，保证现场施工；有限元分析确保了产品设计的合理性，减少了设计成本，缩短了设计和分析的循环周期，保证本项目从节点到施工方案的结构稳定性；安装节点优化，节约安装工期。

（2）深化设计：针对本工程的复杂性和多专业性，利用 BIM 技术成功解决了钢结构与其他专业的碰撞和接口连接问题，方便项目管理，提高了深化设计的准确性，方便进行事前控制；深化过程中考虑后期加工、运输和现场安装方案，在保证现场施工、构件加工运输简便的前提下，完成全部节点工作基于 BIM 模型的快速算量，方便了材料计划的编制和控制、劳动计划的编制以及结算的验收，提高了工作效率，项目风险控制和成本得到了有效控制。

（3）加工制作：BIM 快速出图指导构件加工，减少返工率，节省材料，提升经济效益；三维激光扫描复核构件的精度和偏差，指导构件安装，提高加工准确性，从而提升整个结构的质量。

（4）现场安装：通过 BIM 数字化模拟计算分析进行方案编制，解决了安装方案设计中结构本身受力变形，多专业交叉作业，吊机使用过程中的受力，技术措施的设计及合理布置、卸载等诸多问题；施工进度模拟针对施工重点部位提前制订专项施工方案，规避可能遇到的恶劣天气的影响，合理安排工期；可视化交底大大提升了复杂部位的施工水平，缩短会议时间，各项工作目标性更强，施工效率大大提高。无人机技术的投入，缩短了建模时间，有效实施监控，保证项目安全实施。

A012 钢结构专业在蚌埠市体育中心项目中的 BIM 应用

团队精英介绍

王 硕
中建八局钢结构工程公司科技部业务经理

注册安全工程师
BIM 高级建模师

参与国家会展中心、深坑酒店等大型项目的 BIM 工作，目前已获得国家级 BIM 奖 6 项，取得专利 3 项，获得省级 QC 成果 1 项，发表论文 3 篇。

李善文
中建八局钢结构工程公司华东公司总工程师

一级建造师
一级造价工程师
注册安全工程师

先后获得国家级 BIM 大赛奖项 2 项、省部级科技进步奖 2 项，取得专利 10 余项，获得省部级工法 5 项。

付洋杨
中建八局钢结构工程公司科技部业务经理

注册安全工程师
BIM 建模师

从事 BIM 管理 8 年，先后主持或参与上海国家会展中心、桂林两江国际机场、重庆来福士广场、天津周大福金融中心等项目的 BIM 工作。荣获省部级及以上 BIM 奖 22 项，专利授权 17 项，发表论文 4 篇。

史 伟
中建八局钢结构工程公司蚌埠市体育中心项目经理

一级建造师
工程师

长期从事钢结构施工管理工作，曾主持编制蚌埠市体育中心工程，南部新城红花机场基础设施项目冶修二路桥工程的 BIM 研究与运用，多次获得创新杯、龙图杯，参加型建香港、上海建筑施工行业 BIM 技术应用等多项BIM 大赛，并取得优异成绩。

吴旦翔
中建八局钢结构工程公司设计研究院党支部副书记

一级建造师
高级工程师

从事钢结构工程设计与技术工作 13 年，在施工过程分析、安装设备验算、钢结构桥梁等方面有着较为丰富的经验。参与各类不同规模工程项目 50 余个，发表论文 2 篇，授权、受理专利技术 6 项，获得全国钢结构行业奖等 12 个 BIM 类奖项。

杨文林
中建八局钢结构工程公司科技部业务经理

海南大学本科

主要从事公司 BIM 管理工作，搭建公司三维模型库，主导项目 BIM 大赛的申报，创优动画制作及 BIM 技术培训与推广。

樊警雷
中建八局钢结构工程公司科技部经理

高级工程师
八局钢构专家委员会钢结构、焊接专家

从事钢结构工程建造 15 年，完成课题 12 项，工法 28 项（省部级 7 项），授权专利 29 项，发表论文 12 篇，获得省部级及以上科学技术奖 4 项，BIM 奖 7 项，各层级奖项均有参与和斩获。

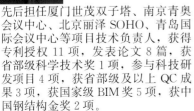

顾海然
中建八局钢结构工程公司科技部副经理

一级建造师
工程师

先后担任厦门世茂双子塔、南京青奥会议中心、北京丽泽 SOHO、青岛国际会议中心等项目技术负责人，获得专利授权 11 项，发表论文 8 篇，获省部级科学技术奖 1 项，参与科技研发项目 4 项，获省部级及以上 QC 成果 3 项，获国家级 BIM 奖 5 项，获中国钢结构金奖 2 项。

方君宇
中建八局钢结构工程公司科技部业务经理

工程师

先后参与 2 项鲁班奖工程建设，获得国家级 BIM 成果 2 项、省级 QC 成果 1 项目、省级工法 1 项、专利 10 项，发表论文 2 篇。

程 笑
中建八局钢结构工程公司科技部业务经理

一级建造师
工程师
BIM 建模师

从事技术管理工作 4 年，授权实用新型专利 11 项，受理发明专利 2 项，BIM 奖 6 项，参与 2 项成果评价，均达到国际领先水平。荣获 2020 年度公司级优秀员工。

中部国际设计中心"郁金香"花型创意设计钢结构中 BIM 技术应用

中建八局第一建设有限公司

王希河　王彬　肖闯　杨青峰　马贤涛　索亚楠　李虎　张汉仓　王硕　刘峰　等

1 项目及公司简介

1.1 项目简介

本项目是航空港区首个创意综合体，工程建设在郑州航空港区综合经济试验区北部核心地带，南接机场、北望郑州主城区，出行高效、内引外接，且是航空港区首个以设计机构总部办公为核心功能，集甲写、酒店、商业、会议接待、设计展示等为一体的创意设计综合体，项目建设将引领航空港区商务区建设，建成后将成为郑州航空港区标志性建筑。

本工程建筑设计方案由扎哈·哈迪德事务所设计，是扎哈·哈迪德在河南的唯一作品。主要设计理念取自"郁金香"，外轮廓底部呈现弧形花萼形态，塔身赋以白色线条表示花朵经络，建筑造型设计轻盈曼妙、流畅自然、浑然天成、独具神韵，恰如即将绽放的群芳，与航空港一起腾飞盛放（图1）。

图 1　项目效果图

建筑面积：11.3 万 m^2。工程总造价：10.2亿元。建筑高度：51.9m。建筑层数：地下2层，地上11层。结构形式：钢框架-钢筋混凝土核心筒结构。

1.2 公司简介

中建八局第一建设有限公司，始建于1952年，系世界500强企业排名第21、全球最大的投资建设集团——中国建筑集团有限公司下属三级独立法人单位。具有房屋建筑工程施工总承包特级资质、建筑行业设计甲级资质等15项专业承包资质，是国家科技部认证的"国家高新技术企业"。实施了全国首个"钢结构"＋"装配式"＋"被动房"超低能耗绿色建筑，并被中建协授予"最佳BIM企业"奖，被中国施工企业管理协会评为"科技创新先进企业"。

2 BIM 基础建设

2.1 BIM 组织框架

BIM 组织框架如图 2 所示。

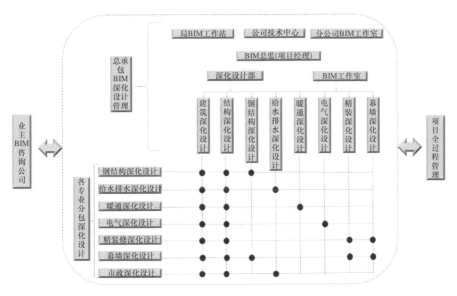

图2 BIM组织框架

2.2 软硬件配置

软硬件配置如图3所示。

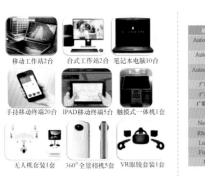

图3 软硬件配置

3 BIM应用实践

3.1 设计深化

本工程体量大，专业多，各专业图纸由不同设计院设计，且业主设计变更频繁，图纸问题较多。利用BIM技术把各专业图纸综合，做好深化设计、解决专业间问题（图4）。

（1）设计验证。

（2）节点深化设计。

（3）钢结构深化设计。

（4）机电设计优化。

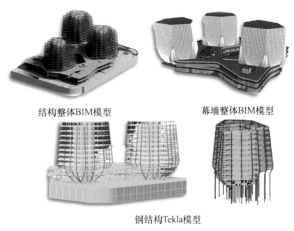

结构整体BIM模型　　　　幕墙整体BIM模型

钢结构Tekla模型

图4 设计深化

3.2 平面管理

施工场地狭小，专业分包多，交叉作业、流水多，平面布置等需随施工阶段变化多次。利用BIM技术模拟各阶段平面布置，做好现场平面管理。

基于BIM技术的三维场布：利用BIM技术结合现场实际情况进行施工场地的综合布置，合理规划，包括办公及生活区临建、临水、临电、库房、材料堆放区、材料临时加工场地、施工机械布置、运输道路等，避免材料二次运输造成的浪费及增加费用，提高施工场地的利用率与施工效率（图5）。

3.3 钢结构施工

本工程建筑造型独特，结构形式复杂，塔楼

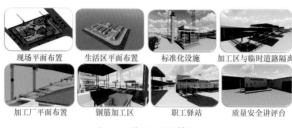

现场平面布置　生活区平面布置　标准化设施　加工区与临时道路隔离

加工厂平面布置　钢筋加工区　职工驿站　质量安全讲评台

图 5　施工平面管理

钢结构体量大，斜钢管柱、大悬挑钢梁、铸钢节点、劲钢结构和环梁支座等非常规构件，工艺较多，施工难度巨大。应用 BIM 技术解决现场施工难题，指导钢结构施工（图 6）。

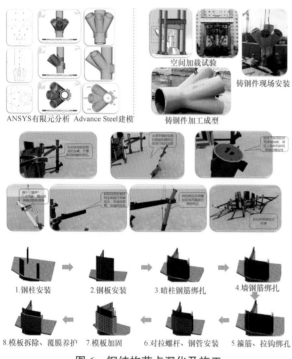

ANSYS有限元分析　Advance Steel建模

空间加载试验

铸钢件现场安装

铸钢件加工成型

1.钢柱安装　2.钢板安装　3.暗柱钢筋绑扎　4.墙钢筋绑扎

8.模板拆除、覆膜养护　7.模板加固　6.对拉螺杆、钢管安装　5.箍筋、拉钩绑扎

图 6　钢结构节点深化及施工

3.4　助推项目增值

应用 BIM 技术在做好设计管理的同时，现场在进度、成本、质量、安全等方面做好精细化管理，达到降本增效的目的。

4　BIM 应用总结

4.1　应用成果

应用 BIM 技术所获得的各项成果见表 1。

4.2　效益分析

（1）通过 BIM 建模、碰撞检测、图纸会审等发现施工图设计问题，对设计进行优化、深化等，经统计经济效益为 150 万元；

（2）通过对环梁、斜钢管柱施工等进行施工方案模拟，降低施工难度，提高施工效率，经统计节约工期 60d，带来经济效益 160 万元；

（3）应用 BIM 进行三维场布，通过 BIM 可视化管理，合理布置，减少临时用地，减少现场材料转运次数，节约成本 40 万元；

（4）应用 BIM 进行三维可视化交底，累积交底 2500 余人次，提高工人质量安全意识和施工操作水平；

应用 BIM 技术所获得的各项成果　　表 1

序号	项目成果
1	中建协第四届中国建设工程 BIM 大赛——二等奖
2	2018 年河南省建设工程 BIM 应用建筑单项类——一等奖
3	内芯钢管混凝土柱及环梁支座施工工法——省级工法
4	多角度大斜率钢管柱施工工法——省级工法
5	弧形钢板剪力墙在异形钢构创意综合体核心筒中应用施工工法——省级工法
6	复杂结构核心筒及钢框架同步施工工法——省级工法
7	一种钢管混凝土柱环梁节点及其钢筋绑扎施工方法——发明专利申请号:201810675567.7
8	多角度大斜率钢柱吊装方法及配合使用的防护架体组体——发明专利申请号:202010370572.4
9	一种新型后浇带支撑架——实用新型专利:专利号 ZL 2018 2 1110946.3
10	一种可周转式电箱集中安装固定桥架——实用新型专利:专利号 ZL 2018 2 0822130.7
11	一种钢管混凝土柱环梁节点——实用新型专利:专利号 ZL 2018 2 0997003.0
12	一种隐藏式可伸缩沉降观测装置——实用新型专利:专利号 ZL 2018 2 1631118.4
13	一种电线放线架——实用新型专利:专利号 ZL 2018 2 1093957.5
14	一种可周转便捷式钢结构临边防护装置——实用新型专利:专利号 201921440103.4

（5）钢结构施工全过程应用 BIM 技术进行进度、成本、质量、安全等管理，现场进度整体受控，管理成本大大降低，施工质量优良，安全平稳无事故发生，得到了监理业主及质监安监等单位的认可，接待了多次社会各界的观摩，树立了企业形象，取得了较好的经济和社会效益。

A016 中部国际设计中心"郁金香"花型创意设计钢结构中 BIM 技术应用

团队精英介绍

王希河
中建八局第一建设有限公司中原公司
总工程师

一级建造师
高级工程师

荣获 3 项鲁班奖、4 项国优工程、2 项钢结构金奖，所负责项目获评省级新技术应用示范工程 6 项，个人先后获得省级工法 20 项、国家级专利 39 项、国家级科学技术奖 2 项、省部级科技进步奖 4 项、省部级科技创新奖 18 项、国家级 BIM 奖 10 项、国家级 QC 成果 10 项，参编地方标准 2 项。

王 彬
中建八局第一建设有限公司中部国际设计中心项目经理

一级建造师
高级工程师

先后荣获国家级 BIM 奖 2 项，省级科技奖 2 项，省级工法 10 项，国家级 QC 成果 2 项，省级 QC 成果 8 项，授权发明专利 2 项，发表论文 5 篇。

肖 闯
中建八局第一建设有限公司中部国际设计中心项目总工

一级建造师
工程师

先后荣获国家级 BIM 奖 2 项，省级科技奖 2 项，省级工法 8 项，国家级 QC 成果 2 项，省级 QC 成果 8 项，授权发明专利 2 项，发表论文 5 篇。

杨青峰
中建八局第一建设有限公司中国国际丝路中心大厦项目技术负责人

一级建造师
高级工程师

长期从事钢结构设计、深化设计、加工安装，先后主持完成了濮阳体育馆、正弘城、中国国际丝路中心大厦的钢结构深化、安装工作。获得中国钢结构金奖项目 2 项。

马贤涛
中建八局第一建设有限公司中原公司优秀讲师

BIM 高级建模师

曾任公司科技部经理，负责公司各项科技成果申报，BIM 技术推广与培训，参与 2 项国优工程创建，获得多项国家级 BIM 成果、QC 成果与科学技术奖。

索亚楠
中建八局第一建设有限公司项目技术工程师

目前已获得国家级 QC 成果 1 项，省级 QC 成果 6 项，省级工法 4 项、实用新型专利 2 项，BIM 技术应用奖 2 项。

李 虎
中建八局第一建设有限公司项目技术工程师

目前已获得国家级 QC 成果 1 项，省级 QC 成果 6 项，省级工法 3 项、实用新型专利 2 项，BIM 技术应用奖 3 项。

张汉仓
中建八局第一建设有限公司项目质量工程师

目前已获得国家级 QC 成果 1 项，省级 QC 成果 6 项，省级工法 2 项、实用新型专利 2 项，BIM 技术应用奖 3 项。

王 硕
中建八局第一建设有限公司项目技术工程师

目前已获得省级 QC 成果 5 项，省级工法 2 项，发表论文 2 篇，省级科技鉴定成果 1 项，国家级 BIM 奖 1 项。

南阳市"三馆一院"项目建设工程一标段（博物馆、图书馆）钢结构建造 BIM 技术应用

中建八局第一建设有限公司，中国建筑第八工程局有限公司，浙江东南网架股份有限公司

王自胜　王勇　王希河　傅磊　孙志滨　王浩森　王浩洋　李志春　许宏成　马贤涛　等

1　工程概况

1.1　项目概况

本工程总建筑面积 81090m²，由南阳市博物馆和图书馆组成。其中南阳市博物馆建筑面积约 46000m²，为地上 5 层，主体总高度 33.6m；南阳市图书馆建筑面积约 36000m²，为地上 6 层，主体总高度 37.275m。建筑物造型最高点 44.0m（图 1）。项目概况见表 1。

图 1　项目效果图

项目概况　　　　　　　　表 1

工程名称	南阳市"三馆一院"项目建设工程一标段（博物馆、图书馆）
项目地址	河南省南阳市光武东路光武大桥东 500m 路南
工程类别	大型公共建筑
建设单位	南阳投资集团有限公司
设计单位	中国建筑西北设计研究院有限公司
勘察单位	核工业第五研究设计院
监理单位	河南新恒丰建设监理有限公司
总包单位	中国建筑第八工程局有限公司
工程造价	总合同额为 3.24 亿
建筑面积	81090m²
工期	460d

1.2　BIM 组织框架

BIM 组织框架如图 2 所示。

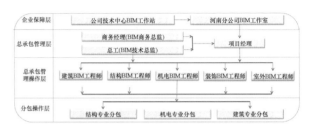

图 2　BIM 组织框架

1.3　软硬件配置

项目部按照工程体量及构架，准备了涵盖各专业的 BIM 资源配置。为 BIM 在造价、技术、物资、专项工程等环节在项目各相关部门的贯穿实施提供可靠保障。

硬件配置：台式工作站 1 台、移动工作站 1 台、台式机 3 台、其他高配电脑若干台。

软件配置：CAD、Revit、Navisworks、Tekla、广联达平面布置软件、广联达 BIM5D 软件。

技术配置：项目每季度进行一次 BIM 技术培训，项目所有人员均达到 BIM 初级及以上水平。

规范配置：根据国家及公司 BIM 实施规范，制订项目 BIM 实施方案，规范 BIM 工作，提高 BIM 工作效率。

2　单位介绍

2.1　中国建筑第八工程局有限公司

具有房屋建筑工程施工总承包特级资质，主要经营业务包括房建总承包、基础设施、工业安装、投资开发和工程设计等。

2.2 中建八局第一建设有限公司

具有房屋建筑工程施工总承包特级、市政公用工程施工总承包特级、机电工程施工总承包壹级、水利水电贰级等7项总承包资质，建筑工程、人防工程、市政行业设计3项甲级设计资质，具备军工涉密资质、消防设施工程专业承包壹级、机场场道贰级等18项专业承包资质。公司拥有"国家级企业技术中心"研发平台，是国家科技部认证的"国家高新技术企业"。

2.3 浙江东南网架股份有限公司

工程专业承包资质壹级，制造资质特级，设计资质甲级，信用等级 AAA，生产基地分布于浙江、天津、成都、广州，具备年产钢结构、网架 60 万 t，建筑板材 500 万 m^2 的制造能力。主要生产大跨度空间桁架结构，空间网架网壳结构，高层重钢结构，轻钢结构，金属屋面系统等系列产品。产品技术水平均达国内领先、国际先进。

3 项目设计及软件应用

3.1 钢结构复杂节点设计

本项目钢结构屋盖为空间桁架网格，构件类型多，节点造型各异，材质种类多样，连接形式各异。节点区域钢板厚度大，钢板强度等级高、焊缝密集、焊接变形大、易产生层状撕裂。巨型钢柱变截面处板厚大，焊接质量要求高。节点形状不规则，安装定位难度大。这给装配和焊接都带来了很大的难度，必须在深化过程中制订合理的措施。

深化设计时通过 BIM 建模着重考虑节点的工艺设计，结合本厂加工的经验对节点进行深化，在考虑等强连接的前提下，尽量减少全熔透焊缝比例，采用合理的分段。针对现场吊装方案，结合结构的特点及运输条件选择合理的分段方式，分段方式确认后组织会审论证，论证合格方可实施，并在深化设计过程中严格按照论证后的分段执行。有效解决了钢构件加工、运输及现场安装分段相结合的问题，提高施工效率。

框架部分构件截面种类多，部分与混凝土结

构连接，根据安装方案，考虑将构件分成若干个运输和吊装单元，在现场地面拼装后分块吊装，部分作业属于高空作业，危险性较高，因此，构件连接等措施的设置非常重要，构件的连接等措施需要体现在深化设计图纸上。

通过对柱脚节点、整体框架模型、支撑加强桁架进行整体 BIM 建模，根据构件分段位置并结合以往类似工程的施工经验对构件设置合理的吊装和连接耳板，吊装及连接耳板的位置应根据构件的特点和安装的特点设置，结合节点分析计算的结果选择适宜的厚度和强度，并对其进行验算；与土建交叉部位，如柱脚段阶段，埋件部分提前与钢筋模型结合，确定连接方式，有效减少现场作业量（图 3）。

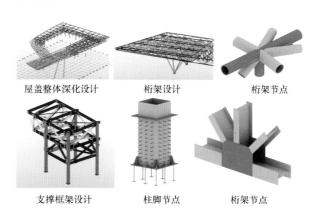

屋盖整体深化设计	桁架设计	桁架节点
支撑框架设计	柱脚节点	桁架节点

图 3　钢结构节点设计

3.2 H 型钢构件加工制作流程

H 型钢构件加工制作流程如图 4 所示。

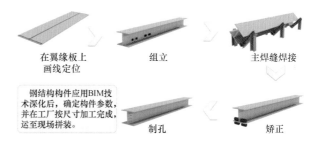

在翼缘板上画线定位　组立　主焊缝焊接

钢结构构件应用BIM技术深化后，确定构件参数，并在工厂按尺寸完成，运至现场拼装。

制孔　矫正

图 4　H 型钢构件加工制作流程

3.3 钢结构拼装方案交底

基于 BIM 模拟技术对钢结构复杂工序进行实景演示，以动画及三维图片方式直观展示构件拼装流程及注意事项，使得现场钢构件能够精确拼装，达到了运用 BIM 技术对项目进行精细化管理的目标。

3.4 运用 BIM 技术钢结构复杂节点深化

BIM 模型完成钢结构加工、制作图纸的深化设计。利用 Autodesk 软件进行钢结构深化设计，通过软件提供的参数化节点设置自定义所需的节点，构建三维 BIM 模型，将模型转化为施工图纸和构件加工图，指导现场施工。

3.5 钢结构吊装方案模拟

运用 BIM 技术模拟 A 区管桁架施工过程，验证方案的可行，完善施工方案。优化后采用 50t 汽车式起重机在 2 层平台上进行构件吊装是最优、最经济方案。

3.6 钢结构效果图对比

钢结构效果图对比如图 5 所示。

图 5　钢结构效果图对比

3.7 各专业协调

初设阶段进行过碰撞检查，施工图阶段深化模型后再次进行碰撞检查。

3.8 安全体验

（1）此系统开发的物理引擎，选择开发迅捷、安全性高的 Unity3d。

（2）建模工具选择 3ds max，其应用范围比较广泛，在广告、影视、工业设计、建筑设计、三维动画、多媒体制作、游戏、辅助教学以及工程可视化等领域均适合使用。

（3）设备采用 HTC Vive。HTC Vive 可以实现更细致的全身动作侦测，另外前置摄像头还可让用户看到现实世界，避免在移动时撞到物体。Vive 的手柄和电视遥控器类似，但拿在手上还是很轻盈的，长时间使用不会感觉累，有振动反馈，自身有 30 多个传感器，能与定位器精准互动。有扳机键和触觉反馈功能。

4　应用心得总结

南阳三馆一院项目在全生命周期进行 BIM 应用，利用 BIM 的可视化、协调性、模拟性、优化性、可出图性、一体化性、参数化性、信息完备性，在深化设计、技术质量、机电安装等方面进行了综合应用与深入探索。通过我们的工程实践，不仅使用 BIM 技术在传统方面取得较大成果，更在 5D 工期、物资管理和工艺优化方面进行了示范应用。

（1）利用 Revit 软件绘制模型，进行深化设计；

（2）利用 BIM 技术进行碰撞检查，优化设计；

（3）利用 BIM 技术编制施工方案、技术交底；

（4）利用 BIM 技术进行施工模拟，5D 管理；

（5）利用 BIM 技术进行质量检查验收；

（6）利用 BIM 技术对施工安全管理进行管理；

（7）利用 BIM 技术对施工场地分阶段进行平面布置管理；

（8）BIM 商务化管理。

在之后的工作中，我们将逐步探索与高校及科研机构的多方对接，通过二次软件的开发及云端办公平台的运维，建立 BIM 在工程应用上的大数据集成，从而形成工程应用数据库，指导未来施工技术的发展。

A025 南阳市"三馆一院"项目建设工程一标段（博物馆、图书馆）钢结构建造 BIM 技术应用

团队精英介绍

王自胜
中建八局山东分局郑州办事处主任

一级建造师
高级工程师

先后主持完成了郑州新郑国际机场二期扩建工程、河南省人民医院等河南省重点工程，主持完成多项国家优质工程、鲁班奖工程、钢结构金奖工程等荣获国家级质量奖项的工程。

王 勇
中建八局第一建设有限公司中原公司党总支书记

一级建造师
高级工程师

获全国钢结构工程优秀建造师、河南省优秀项目经理、河南省重点工程建设劳动竞赛先进个人、郑州市五一劳动奖章、中建八局优秀共产党员、先进生产（工作）者、优秀施工管理工作者等荣誉。

王希河
中建八局第一建设有限公司中原公司总工程师

一级建造师
高级工程师

所负责项目获评省级新技术应用示范工程 6 项，个人先后获得省级工法 20 项、国家级专利 39 项、国家级科学技术奖 2 项、省部级科技进步奖 4 项、省部级科技创新奖 18 项、国家级 BIM 奖 10 项、国家级 QC 成果 10 项，参编地方标准 2 项。

张 业
中建八局第一建设有限公司中原公司总经理

一级建造师
高级工程师

主持完成了马来西亚吉隆坡标志塔，32 个月完成了一栋 452m 高、106 层塔楼，把中国超高层成套管理技术输出到海外，创造了超高层施工速度的奇迹。

孙志滨
中建八局南阳市"三馆一院"项目经理

一级建造师
高级工程师

获全国钢结构工程优秀建造师、河南省优秀项目经理、河南省重点工程建设劳动竞赛技术标兵。所负责项目获中国钢结构金奖，"中建杯"优质工程金质奖，河南省工程建设优质工程，全国施工安全生产标准化工地，河南省建筑业绿色施工示范工程等。

王贝贝
中建八局南阳市"三馆一院"项目专业工程师

助理工程师
共产党员

取得专利 2 项，QC 成果 3 项；参与 1 项"国优"工程创建、1 项部队军优项目创建。参与南阳"三馆一院"目钢结构现场安装施工管理工作，获得中国钢结构金奖 1 项。

王浩洋
中建八局南阳市"三馆一院"项目计划工程师

二级建造师
共产党员

取得专利 2 项，先后获得河南省绿色施工示范工程、河南省新技术应用成果，负责郑州高新数码港 180m 塔楼钢结构深化及安装，参与南阳"三馆一院"项目钢结构深化、施工计划编制及现场安装，获得中国钢结构金奖 1 项。

李志春
中建八局南阳"三馆一院"项目质量工程师

一级建造师
中级工程师

取得专利 3 项，先后荣获省级 QC 成果 5 项，省级工法 1 篇，发表论文 2 篇，南阳市质量管理先进工作者。负责南阳"三馆一院"现场质量管理工作，获得河南省建筑业绿色施工示范工程、中国钢结构金奖 1 项。

许宏成
天津东南钢结构有限公司总工程师

工学硕士
高级工程师

长期从事钢结构设计、钢结构安装技术的研究工作，先后参与 50 余项钢结构项目的技术工作。近 5 年作为技术负责人，获得钢结构金奖 5 项，鲁班奖 1 项。发表专业论文 5 篇。

马贤涛
中建八局第一建设有限公司中原公司优秀讲师

BIM 高级建模师

曾任公司科技部经理，负责公司各项科技成果申报，BIM 技术推广与培训，参与 2 项国优工程创建，获得多项国家级 BIM 成果、QC 成果与科学技术奖。

白沙园区瑞佳路跨贾鲁河桥梁工程 BIM 技术综合应用

中建二局第二建筑工程有限公司

张青华　郑春伟　陈超　王肖　王凯　许兴龙　曹准　苏明珠　苑峰　陈召强

1　项目及公司简介

1.1　项目简介

工程名称：郑州市白沙园区瑞佳路等4座跨贾鲁河桥梁工程施工（第三标段）。

建设单位：河南云创市政工程有限公司。

设计单位：北京市市政专业设计院股份公司。

工程地址：河南省郑州市中牟县白沙镇大陈村。

勘察单位：河南卓越建设工程有限公司。

监理单位：河南建达工程咨询有限公司。

总包单位：中建二局第二建筑工程有限公司。

质量要求：争创鲁班奖。

瑞佳路跨贾鲁河桥项目位于郑东新区白沙园区瑞佳路。该项目西起铁牛路，东至万三路，全长约410.7m。包括桥梁工程、道路工程、交通工程、排水工程、绿化工程、照明工程。

桥梁总长207m，总宽56m。道路横断面为四幅路型式，共宽56m；极具创意的A字形塔，从桥面伸出高、低弯塔，高度分别为52.4m和41.9m，构成了一个新月形状，塔底部微露出水面，呈现出"春江潮水连海平，海上明月共潮生"的意境（图1）。

图1　项目效果图

1.2　公司简介

中建二局第二建筑工程有限公司（以下简称"公司"）隶属于中国建筑第二工程局有限公司，具有建筑工程、市政公用工程施工总承包特级，机电工程施工总承包壹级，钢结构工程专业承包壹级，地基基础工程专业承包壹级，起重设备安装工程专业承包壹级，建筑装修装饰工程专业承包壹级，建筑幕墙工程专业承包贰级资质。公司总部设在广东省深圳市，注册资本金人民币3亿元，净资产5.37亿元。公司始终坚持以客户为中心的理念，以打造行业领先为目标。

1.3　项目采用BIM技术的原因

贾鲁河是郑东新区重要的防洪河道及景观带，工期要求紧，施工期间受汛期影响大，施工组织要求高。

钢箱梁构造复杂，线形多变，安装精度要求高。

A字形塔构件数量多，形状各异，线型复杂，安装高度高，定位困难。

本工程质量目标争创钢结构金奖，对施工过程质量要求高。

2　BIM团队介绍

2.1　BIM技术人才培训

各专业工程师均具有BIM工程师证，从事BIM技术工作满两年，项目成立了"BIM创新工作室"，全面推动BIM创新工作的开展，并多次组织BIM培训。

2.2　软硬件配置

硬件配置有4台台式机，2台笔记本电脑，10台移动客户端。

软件配置如图2所示。

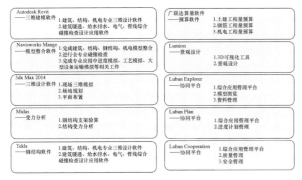

图2　软件配置

3　BIM 技术综合应用

3.1　BIM 技术制度建设

项目初期，结合项目特色制订 BIM 实施规划方案，确定了项目施工阶段 BIM 实施目标、应用标准、实施计划及各个参与方的实施职责，统一 BIM 应用管理平台信息录入的格式及标准，保证项目 BIM 实施效果。

3.2　BIM 技术在土建施工中的应用

（1）为保证导行安全，利用 BIM 模型进行围堰施工模拟、优化，选择最优施工方案，生成 4D 演示视频，进行可视化交底，达到文明施工的目的（图3）。

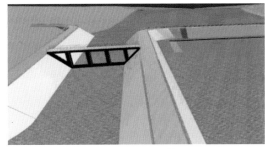

图3　BIM 施工模拟

（2）通过 BIM 技术三维可视化功能绘制复杂构件的钢筋三维模型，根据模型生成的钢筋下料单，进行钢筋的加工制作。

（3）利用 BIM 软件的碰撞检查功能，对土建、钢结构各专业进行相互碰撞检视。在 BIM 深化过程中，将图纸设计问题记录下来，形成碰撞报告，发给设计院确认解决。借助碰撞报告使施工重点、难点部位可视化、提前预见问题，确保工程质量。

（4）利用 Midas 软件进行承台大体积混凝土水化热分析，对大体积混凝土施工期温度场及应力场进行仿真分析，选择合理的混凝土配合比，优化管冷布置，使得整个养护期间混凝土最大拉应力均小于相应龄期的混凝土抗拉强度，确保混凝土不会开裂。

（5）BIM 技术在钢结构工程施工中的应用。项目开工之前，利用 Tekla 软件进行模型的创建。检查结构杆件之间的碰撞情况，减少因图纸设计问题而引起的现场返工的工程量，最大限度避免设计阶段出现的碰撞问题影响进度和质量。利用 Tekla 软件对桥梁上部钢结构进行建模并进行深化设计，对于复杂节点导出三维节点详图，便于技术交底和加工。

（6）装饰塔为曲面立体结构，利用 Tekla 将每个复杂位置进行剖面处理，方便技术交底，减少因图纸不熟而出现的加工错误。

（7）采用 Midas 建立钢结构支架模型，对吊装安装过程中各种工况和荷载组合进行强度、刚度验算，确保钢结构安装过程中钢管桩、分配梁的应力应变满足要求。利用 Midas 对支架的整体稳定性进行验算分析。通过仿真模拟及 Midas 软件计算分析，保证了安全可靠和成本最优原则。

（8）绿化工程。

通过 Lumion 进行景观方案的四季变化的展示与比选，革新了传统设计中效果图的方案设计方式。

（9）照明工程。

利用 BIM 技术比选最佳照明效果，确定光源布设位置、角度。

4　BIM 技术辅助工程管理

4.1　成本管控

细致梳理工程量表，精确计算异形构件工程量，结合现场清单工程量和实际工程量，进行成本分析，降低成本。

4.2　进度管控

将工程进度计划与模型相关联，建立 BIM 沙盘，实时监控现场情况与进度计划进行对比分析，及时根据现场问题采取相应措施，保证工程进度。

4.3 质量创优

现场管理人员通过使用 BIM 手机端，采集现场发现的问题，发起协作，及时通知到相关责任人。形成现场施工资料库，为质量安全管理提供数据支撑。在现场通过 BIM 手机端，查看模型与构件相关信息，包括构件尺寸、现场施工队及责任人信息，过程检查记录和物料消耗情况，实现移动端的实时查看。

4.4 资料管理

为实现施工过程中工程资料的标准化管理，制定《BIIM 应用平台资料管理办法》，明确了资料的上传、管理、应用要求。保证了竣工模型资料信息的完整性与规范性。施工过程中把工程资料与模型一一对应录入，形成数字化、结构化、可视化的 BIM 数据库，通过模型可以快速查询项目资料。

5 BIM 技术应用总结

5.1 应用效果

通过 BIM 技术应用，目前发现碰撞问题 788 个，累计解决各类图纸问题 300 余处，完成项目三维交底 20 余次，较好地促进现场施工质量管理和安全管理。提高了材料管控效率，减少了现场管理安装施工时间，加快了施工进度。通过可视化的总平面管理，减少了现场材料转运次数。节约钢材 80 余吨，降低措施成本投入 60 余万元，缩短工期 25 日历天（表 1）。

5.2 应用总结

以工程建设法律法规、技术标准为依据，坚持科技进步和管理创新相结合，提高工程项目全生命期各参与方的工作质量和效率，保障工程建设优质、安全、环保、节能。

目前应用：截至目前，本项目已在 4D 进度管理、管线碰撞检查、现场可视化施工、工厂预制化技术、深化设计管理等方面实施应用，专业涵盖土建、机电、钢结构、市政、专业设备等，从项目策划、施工部署、总平面布置、进度管理、图纸会审、深化设计、重点措施方案编制等方面辅助项目管理。

BIM 技术应用效益分析　　　表 1

	应用项	效益分析
技术管理	碰撞检查	通过设计建模，施工模型复核，本项目目前 BIM 发现碰撞问题 1638 个，可增加节约材料的价值 210 万元，减少了返工时间
	深化设计	发现各类问题超过 1600 余处，优化了现场施工深化效率和质量，减少了现场返工时间，经济成本并入碰撞分析中
	方案模拟	塔冠塔式起重机拆除模拟、基坑出土坡道挖出模拟等，确定了最符合现场的施工方案
现场管理	三维交底	完成三维交底 20 余次，对于现场施工质量管理和安全管理有较好地促进
	BIM 辅助计划管理	通过 BIM 技术辅助进度计划管理，完成了业主方要求的节点，获得业主奖励
	自动排砖（地下空间）	大幅提升了砌体施工的质量和砌筑速度，减少了现场砌体垃圾堆放，创造了经济效益
	物联网管理	物联网管理和装配式施工，提高材料管控效率，减少了现场管理安装施工时间，加快了施工进度
	BIM 辅助装配式施工	辅助钢结构及装配式风机房预制施工，通过 BIM 技术，优化了现场施工深化效率和质量，减少了现场返工时间
	BIM 辅助总平面管理	通过可视化的总平面管理，减少了现场材料转运次数，提升了施工现场的面貌
	智能测量机器人使用	通过智能机器人的使用，提升了测量效率和精度，克服了有些复杂曲面难以测量等问题，节省了测量人工成本 30%
	BIM 平台项目协同管理	项目协同管理，大幅提升了项目沟通效率，隐形提升了项目的管理能力，提高企业的总承包管理水平
商务管理	BIM 算量	减少了商务算量人员，降低了项目材料工程量偏差
	资源协调	方便了现场资源管理调度，使材料运输更合理
	成本管控	综合分析了现场成本变化因素，重点管控对项目成本影响较大分项

5.3 下一步计划

培养方案：在项目实施过程中，注重根据项目的实施情况，反复协商制订合理、可行的整体 BIM 目标，使 BIM 管理人员逐渐适应不同阶段的 BIM 实施方案、建模标准和 BIM 工作流程。在阶段性 BIM 工作推动过程中，根据管理人员的能力情况，机动化调整工作方式以及工作流程，确保工作的顺利实施。以帮、带、管的综合方式进行基于项目的 BIM 人才管理，确保项目 BIM 人才培养目标的达成。

培训计划：公司自 2012 年起组织多次初、中、高级培训，培训内容包括 Revit、MEP、幕墙、参数族定制、进度控制、漫游动画等。每期参加人数在 100 人左右，大力推动了 BIM 技术在公司发展。

项目定期每月组织 BIM 宣讲培训，结合现场情况使现场管理人员可以浏览模型、使用模型，更好、更直观地理解设计意图，指导施工。

A026 白沙园区瑞佳路跨贾鲁河桥梁工程 BIM 技术综合应用

团队精英介绍

张青华

中建二局第二建筑工程有限公司技术中心副主任

高级工程师

先后获得专利 20 余项，省级工法 9 项，省级 BIM 成果 3 项，主持完成省级优质工程 2 项，国家优质工程 1 项。

郑春伟

中建二局第二建筑工程有限公司广州分公司总工程师

一级建造师

拥有发明专利 2 项，实用新型专利 5 项，省级工法 5 项，省级科学技术奖 8 项，完成省级 BIM 竞赛奖 2 项，公开期刊发表论文 6 篇，参建的工程获得省优质结构 4 项，国家优质工程 1 项。

陈 超

中建二局第二建筑工程有限公司 BIM 事业部经理

BIM 高级建模师

从事 BIM 工作多年，担任过多个项目 BIM 总负责人，获得 5 项国家级 BIM 奖项。

王 肖

中建二局第二建筑工程有限公司广州分公司科技部经理

一级建造师

获得 2017 年公司"三年决战"功勋员工，2016 以及 2017 年公司优秀技术人员。

王 凯

中建二局第二建筑工程有限公司项目经理

高级工程师

具有多个大型项目管理经验，参与的项目获得国家优质工程 1 项，省优质结构 4 项，钢结构金奖 1 项。

许兴龙

中建二局第二建筑工程有限公司项目总工

一级建造师

2019 年公司优秀个人，具有多个项目路桥施工经验，所承建的瑞佳路贾鲁河桥项目获得中国钢结构金奖。

曹 准

中建二局第二建筑工程有限公司广州分公司科技部副经理

高级工程师
一级建造师

先后获得专利、工法、科技奖多项，国家级 QC 成果 1 项，省级 QC 成果多项。

苏明珠

中建二局第二建筑工程有限公司广州分公司业务经理

BIM 建模工程师

先后获得国家级 BIM 奖 1 项，省级 BIM 奖 4 项，省级工法 2 项，省级 QC 成果 2 项。

苑 峰

中建二局第二建筑工程有限公司项目技术工程师

BIM 建模工程师

先后获得专利 4 项，省级工法 3 项，省级 BIM 成果 3 项，河南省建筑业协会及工程建设协会 QC 一等奖 3 项。

陈召强

中建二局第二建筑工程有限公司广州分公司业务经理

BIM 建模工程师

先后荣获国家级 BIM 奖项 1 项，省级科技奖 2 项，省级 QC 成果 2 项，工法 1 项。

增城少年宫 BIM 技术应用

广州市恒盛建设工程有限公司

陈卫文　杨春明　伍俊锋　罗宏亮　林育琛　周家宝

1　工程概况

位于广州增城挂绿湖城市中轴线东侧；主体为钢筋混凝土框架结构，上部为钢管架结构，形成象征无穷符号的建筑意境，建筑采用"L"形的双翼式平面布局（图1）。

图1　项目效果图

1.1　钢结构应用

（1）建筑主体为钢筋混凝土框架结构，钢结构主要作为屋面和铝板外墙的支撑骨架，屋面为钢管柱与 H 型钢组合屋架，钢管柱与钢梁连接节点采用焊接或螺栓连接。

（2）墙面为 H 型钢与圆管组合墙架，墙架随主体大楼外形结构布局，支座节点采用焊接连接，墙面圈梁与挑梁采用螺栓连接。

（3）中心筒部分为钢管柱与 H 型钢梁组合结构，筒屋面呈不规则钢树权造型。

1.2　项目架构

建设单位：广州景业投资有限公司。

设计单位：清华大学建筑设计研究院有限公司。

监理单位：广州建筑工程监理有限公司。

总承包单位：广州市恒盛建设工程有限公司。

钢结构分包单位：福建省启光钢构有限公司。

2　公司简介

广州市恒盛建设工程有限公司成立于2000年，公司本部及管理企业共有 33 项施工及设计资质，其中房建、市政、园林绿化、装修、幕墙等壹级（甲级）资质 11 项。公司先后总承包或参建了广州大学城、广州国际会议展览中心、广州白云国际会议中心等一大批国家、省市重点工程及亚运相关工程，获得国家级工程质量奖 6 项、国家 AAA 级安全文明标准化诚信工地 5 项、省市优良样板工程 80 余项。先后获得全国优秀施工企业。连续十九年获得"守合同重信用"企业、国家高新技术企业等荣誉。

3　BIM 技术应用要点

3.1　BIM 模型建立

采用 Revit 软件分别建立了少年宫项目的建筑、结构和机电的三维 BIM 模型，采用犀牛软件建立了钢结构和铝板模型，并在 Navisworks 中进行整合。特别地，对制冷机房等设备房进行精细建模和材料统计，对大堂等区域进行精装修建模，施工完成后现场实拍照片与模型高度吻合（图2）。

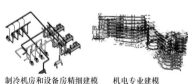

制冷机房和设备房精细建模　　机电专业建模　　钢结构整体模型(犀牛)

图2　BIM 模型

3.2　三维场地布置

在施工准备阶段，根据项目场地情况建立三

维场地临设模型，通过 3D 动态观察进行合理优化总平面布置。

同时，在品茗三维策划软件中进行塔式起重机等施工机械的位置规划，不同的颜色区域代表不同的起重重量（图3）。

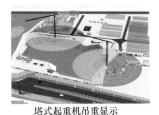 

塔式起重机吊重显示　　　　办公、宿舍区

图3　三维场地布置

3.3　模板和脚手架方案三维设计

将 Revit 中建立的结构模型导入品茗模板和脚手架软件中，并进行模板支撑体系和脚手架体系的三维设计。支撑体系满足规范要求的安全系数，模型建立后可直接进行出图、高支模区域辨识、材料统计和三维可视化交底（图4）。

脚手架局部效果图　　　　模板效果图

图4　脚手架和模板三维效果

3.4　管线综合

通过对机电、暖通、喷淋等全专业的三维建模和综合优化，重点排查各专业之间的冲突和高度方向上的碰撞，优化管线排布方案，减少在施工阶段可能出现的错误，避免因返工、修改造成经济损失（图5）。

3.5　净高控制

技术团队根据模型进行管线综合排布，对净高进行校核。对于净高较少或未能满足净高要求的区域，技术团队协同设计人员，通过调整管线排布等方式解决。

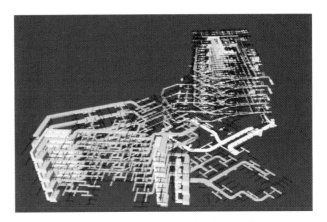

图5　机电、暖通、喷淋等全专业三维图

3.6　碰撞检查与设计优化

通过多专业模型的协同，可发现隐藏在不同专业之间的冲突，从而出具碰撞测试报告，并提交设计做出调整与优化（图6）。

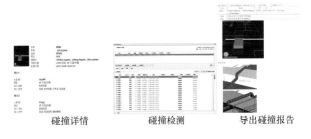

碰撞详情　　　碰撞检测　　　导出碰撞报告

图6　碰撞检查

3.7　关键节点施工工艺展示和可视化交底

应用BIM技术可以对非常规施工工艺进行展示和可视化交底，例如钢筋排布展示，钢结构、幕墙和混凝土连接节点展示，中心筒树杈部位钢梁、树杈结构和临时支撑施工顺序展示等。

3.8　消防、安全防护模拟

建模时同时进行消防设备和安全防护设施的布置，可以更直观地对工人进行安全教育，对施工现场进行安全管理。

3.9　施工进度模拟

施工进度模拟可以帮助我们优化施工工序，减少大量重复工作，为项目管理者制订工程施工计划与资源配置计划提供了切实可行的数据支持。

通过施工进度模拟，还可以随时随地直观快

速地将施工计划与实际进展进行对比，同时进行有效协同。

4 BIM 技术应用效果

4.1 经济效益

与传统做法相比，在本工程中应用 BIM 技术共避免管线之间碰撞和管线与结构之间碰撞 247 次；通过深化设计，钢结构和铝板加工及施工过程中无多次返工现象；采用施工模拟优化项目进度计划，节约工期 56d；预计产生直接经济效益 249 万元。

4.2 社会效益

结合 BIM 技术，项目部积极进行 QC 活动和科技创新，共获得全国工程建设优秀质量管理小组 3 项，广东省省级工法 5 项，实用新型专利 2 项。

此外，项目部还积极推广应用"建筑业十项新技术"，并已申报广东省建筑业新技术应用示范工程，并获得了第十二届第二批中国钢结构金奖工程、2016 年广东省建设工程优质结构奖、2016 年第八届广东钢结构金奖"粤钢奖"。

增城少年宫建筑外形大方美观，作为增城区的标志性建筑，契合当地的自然文化特征。它的

建成必将大大丰富当地青少年的业余生活，带来良好的社会效益。

5 BIM 应用特点

项目是钢筋混凝土框架结构＋钢结构骨架＋铝板/玻璃幕墙的结构形式，呈"L"形双曲面造型，建模精度要求非常高，各专业尤其是幕墙专业配合难度大。

模型建立后，针对不同应用点采用了不同软件进行施工过程中的落地式应用，例如结合公司 CI 的三维场地布置、脚手架和模板的三维设计、关键施工工艺模拟等。

在项目 BIM 技术应用阶段，各参与方通过 e 建筑平台进行文档管理、图纸管理和模型管理。管理员在平台中设置各参与方权限，各方可以实时进行最新的模型审查，并及时反馈相应信息。

在同一个管理平台上进行 BIM 技术的管理和协同，进行信息的实时交互，可以大大提高各参与方的协作效率。

6 获奖情况

项目获得奖项如图 7 所示。

图 7 项目获得奖项

A030 增城少年宫 BIM 技术应用

团队精英介绍

陈卫文
广州市恒盛建设工程有限公司副总经理

总工程师
教授级高级工程师
BIM 一级工程师
广东省钢结构协会专家

主导重大工程项目施工技术管理 6 项、参与工程设计项目 1 项、获国家级优质工程奖 2 项、中国钢结构金奖 2 项、中国土木工程詹天佑奖 1 项、主编广东省标准《装配式钢结构建筑技术规程》。

杨春明
广州市恒盛建设工程有限公司总工办主任、装配办主任

高级工程师
一级建造师
BIM 一级工程师

获国家级安全文明标准化诚信工程 1 项、粤钢奖 1 项、省优质工程奖 3 项、省级工法 4 项，参编《广州市市政工程 BIM 建模及交付标准实施指南》。

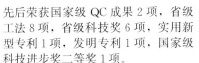

伍俊锋
广州市恒盛建设工程有限公司装配办副主任

先后荣获国家级 QC 成果 2 项，省级工法 8 项，省级科技奖 6 项，实用新型专利 1 项，发明专利 1 项，国家级科技进步奖二等奖 1 项。

罗宏亮
广州市恒盛建设工程有限公司 BIM 技术主管
助理工程师

二级建造师

获国家级 BIM 奖项 1 项，广东省省级工法 3 项，发明专利 1 项，国家级 QC 奖项 1 项，市级 QC 成果 2 项。获评集团公司优秀员工、优秀团干。

林育琛
广州市恒盛建设工程有限公司 BIM 技术员

二级建造师
助理工程师
BIM 二级工程师

先后荣获国家级 BIM 奖 1 项，广东省省级工法 2 项、省级科技奖 2 项、省级 QC 成果 1 项，市级 QC 成果 2 项。

周家宝
广州市恒盛建设工程有限公司技术员

BIM 高级建模师

负责公司各项科技成果申报，先后获得市级 QC 成果 1 项，工法 1 项。

异形悬挂钢结构 BIM 技术应用

山西四建集团有限公司

庄利军　杜晓莲　李彦春　范瑞　任杰　宋鹤　翟鹏　白丽霞　郭二滨　张凯强

1　公司及项目简介

1.1　项目建设背景

全国第二届青年运动会是山西省历史上首次举办的大型综合性运动会。

太原市水上运动中心承办"二青会"皮划艇、赛艇、龙舟及桨板四大比赛项目，中心以汾河为载体，是全国首个内陆天然河道布置的专业赛道，其独特的建筑风格与汾河水畔的园林绿化完美融合，绘就出一幅以水为墨、以绿为彩的汾河景观画卷。

1.2　项目简介

项目设计采用了奥地利德鲁甘-麦斯尔联合建筑师事务所（DMAA）罗曼先生的方案，整个建筑以帆状的立面作为终点塔的建筑外形，以皮划艇状的平面作为媒体中心的建筑外形，地上构筑物采用钢筋混凝土核心筒体＋悬挂式钢结构体系，底层架空，空间结构受力体系复杂、施工工序交叉、安装精度要求高。功能分区主要为终点塔及媒体中心（图1）。

图 1　项目效果图

工程名称：太原市水上运动中心。

建设单位：太原市汾河景区管理委员会。

方案设计：奥地利德鲁甘-麦斯尔联合建筑师事务所罗曼先生（前赛艇运动员）。

施工图设计：上海建筑设计研究院。

建设地点：汾河太原段综合治理三期工程蓄水河段。

施工单位：山西四建集团有限公司。

1.3　公司简介

山西四建集团有限公司是山西省属国有大型建筑企业，成立于 1950 年 10 月。集团是山西省首个"双特双甲"建筑企业，科学技术创新可代表山西省建筑最高水平，是全国工程质量管理先进企业和创鲁班奖工程特别荣誉企业。

截至目前，创建了 477 项国优、部优、省市优良工程。17 项工程荣获中国建设工程鲁班奖，2 项工程荣获中国土木工程詹天佑奖。

1.4　项目 BIM 需求分析

（1）结构体系复杂。

（2）工期紧。

（3）异形曲面建筑。

（4）场地局限大。

2　BIM 实施组织介绍

2.1　BIM 实施组织架构

BIM 实施组织架构如图 2 所示。

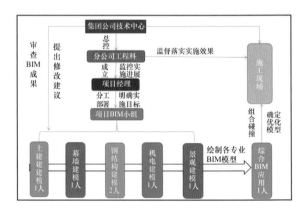

图 2　BIM 实施组织架构

2.2 BIM 应用软硬件环境

BIM 应用软硬件环境见表 1。

BIM 应用软硬件环境　　　表 1

序号	软件名称	软件用途
1	Autodesk Revit 2018	土建幕墙建模软件
2	Rhino6.0	幕墙建模软件
3	Tekla Structures	钢结构建模深化软件
4	Magicad	机电建模软件
5	Sketchup	园林景观建模软件
6	Navisworks Manage 2018	三维设计数据集成,碰撞检测,项目施工进度模拟展示专业设计应用软件
7	广联达场地布置软件	现场三维模拟,辅助施工部署,场地规划
8	广联达 BIM5D 平台	BIM 集成协同工作平台
9	Midas	有限元分析
10	3D3S	施工过程模拟分析,安全验算
11	IN 系列精度控制系统	单精度检测、虚拟预拼装
12	Lumion	动画制作,效果图渲染
13	SinoCAM	钢构件生产、自动化套料与切割平台
14	广联达土建/钢筋算量软件	土建工程、钢筋工程量预算软件

2.3 人才培养

项目先后派出 13 人参加企业内外组织的培训,并获得资格证书。

另外项目每周组织技术人员进行 BIM 培训,由专职的 BIM 工程师对项目管理人员进行建模软件和 BIM 管理软件的培训。

多次组织项目成员参加 BIM 成果交流会。

3 BIM 技术应用特点及创新点

3.1 BIM 技术应用阶段部署

BIM 技术应用阶段部署如图 3 所示。

图 3　BIM 技术应用阶段部署

3.2 模型的建立

项目模型的建立如图 4 所示。

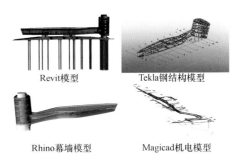

Revit模型　　　Tekla钢结构模型

Rhino幕墙模型　　　Magicad机电模型

图 4　项目模型的建立

3.3 钢结构 BIM 应用

①图纸优化,二次深化;②制作高精度 BIM 模型,指导厂家数控生产;③生产、运输、安装全过程供应链信息共享;④施工方案模拟;⑤虚拟预拼装;⑥钢结构 BIM 应用结论。

3.4 基于 BIM 技术的建筑结构三维漫游

利用 BIM 模型虚拟漫游,全方位动态展示建筑内部空间关系和结构体系,为参建人员提供生动直观的视觉体验,更为新颖便捷的识图方式。

3.5 悬挂钢结构深化设计与自动化加工技术

(1) 图纸优化及深化如图 5 所示。

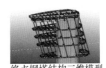

终点钢塔结构三维模型　　　媒体中心钢结构三维模型

图 5　图纸优化及深化

(2) 自动化加工

应用 Tekla 软件创建三维模型,给定异形构件角度及外轮廓,进行构件的分段及连接节点的二次设计,利用 BIM 模型转化加工图后对接自动套料与切割系统,进行任务分解后零件自动套料,数控等离子设备自动切割,实时显示切割参数与进度;有效提高零件下料精度,降低板材的损耗。

(3) 构件加工

建筑结构边梁均为弧形构件,利用 BIM 软件结合 Rhino 参数化模型,给定弧形梁角度及外轮廓,建模时考虑曲率控制余量,建模完成后通过 SinoCAM 自动下料系统、焊接云管理系统自动完成弧形零件的加工与焊接。

3.6 多专业碰撞检查及方案优化

(1) 型钢混凝土节点优化。

（2）钢结构与幕墙方案优化。

3.7 钢结构悬挂体系预调整与虚拟预拼装

（1）有限元模拟分析——施工预调整。

制作阶段利用有限元软件进行悬挂结构整体变形量分析，建模过程中根据分析数据进行施工预变形调整，有效控制了结构变形。

（2）虚拟预拼装。

3.8 钢结构悬挂体系吊装工艺模拟

（1）施工方案模拟。

（2）应力分析。

3.9 基于大数据的成本分析及BIM5D项目管理技术

施工过程管理：在广联达BIM5D软件中录入项目的信息，通过导入项目模型、进度计划、预算文件等，将基础数据（如清单和模型）进行关联。通过划分流水段，实现按流水段查看构件工程量、清单工程量等信息。在全景浏览选项中通过关联进度计划实现以时间的维度来查看三维模型，以及模型相关的构件工程量、清单工程量、项目的进度状况、资金曲线、资源曲线，丰富了成本控制和项目管理的技术手段。

3.10 其他BIM技术应用

（1）园林景观带方案比选。

（2）智慧公园设备布置。

（3）室内装饰效果。

（4）铺装方案线条优化。

4 应用心得及效益分析

4.1 效益分析

各项效益分析见表2。

4.2 应用心得

通过应用BIM技术，解决异形悬挂钢结构的精确制造与安装难题，实现了多角度斜吊杆与巨型桁架、楼层梁的完美衔接，悬挑构件线形控制达到了设计意图，形成了悬挂钢结构BIM技术应用指导书。

4.3 获得的荣誉

项目获得的荣誉如图6所示。

各项效益分析　　　　　　　　　　表2

应用项	效益分析
碰撞检查	通过对各专业模型的整合和施工复核，本项目前BIM发现碰撞问题52个
深化设计	发现各类问题超过50余处，优化了现场施工深化效率和质量，减少了现场返工
技术交底	完成项目三维交底15次，对于现场施工质量管理和安全管理有较好地促进
自动化加工	利用自动化钢结构管理平台，实现了套料、切割、焊接一体化
BIM辅助计划管理	通过BIM技术对施工进度计划进行管控，节约工期25d
BIM辅助施工现场规划	通过可视化的总平面管理，减少了现场材料转运次数，提升了施工现场的面貌
智能测量机器人使用	通过智能机器人的使用，提升了测量效率和精度，克服了有些复杂曲面难以测量等问题，节省了测量人工成本30%
资源协调	方便了现场资源管理调度，使材料运输更合理
BIM辅助施工方案优化	通过对钢结构吊装工艺，钢筋绑扎工艺等的模拟，保证了施工方案的安全、可靠

图6　项目获得的荣誉

4.4 社会效益

赢得了各级领导的肯定和市民的广泛赞誉，成为龙城一道亮丽的风景线。

5 建成实景

项目建成实景如图7所示。

图7　项目建成实景

A036 异形悬挂钢结构 BIM 技术应用

团队精英介绍

庄利军
山西四建集团有限公司副总工程师

一级注册建造师
高级工程师
中国建筑金属结构委员会钢结构分会专家
中国钢结构协会专家
中国施工企业协会科技专家
山西省土木建筑学会钢结构与空间结构专业委员会技术专家
山西省装配式建筑专家委员会委员

从事钢结构工程施工多年，获得钢结构相关发明专利2项，实用新型专利5项，省级工法6项，参与省内钢结构施工危大工程方案论证近百项。申请并获批山西省地标2项。所主持的项目，3个获得了中国钢结构金奖，2个获得了鲁班奖，3个评为了国优。

杜晓莲
山西四建集团有限公司钢结构分公司副总工程师

高级工程师
十佳个人
优秀科技工作者
钢结构内部专家

从事钢结构已有10余年，对钢结构的制作及安装已有较深的了解；先后取得专利6项，国家级QC成果2项，省级QC成果3项，省级工法3项，省级科技奖4项，参编标准1本。目前负责公司各项科技成果的申报及科学技术奖的报审等技术工作。

李彦春
山西四建集团有限公司钢结构分公司经理

高级工程师

获得公司"优秀科技工作者"称号，先后荣获省级工法4项，授权专利5项，科技成果2项，QC成果2项，发表论文2篇。

范 瑞
山西四建集团有限公司钢结构分公司生产经理

高级工程师

先后获得国家级BIM奖1项，省级QC成果5项，省级工法3项，专利2项，发表论文2篇，参与了2项中国钢结构金奖项目的建设。

任 杰
山西四建集团有限公司钢结构分公司山西·潇河新城2号酒店项目总工

钢结构深化设计专家
工程师
BIM优秀工作者

长期从事于钢结构深化设计、钢结构加工厂加工及现场安装方面的工作，先后担任了新源智慧建设运行总部A座项目和山西·潇河新城2号酒店项目总工；获得了实用新型专利3项，省级科技奖1项。

宋 鹤
山西四建集团有限公司钢结构分公司技术工程师

优秀科技工作者
BIM高级建模师（建筑设计专业）
内蒙古科技大学硕士学历

主要从事设计建模工作，目前是BIM管理工作的负责人，主导BIM管理体系的运行，人才的培养，制定计划及计划实施等工作。先后获得国家级BIM奖1项，工法2项，发表论文2篇。

翟 鹏
山西四建集团有限公司钢结构分公司技术工程师

BIM建模工程师
重庆大学本科学历

先后获得第二届"优路杯"全国BIM大赛施工组金奖，首届"全国钢结构行业数字建筑及BIM应用"二等奖，省级QC成果1项，省级工法1项。

白丽霞
山西四建集团有限公司钢结构分公司工程科科长

高级工程师
BIM建模工程师

先后获得了国家级BIM大赛二等奖1项，省级BIM大赛一等奖1项，省级科技奖1项，省级QC成果3项，工法1项。

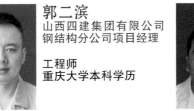

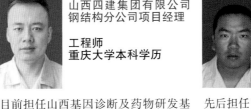

郭二滨
山西四建集团有限公司钢结构分公司项目经理

工程师
重庆大学本科学历

目前担任山西基因诊断及药物研发基地钢结构项目经理，先后担任了太原市水上运动中心项目项目经理，对钢结构现场安装技术有一定的了解。同时获得国家级QC成果1项，专利3项；省级科技成果2项。

张凯强
山西四建集团有限公司钢结构分公司项目经理

2014年获得公司"十佳个人"
重庆大学本科学历

先后担任了丹河特大桥项目钢结构专业技术负责人、聚瑞国际家居建材广场项目技术负责人、太原市廉政教育基地工勤楼项目项目经理及新源智慧建设运行总部项目项目经理。获得省级科技奖1项，省级BIM奖2项。

BIM 技术在钢-混凝土组合结构的应用
（国家技术转移郑州中心项目）

河南二建集团钢结构有限公司

张有奇　段常智　张瑞强　刘杰文　郁红丽　朱立国　张志利　孙玉霖　高磊　李冲

1　工程概况

项目工程概况见表 1。

工程概况　　　　　　　　　　　　　　表 1

工程名称	国家技术转移郑州中心项目工程		
建筑层数	地下 2 层、地上 15 层	层高	负 2 层：6.6m，负 1 层：6.65m；1 层：6m，2 层：5.4m，3～14 层：4.5m，15 层：6m
结构类型	框架剪力墙结构（钢-混凝土组合结构）		
结构分区	分为 A，B，C，D 四个区		
钢结构施工范围	A，B，C，D 区内劲性柱、劲性梁、钢板墙钢构件的安装；D 区屋面管桁架的安装；A，B 区钢悬挑连廊的安装；A 区钢梯安装；BRB 构件的安装		
钢结构工程特点	本工程为了保证构件截面最小化，承载力最大，从而达到节约空间的目的，故采用抗震性强的劲性柱和劲性梁等劲性混凝土结构形式		
钢材材质	劲性柱、劲性梁、钢板墙均为 Q345GJC，钢悬挑钢梁、钢柱、管桁架均为 Q345B		
单榀钢构件尺寸及吨位	型钢柱最长 9.3m，重 5.7t，型钢梁最大跨度 9m，重 2.3t，核心筒处采取钢板剪力墙分段吊装，单件跨度最长 10.6m，重 6.5t，钢悬挑桁架单榀构件重量最重为 5.34t		
建设地点	郑州市郑东新区崇德街南、明理路西		
建设范围	项目建设用地 33.8 亩，总建筑面积 14.81 万 m²		
业主单位	河南省科技厅		
代建单位	河南五建建设集团有限公司		
设计单位	哈尔滨工业大学建筑设计院		
勘察单位	河南省建筑设计研究院有限公司		
监理单位	河南万安工程咨询有限公司		
施工总承包单位	重庆建工集团股份有限公司		
钢结构分包单位	河南二建集团钢结构有限公司		
质量标准	合格，确保国家优质工程奖		

本工程钢悬挑部分为钢桁架结构体系，现场吊装位置在距离塔式起重机 40～45m 之间；此区间塔式起重机最大起重量为 6t，不能满足大吨位吊装，因此钢悬挑桁架采用高空散装的方案进行施工，2# 塔式起重机服务 A 区悬挑，3# 塔式起重机服务 B 区悬挑。

钢桁架框架钢材材质为 Q345B，A、B 区钢悬挑桁架位于 12～16 层，16 层为局部悬挑女儿墙层。

A 区、B 区每个分区悬挑桁架每层 4 榀，最大长度 10.2m，最短悬挑长度 7.63m，桁架整体宽度 24.46m。水平支撑与钢梁连接为高强度螺栓连接。A、B 区钢悬挑桁架构造形式一致，每个分区总重量约 360t，构件按图纸焊缝位置并根据现场需求进行车间组合加工。

钢悬挑桁架位于 A、B 区 12～15 层，其中 12 层、13 层、14 层层高为 4.5m，15 层层高 6m，屋面层高度 4.95m；每层悬挑钢梁、支撑通过与边缘劲性柱预留牛腿进行连接，形成稳固悬挑桁架体系。钢悬挑桁架主要受力构件连接为焊接，焊缝等级为一级。

D 区屋面顶两榀管桁架，用来作为幕墙龙骨支撑系统，每榀重量约为12t，BIM模型将每榀桁架分为三段加工，现场安装前在接头处设置临时支撑系统，等全部完成后拆除临时支撑。

2 公司简介

（1）公司现有占地面积300亩，厂房面积10万多平方米的现代化钢结构加工基地。室内厂房跨度36m。外场行车跨度42m、河南地区规模最大（图1）。

图1 河南二建钢构厂房

（2）拥有9条国内先进的轻、重钢生产线，配备高精度数控设备及重型钢构件加工设备300余台，单件最大加工能力100t。公司2017年投产的重钢车间、跨度、大吨位起重行车、各类重型加工设备能力居河南领先、全国前列（图2）。

图2 河南二建钢构重钢生产车间

（3）企业严格履行社会环保责任，大型全封闭式喷砂房、喷漆房具有先进的活性炭吸附、催化燃烧等废气处理设备（图3）。

（4）品质源于专业的研发团队和雄厚的设计、制造、安装能力。现拥有教授级高级工程师、高级工程师、工程师、国际焊接工程师、涂装工程师50余人，高、中级技工等技术人员300余人。公司获授权专利54项，科技进步奖、科技成果等

图3 河南二建钢构全封闭喷砂、喷漆房

20项，科技研发和技术创新的整体水平国内先进（图4）。

图4 河南二建钢构办公楼

（5）公司经常性的组织核心管理团队与国内一流钢结构企业进行交流学习，积极加入中国建筑金属结构协会、中国建筑业协会、中国钢结构协会、河南省钢结构协会，保持行业内同行良好沟通、交流、合作。

（6）公司注重吸收人才，高薪招聘行业优秀人才，广泛招聘211、985等知名高校毕业生，新入职员工全部集中组织BIM技术、Revit、Tekla软件等专业技术培训和规范、标准学习。具有精通外语、熟悉海外标准的复合型专业人才，积极培养一大批精通欧标、美标的专业技术员。

3 软件及硬件使用情况

Tekla是世界通用的钢结构详图设计软件，使用了它就奠定了与国际接轨的基础。Tekla是一个三维智能钢结构模拟、详图的软包。用户可以在一个虚拟的空间中搭建一个完整的钢结构模型，模型中不仅包括结构零部件的几何尺寸也包

括了材料规格、横截面、节点类型、材质、用户批注语等在内的所有信息。

在确认模型正确后就可以创建施工详图了。Tekla 可以自动生成的构件详图、零件详图，以供装配、箱形组立和加工工段使用；零件图可以直接或经转化后，得到数控切割机所需的文件，实现钢结构设计和加工自动化。

模型还可以自动生成某些报表，如螺栓报表、构件表面积报表、构件报表、材料报表。其中螺栓报表可以统计出整个模型中不同长度、等级的螺栓总量；构件表面积可以根据它估算油漆使用量；材料报表可以估算每种规格的钢材使用量。报表能够服务于整个工程，是今后工程预算、工程管理的重要依据。硬件配置如图 5 所示。

台式电脑配置：
CPU：Intel i7 6700 3.4GHz
显卡：NVIDIA GTX1060（6G）
内存：32GB
硬盘：256G固态硬盘+1T机械硬盘
显示器：1920×1080分辨率，2个
配置数量：10台

图 5　硬件配置

4　BIM 团队建设

我公司现有 BIM 团队共约 20 人，参与国家技术转移郑州中心项目 BIM 建设的有 10 人。每个项目都会有一位总负责人，下面 5～10 位 BIM 工程师协助负责人完成 BIM 三维模型的建立、出加工详图、出构件清单、出零件清单、出螺栓配置表、出现场安装布置图等用于车间加工和现场安装的图纸和报表。

在新项目开始前，该工程 BIM 团队的负责人应先进行技术交底及任务分配，使每个 BIM 工程师都充分了解工程的概况和自己的任务，然后进行 BIM 三维模型的建立。在模型建立期间，BIM 团队定期召开会议，发现并解决模型建立期间的问题，配合生产和安装优化节点，合理进行构件分段，保质保量地完成模型的建立，为后期生产加工和安装创造有利的条件。

5　BIM 价值点应用分析

（1）本工程钢柱、钢梁是组合结构形式，钢柱、钢梁节点区与混凝土结构中的钢筋交叉复杂，根据设计及图集节点要求，混凝土梁钢筋与钢柱交叉采用牛腿或套筒连接。BIM 模型建立时放出混凝土梁及钢筋位置，在钢柱上放出牛腿或套筒位置，现场钢筋与牛腿焊接或与套筒机械连接。

（2）本工程组合钢板剪力墙是组合结构形式，钢暗柱、钢暗梁和钢板墙与混凝土结构中的钢筋交叉复杂，根据设计及图集节点要求，混凝土梁纵筋或混凝土剪力墙箍筋与钢板墙或钢暗柱腹板交叉时采取开孔，混凝土剪力墙拉钩采取增设拉钩耳板方法。混凝土剪力墙外墙固定的对拉丝孔需在钢板墙上开对拉丝孔。

（3）钢悬挑桁架的悬挑钢梁和柱撑需在钢柱上做节点，由于钢悬挑桁架悬挑主梁与钢柱不是垂直连接，柱撑是斜向连接，此牛腿节点异常复杂，BIM 模型中要准确建模，车间制作要准确下料放样定位，确保现场能够精准定位连接。由于此节点复杂，给 BIM 模型建立和车间加工都带来了极大的困难和挑战。

6　BIM 应用经验总结

打造百年名企，追求和谐共生。

近年来，国内的钢结构建筑迅猛发展，越来越多的建筑开始使用钢结构来建造，大批民用、工业钢结构建筑拔地而起，河南省又在大力推动装配式钢结构住宅的建设。这对钢结构 BIM 设计工程师提出了更高的要求，Tekla 软件是一个多功能的三维智能建模软件，可以创建一个完整的三维模型，其特有的基于模型的建筑系统可以精确的设计和创建出任意尺寸的、复杂的钢结构三维模型，并且模型中包含加工制造以及安装时所需的一切信息。

Tekla 可自动从创建的模型中生成加工详图、各类材料报表以及数控机床数据等。后期加工及安装的准确性很大程度依靠前期 Tekla 三维模型建立的准确性，这就对 BIM 工程师的技术水平提出了较高的要求，BIM 工程师要有很强的识图能力，在模型建立时要充分考虑加工和安装的要求，优化复杂节点，便于加工和安装。

A050 BIM 技术在钢-混凝土组合结构的应用（国家技术转移郑州中心项目）

团队精英介绍

张有奇
河南二建集团钢结构有限公司

工程师

长期从事钢结构深化设计、钢结构制作和安装。先后完成国家技术转移郑州中心项目、郑州紫荆网络信息安全科技园科技馆项目、滁来全快速通道全椒段与滁马高速公路互通立交工程 55m 钢箱梁项目等钢结构工程深化设计、制作和安装。先后获得国家级 BIM 奖 3 项，省级工法 1 项，专利 3 项。

段常智
河南二建集团钢结构有限公司总工程师

教授级高级工程师
一级建造师

新乡市建设工程质量专家库成员、2017年度新乡市学术技术带头人、中国施工企业管理协会建设工程全过程质量控制管理咨询专家、中国电力建设企业协会专家、河南省钢结构协会钢结构专家、河南省钢结构科技评审专家。

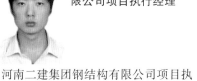

张瑞强
河南二建集团钢结构有限公司项目执行经理

河南二建集团钢结构有限公司项目执行经理。

刘杰文
河南二建集团钢结构有限公司技术员

助理工程师

长期从事钢结构深化设计、钢结构制作和安装。负责建筑产业园钢结构的深化。负责相关工程的施工模拟及动画展示制作。获得 QC 成果 3 项，专利 3 项。

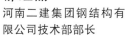

郁红丽
河南二建集团钢结构有限公司技术部部长

工程师

从事钢结构深化设计和钢结构施工十余年，对多种形式的钢结构建筑有着丰富的深化设计和施工经验，参建完成的守拙园 3♯楼钢结构工程和濮阳龙丰"上大压小"新建项目钢结构工程均获得中国钢结构金奖。

朱立国
河南二建集团钢结构有限公司技术部主管

工程师

从事钢结构深化设计、钢结构加工安装工作多年，多次参建国家级重点工程和省级重点工程。先后获得国家级 BIM 奖 1 项，省级 BIM 奖 3 项，专利 1 项。

张志利
河南二建集团钢结构有限公司项目总工

工程师
一级建造师

先后获得国家级科技进步奖 1 项，省级工法 1 项，钢结构金奖 1 项，QC 成果 3 项，专利 3 项。

孙玉霖
河南二建集团钢结构有限公司总工程师助理

工程师
二级建造师

先后主持完成了新乡守拙园 3♯楼钢结构工程、神州精工年产 60000t 封头生产线项目、新乡市生活垃圾焚烧发电厂等项目。荣获全国钢结构 BIM 奖 5 项，河南省科技进步奖一等奖 1 项，省级工法5 项，省级科技成果创新奖 2 项，工程建设科学技术进步奖 1 项。

高 磊
河南二建集团钢结构有限公司技术部副部长

工程师
郑州大学本科学历

长期从事钢结构深化设计、钢结构制作和安装。先后完成漯河达双创孵化园项目、新乡金谷项目等，荣获国家级 QC 成果 1 项，省级 QC 成果 2 项，专利 5 项，国家级科技成果 1 项，省级科技成果 3 项。

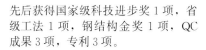

李 冲
河南二建集团钢结构有限公司技术员

工程师

曾参与过国家技术转移郑州中心项目、世界功夫中心项目钢结构深化设计。

王稳庄中学迁建工程施工 BIM 应用

中建科工集团有限公司

杨坤　李旺　张永明　张鹏飞　孙元鑫　原冰丹　许波　帅志刚

1　项目概述

工程名称：王稳庄中学迁建工程。

工程地址：天津市西青区王稳庄镇。

建设单位：天津市西青区教育区。

勘察单位：天津市勘察院。

总包单位：中建科工集团有限公司。

建筑类型：公共建筑。

结构形式：钢框架。

设计单位：天津市城市规划设计研究院。

监理单位：天津正方建设工程监理有限公司。

合同工期：488d。

总建筑面积：3.5 万 m²。

建筑基底面积：1.2 万 m²。

地上建筑面积：2.9 万 m²。

地下建筑面积：0.6 万 m²。

人防面积：3002m²。

占地面积：4.27 万 m²。

层数：地上 5 层，地下 1 层。

建筑高度：22.5m。

层高：首层 5.6m，标准层 4.2m。

地下 3.9m。

项目效果如图 1 所示。

图 1　项目效果图

主要建筑功能：图书馆、报告厅、食堂、风雨操场；教学楼、实验艺术楼、行政办公楼、连廊；车库与人防；篮球场、足球场及看台等。各区域建筑分布如图 2 所示。

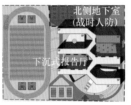

地下建筑分布　　首层建筑分布

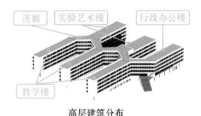

高层建筑分布

图 2　各区域建筑分布

2　公司简介

中建科工集团有限公司（原中建钢构有限公司）——最具国际竞争力的建筑地产综合企业集团（图 3）。

3　软硬件配置

（1）BIM 台式电脑

CPU：酷睿 i9-9900K。

显卡：RTX2080。

内存：DDR4 32G。

硬盘：500SSD＋2T 机械。

显示器：戴尔高色域显示器。

（2）BIM 笔记本。

CPU：酷睿 i7-8750H。

显卡：GTX1060。

内存：DDR4 16G。

硬盘：500SSD＋2T 机械。

（3）建模软件

1）Revit 2016。

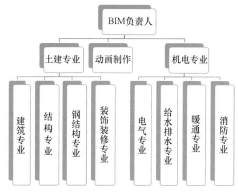

★建筑行业设计甲级

★建筑工程施工总承包特级资质

★市政公用工程施工总承包壹级

★公路工程施工总承包贰级

★钢结构工程专业承包壹级

★中国钢结构制造特级

军工保密资质　　首批国家装配式建筑产业基地

图3　公司简介

职位名称	人员	职责描述
项目经理	杨坤	负责主持BIM工作开展
项目总工	李旺	负责BIM各项工作任务部署及进度管控；推进BIM应用
土建BIM工程师	张永明 张鹏飞	负责本工程土建专业BIM建模、模型应用，深化设计等工作
机电BIM工程师	原冰丹 许波	负责本工程机电专业BIM建模，并运用模型进行管线综合深化设计、电气设备、线路的设计复核等工作
动画工程师	孙元鑫 帅志刚	负责本工程宣传动画、项目漫游等视频渲染工作

图4　团队组织

2）Tekla v19.0。

（4）模拟软件

1）Fuzor 2018。

2）Navisworks 2016。

3）EABIM管理平台。

（5）效果软件

1）3ds max 2018。

2）Lumion 6.0。

3）Twinmotion 2019。

4　团队组织

为保证模型有效传递，我们制订了《BIM应用策划》及《BIM建模标准》。

《BIM应用策划》确保BIM模型在建筑全生命周期中各个阶段之间的顺利交接，同时发挥信息传递的重要作用。

《BIM建模标准》是BIM工作的基础，将模型标准在具体软件中的应用准则进行细化，不仅便于模型系统地进行划分或过滤，还可以便捷地提取和统计模型信息（图4）。

5　成果展示

根据中建CI标准，在施工之前使用BIM技术将现场临建设施进行虚拟布置，以观察临建设施的表达效果及施工部署的协调性，根据BIM模型确定临建设施的最终布置方案再进行实际的现场施工（图5）。

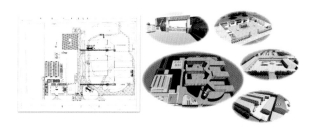

图5　现场建设设施虚拟布置

使用Tekla软件对每一根钢管混凝土柱三维建模以及节点进行深化设计。并利用模型直接出工厂标准的加工图纸，对杆件和节点进行归类变高，减少板的规格，形成流水加工，大大提高加工进度和安装效率（图6）。

以钢结构加工模型为基础，在进场以后迅速搭建建筑模型，并进行复杂节点优化。根据搭建出的模型对建筑设计查漏补缺，对项目进行合理性优化。

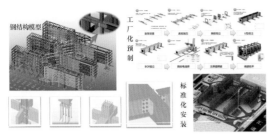

图 6 钢结构节点深化

搭建机电模型，并进行专业内模型的整合，初步解决专业内碰撞问题，并对此进行二次排布。

在各专业模型搭建完成后分别在各专业内进行碰撞检测，提前发现并解决专业内的碰撞，减少后期变更所导致的工期延误，物资浪费，在施工之前将钢结构、土建、机电模型在 Revit 软件内进行整合，进行全专业模型的碰撞检测，根据碰撞报告提出合理建议。

在三维视图中找出土建洞口与钢结构碰撞位置，整理后与设计沟通，及时解决，避免后期改动，以达到节约工期、减少成本的效果（图 7）。

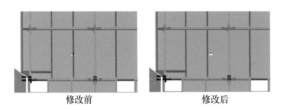

修改前　　　　修改后

图 7 三维视图检查碰撞

6 应用心得

6.1 项目效益

（1）减少设计变更。确保图纸有唯一数据源，减少版本混乱引起的工程变更、工期延误、成本超支等问题，减少设计变更至少 90%。

（2）提高深化设计质量。基于三维的图纸深化、基于深化模型的出图，图纸深化质量提高至少提升 50%。

（3）提高协同效率。工程变更单、现场签证、技术核定单等需要跨方审批的文件决策效率至少提升 100%。

（4）决策可追溯，责任明确。所有参与各方决策及沟通基于 BIM 的协同管理平台上进行，过程资料及时上传至平台。管理有痕迹，责任可追寻。

（5）保障项目整体进度。基于 BIM 的施工模拟，随时检查施工进度与计划进度偏差。随时随地上传图片、分享文件、参与流程审批、查看图纸和模型，及时决策。

（6）精细化管理。现场管理信息化，二次搬运条理化。

BIM 技术管理如图 8 所示。

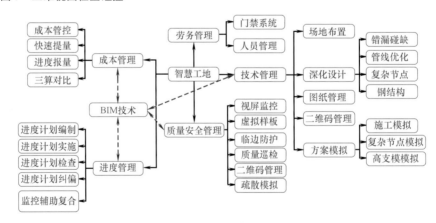

图 8 BIM 技术管理

6.2 项目总结

（1）模型数据。继续开展项目的深化设计，挖掘施工阶段 BIM 模型数据。

（2）数字信息。深入探索并完善二维码的编码，将其在项目全过程推广应用。

（3）配合施工。配合项目的施工，最大限度发挥 BIM 技术的优势，降低项目成本，提高项目质量。

（4）平台数据。将监控平台、监测平台、门禁系统等各平台的数据进行整合，形成本项目施工管理一体化平台。

A063 王稳庄中学迁建工程施工 BIM 应用

团队精英介绍

杨 坤
中建科工集团有限公司王稳庄中学迁建工程项目经理

工程师

先后参建中央电视台总部大楼、梅江会展中心、天津宝龙国际中心项目、王稳庄中学迁建工程等项目，具有丰富的超高层、大跨度钢结构施工管理经验，打造出多项地标建筑。

李 旺
中建科工集团有限公司天津公司王稳庄中学项目总工

一级建造师

先后取得专利 6 项，省级工法 1 项，发表论文 5 篇，国家级 BIM 奖 2 项。

张永明
中建科工集团有限公司王稳庄示范镇热源替代改造工程项目技术负责人

一级建造师
工程师
河北工业大学硕士研究生

先后参建北京亚投行总部大楼项目、王稳庄中学迁建工程项目、王稳庄示范镇热源替代改造工程等钢结构装配式建筑工程；完成钢结构装配式施工技术专利 4 项，省级工法 1 项，论文 5 篇；参建的王稳庄中学项目荣获天津市装配式示范项目。

张鹏飞
中建科工集团有限公司天津公司项目技术工程师

河北工业大学本科学历

先后荣获国家级 BIM 奖 2 项，天津市工法 1 项，授权、受理专利 6 项，参编省级装配式建筑手册 1 项。

孙元鑫
中建科工集团有限公司天津公司王稳庄中学项目安全总监

工程师

先后荣获国家级 BIM 奖项 2 项，省级 QC 成果 1 项，发表论文 2 篇，荣获多项行业奖项。

原冰丹
中建科工集团有限公司天津公司王稳庄中学项目质量总监

工程师

先后荣获国家级 BIM 奖项 1 项，省级 QC 成果 1 项。负责的钢结构建筑中砌块施工工艺，被西青区建委认定为优秀施工做法，并全区推广。

许 波
中建科工集团有限公司天津西青区事业部副经理

一级建造师
工程师

具有 10 年工程施工管理经验，负责多项工程施工组织协调管理工作，对多种类型建筑的施工进度计划管控具有丰富经验，荣获国家级 BIM 奖项 1 项，省级 QC 成果 1 项、发表论文 2 篇。

帅志刚
中建科工集团有限公司天津公司王稳庄中学项目商务经理

工程师

长期从事钢结构深化设计、钢结构加工安装等工作，具有 10 年钢结构施工管理经验，荣获国家级 BIM 奖项 1 项，省级 QC 成果 1 项、发表论文 2 篇。

河南省科技馆新馆建设项目钢结构 BIM 应用

中建三局集团有限公司，黄河勘测规划设计研究院有限公司，
同济大学建筑设计研究院有限公司

赵毅 朱小磊 石庆省 方圆 汪凯 张红永 欧武丙 阮永辉 卓杰 齐鹏辉

1 项目概况

1.1 企业简介

中建三局集团有限公司：本工程总承包单位。全国首家行业全覆盖房建施工总承包新特级资质企业，排名中国建筑业竞争力两百强企业榜首，拥有建筑工程、市政公用、公路工程 3 项特级施工资质和 3 项甲级设计资质。累计获得鲁班金像奖（国家优质工程奖）218 项、专利1400 多项。

黄河勘测规划设计研究院有限公司：本工程代建单位。公司主要业务是流域和区域治理开发规划，江河治理开发的重大技术课题研究，水利水电、生态环境、建筑、公路、火电、市政公用及相关工程各阶段的勘测设计和工程咨询、工程监理、工程总承包等。

同济大学建筑设计研究院有限公司：本工程设计单位。全国知名的集团化管理的特大型甲级设计单位。持有国家颁发的建筑、市政、桥梁、公路、岩土、地质、风景园林、环境污染防治、人防、文物保护等多项设计资质及工程咨询证书，是国内设计资质涵盖面最广的设计单位之一。

1.2 项目概况

总建筑面积约 13 万 m²。主场馆地上 4 层（局部 8 层），地下 1 层（地下局部 3 层），建筑高度 43.85m；总建筑面积约 10.5 万 m²，其中，地上 8 万 m²，地下 2.5 万 m²。圭表塔（观光塔）21 层，建筑高度 100m；总建筑面积约 900m²。人防车库地下 2 层，高度 12m，地面覆土 1.5m；总建筑面积约 2.4 万 m²，其中，地上 160m²，地下 2.4 万 m²。西广场为科技馆主入口，占地面积约 8700m²。项目效果如图 1 所示。

图 1 项目效果图

2 项目 BIM 实施策划

2.1 项目 BIM 应用环境

随着国内参数化建造技术的发展和成熟，建筑师的设计理念不再停留在图纸或计算机上，使得很多项目建筑形态出现了更多的可能性。

2.2 项目 BIM 实施重难点分析

参数化建筑形态；大尺度悬挑、大跨度中庭连廊等创新性结构设计；双层扭转生态立面幕墙设计；多元、复杂的机电安装系统；省内首个拥有设计、运营双标识的绿建三星建筑；项目工期紧，质量、安全创优标准高，总承包管理难度大。

2.3 项目 BIM 实施文件

制订项目 BIM 技术应用实施方案，BIM 技术应用建模深度标准，项目 BIM 技术应用文档及构件编码标准，以及 BIM 技术应用设计施工一体化协同管理平台施工手册，结合项目特点指导 BIM 技术落地使用，确保应用执行有效，促进管理提升。

2.4 项目 BIM 实施架构

建立以代建单位主导，设计、施工、监理、咨询单位全体参与的 BIM 管理组织架构。

2.5 项目 BIM 实施流程

以模型为唯一准则，各参与方沟通洽商。

3 设计阶段 BIM 应用

3.1 BIM 技术应用框架图

为实现 BIM 应用目标，BIM 团队进一步明确了设计阶段的 BIM 技术实施范畴。利用 BIM 技术实现设计阶段的设计理念、建筑性能分析、参数化设计、施工图设计最优选择。

3.2 BIM 设计难点

外表皮曲面的精确化参数控制；双层大悬挑桁架＋大跨封边桁架组合转换桁架设计（单边悬挑 25m）；屋脊空间桁架＋单层折面网壳组合大跨度钢屋盖设计（跨度 89m）；Y 字形三向通行大宽度空间桁架钢连廊结构设计（45m 跨度），如图 2 所示。

图 2 BIM 设计难点

3.3 BIM 应用价值分析

全专业模型搭建；建筑、结构三维校对；机电管线综合净高分析；幕墙方案三维验证；精装方案三维验证；二维码全景图。

3.4 设计理念——建筑形态

设计创意灵感源于"河洛文化"意象；建筑形态宛如黄河与洛河交汇形成的自然造型，大气舒展、浑若天成；又如螺旋桨引擎和飞鸟展翼；强烈的科技感寓意着"郑州之腾飞、河南之崛起"。

3.5 施工图设计——幕墙设计（基于主体钢构）

幕墙板块尺寸各不相同，类型繁多，通过模型分析，基于主体钢结构优化龙骨布设，使内皮玻璃模块化，便于施工（图 3）。

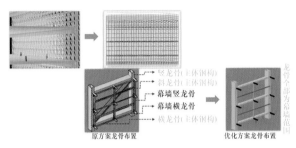

图 3 幕墙设计

3.6 施工图设计——结构设计

结构主体模型：三侧框架-剪力墙塔楼布局灵活，抗震性能佳；中庭大跨钢连廊适用于异形建筑平面，协调各塔楼变形；采用中庭大跨度异形钢桁架连廊将三侧翼框架-剪力墙结构主楼连成整体，以满足地上超大、超长单体结构不设缝的建筑要求（图 4）。

图 4 结构设计

3.7 空间模拟分析

进行空间模拟漫游，识别空间问题，及时进行设计调整。

4 施工阶段 BIM 应用

4.1 施工阶段 BIM 应用简介

施工阶段项目通过 BIM、云平台、大数据等新技术实现了项目的精细化管理，项目基于 BIM 模型及数据开展日常管理工作，包括图纸审查、深化设计、技术、生产、质量、安全等各个环节，同时项目采用基于BIM的协同平台进行项目的管理，解决了以往沟通效率低、数据存储难等问题。

4.2 BIM图纸审查

专业模型融合：利用BIM技术，将土建与钢构、钢构与机电的模型合并，进行专业与专业间的碰撞，通过CAD与Revit模型的对比及各个专业模型之间的碰撞检查，累计提出各类问题10227条，其中土建专业335条，机电专业9845条，幕墙专业47条。在深化设计阶段发现问题，为材料的加工、现场施工的顺利推进提供保障，避免返工、拆改，提升整体品质（图5）。

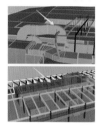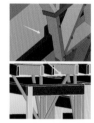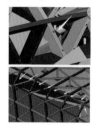

图5 BIM图纸审查

4.3 BIM深化设计——深化流程

BIM深化设计——钢结构深化设计：利用设计钢结构专业已经搭建模型，对节点及做法进行直观地深化、优化分析，保证复杂节点可视化定制加工。

利用BIM软件将钢结构模型深化模型提交给设计院审核，过程中能直观地对深化、优化进行分析确定，审核完成后导出CAD图纸进行加工制作，对于复杂节点也能可视化定制加工（图6）。

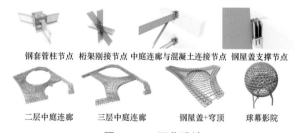

钢套管柱节点　桁架刚接节点　中庭连廊与混凝土连接节点　钢屋盖支撑节点

二层中庭连廊　三层中庭连廊　钢屋盖+穹顶　球幕影院

图6 BIM深化设计

4.4 BIM技术管理——验算分析

钢结构受力模拟分析：利用BIM技术，通过施工模拟协助确定方案及深化分片分段措施；通过受力验算，验证施工方案；过程中动态监控，确保方案执行。

4.5 BIM计划管理——计划管控

建立基于BIM平台的计划管理体系。通过模型构件的拖动将构件/构件集与任务进行关联；构件/构件集可以关联多个任务（采购任务、安装任务、检验任务）；构件/构件集状态与任务完成关联；项目任务关联信息。任务状态用不同颜色区分：绿色——按计划完成；黄色——延期已完成；蓝色——按计划进行中；红色——延期未完成；虚化——未开始。

BIM计划管理——物资计划：生产物资计划与调配由钢结构通过BIM数据平台，导出钢构件的尺寸和数量，然后利用云筑集采进行现场物料的加工和采购需求，并做好物资跟踪。

4.6 拓展应用——设备管理

拓展应用——模型校对：利用3D扫描仪将所视区域扫描成像，将扫描数据导入犀牛软件后，会生成由点构成的模型，然后将设计模型转换为线模导入进行对比分析，便可得出实际偏差，大大提高了空间结构的测量速度。

5 BIM分析总结及未来展望

5.1 效益分析——社会效益

项目营建开放式观摩工地，多次举办国家级、省市级观摩会，和业界同仁进行交流、沟通和学习，打造省级标杆工程。

5.2 经验总结

在BIM技术的带动下，项目品质与施工安全得到了应有的保障，更使得建设项目能够实现人力、物力方面的节约，资源方面的合理、有效利用，也使得本项目向科学、可持续发展的方向前进。

5.3 未来展望

将BIM技术具有的空间定位和记录数据能力应用于运营维护管理系统，以确保快速准确定位建筑设备组件。BIM与RFID技术结合，将建筑信息导入资产管理系统，进行建筑物的资产管理。

A072 河南省科技馆新馆建设项目钢结构 BIM 应用

团队精英介绍

赵毅

中建三局集团有限公司工程总承包公司中原分公司总经理助理兼河南省科技馆新馆项目项目经理

高级工程师
一级建造师

项目取得发明专利 2 项，实用新型专利 5 项；获得国家级 QC 一等奖 1 项，省级 QC 成果一等奖 3 项；取得省级工法 12 项；已发表核心论文 3 篇，另有 4 篇论文已录用。主持完成了河南省科技馆新馆项目建设。

朱小磊

黄河勘测规划设计研究院有限公司工程管理中心主任

高级工程师
国家一级注册结构工程师

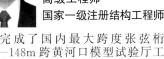

先后完成了国内最大跨度张弦桁架——148m 跨黄河口模型试验厅工程设计、南水北调西线一期工程基地设计、南水北调中线一期工程设计，完成多项高层建筑结构设计；设计、BIM、项目管理工作多次获国家、省部级奖。

石庆省

黄河勘测规划设计研究院有限公司城乡建设规划设计研究院副院长

高级工程师
一级注册结构工程师

主要承担业绩包括濮阳县市政基础设施综合提升项目（第二标段）、郑州经济开发区经开第二十一大街道路勘察设计、滨州黄河大桥工程勘察设计等，黄河水利职业技术学院新校区学生食堂项目、世贸商城三期项目、郑东新区建开大厦等参与设计项目先后获得了多次国家、省部级奖。

方 圆

中建三局集团有限公司工程总承包公司中原分公司技术总工

高级工程师
一级建造师

2020 年先后获得上海市科技进步奖二等奖、工程建设科学技术进步二等奖、中建三局科技进步奖一等奖，第九届龙图杯综合组一等奖、第七届龙图杯综合组一等奖、第七届龙图杯施工组三等奖。省级工法 9 项，发表论文 6 篇，获得科技示范工程奖 6 项。

汪 凯

黄河勘测规划设计研究院有限公司建筑设计院 BIM 负责人

从事 BIM 管理工作 5 年。先后取得专利 2 项，发表论文 5 篇，国家级 BIM 奖 1 项，省部级 BIM 奖 1 项。

张红永

中建三局集团有限公司工程总承包公司中原分公司项目技术总工

工程师
一级建造师

在科技成果方面，获得国家级 QC 成果 1 项，省级 QC 成果一等奖 2 项，发表论文 4 篇，获得省级工法 8 项，实用新型专利 2 项。港区十二项目绿色示范工程和科技示范工程。BIM 龙图杯一等奖，在湖北省建筑业协会科技成果鉴定达到整体国际先进，局部国际领先。

欧武丙

原中建三局集团有限公司工程总承包公司中原分公司技术部副经理

一级建造师

先后获得省级 QC 成果二等奖 2 项，省级工法 1 项，新技术示范工程 3 项，绿色施工工程 2 项，参与创新（优）成果 11 项。

阮永辉

同济大学建筑设计研究院（集团）有限公司同励建筑设计院副院长

教授级高级工程师
国家一级注册结构工程师

发表论文 16 篇，作为主要设计人及专业负责人完成大型工程项目约 100 项，获得省部级以上设计奖 20 余项，获授权专利 4 项，科技进步奖 1 项，2020 年首届全国钢结构行业数字建筑及 BIM 应用二等奖。荣获 2019 年上海市优秀青年工程勘察设计师称号。

卓 杰

同济大学建筑设计研究院（集团）有限公司建筑设计二院高级项目主管

高级工程师
国家一级注册结构工程师

发表论文数篇，获得 2020 年首届全国钢结构行业数字建筑及 BIM 应用大赛二等奖，集团优秀施工图一等奖 1 项，集团结构创新奖一等奖 1 项。荣获 2016 年度同济大学建筑设计研究院（集团）有限公司优秀员工称号。

齐鹏辉

中建三局集团有限公司工程总承包公司中原分公司项目技术工程师

重庆大学本科学历
公司优秀青年人才

先后获得国家级 BIM 奖项 1 项，专利 4 项，省级科技成果 3 项，国家级 QC 成果 1 项，省级 QC 成果 2 项，省级工法 5 项，论文 2 篇。

东安湖体育公园体育场项目钢结构 BIM 应用

中国建筑第八工程局有限公司西南分公司，中建二局安装工程有限公司

游嘉敏　张荣杰　李海文　王巍巍　钱德波　郝海龙　许兴年　何庆　吴楠

1 钢结构 BIM 应用概况

1.1 钢结构概况

本工程建筑外形酷似"飞碟"，为悬挑平面桁架＋立面单层交叉网格结构形式，屋面最大高度为 50m，屋盖结构最高节点中心标高 48.7m。结构跨度为 290m，屋盖采用平面悬挑桁架结构加立面单层网格，均采用圆形钢管，用钢量 1.4 万 t。桁架悬挑端部高度为 2.5m，桁架支座处高度为 13.31m，6.950m 标高单层交叉网格支座及 28.255m 看台（图 1）。

典型节点：柱脚万向铰支座节点、焊接钟铰支座节点、焊接球节点、多管相贯节点、铸钢节点、钢梁铰接节点、拉锁节点。

典型构件：变径管、单曲管、双曲管、H 形钢梁、箱形钢梁、焊接球、铰支座、钢楼梯、通行马道等。

图 1　项目效果图

1.2 项目概况

建设单位：成都华润置地驿都房地产有限公司。

设计单位：中国建筑西南设计研究院有限

公司。

施工单位：中国建筑第八工程局有限公司。

东安湖体育公园体育场项目位于四川省成都市龙泉驿区东安湖以北，车城大道以东，东西轴线以南，总建筑面积 11.6 万 m^2，占地面积 460.4 亩，合同工期 734d，主体 1 层，局部 5 层，建成后为 2021 年第 31 届世界大学生运动会开闭幕式主场，可承办世界性的大型体育赛事、国内一流文艺演出、健身培训的体育娱乐产业基地。

1.3 单位简介

中国建筑第八工程局有限公司西南分公司（总包单位），是世界五百强——中国建筑旗下骨干成员企业中建八局下属的直营公司。1998 年，成立于江城武汉；2010 年，为响应西部建设，按照上级战略部署整体迁至成都，企业更名为"中国建筑第八工程局有限公司西南分公司"。

公司现有员工 2900 余人，下设四川、重庆、北京、中南、安装、基础设施、海外 7 个分公司，经营范围涉及机场航站楼、体育场馆、文教卫生、城市综合体、工业厂房、基础设施、机电安装、装饰、水务环保等系列业务板块。在海外市场开拓方面，形成了以东马来西亚、印尼为主要区域，逐步向印度孟买、新加坡等多个东南亚、南亚国家辐射的海外发展布局。

中建二局安装工程有限公司（钢结构专业分包），隶属于中国建筑股份有限公司，创建于 1952 年，总部位于北京。公司拥有建筑工程施工总承包壹级、市政公用工程施工总承包贰级、钢结构工程专业承包壹级、轻型钢结构工程设计专项乙级资质、建筑智能化系统设计专项乙级资质、建筑幕墙工程专业承包贰级等多种资质。

公司在上海、深圳、廊坊等地设有 8 个国内分公司；廊坊钢结构分公司下设年产 12 万 t 廊坊钢结构加工基地和年产 8 万 t 成都钢结构加工基地。在阿尔及利亚、东南亚、斐济设立三个海外分公司。公司现有职工 2360 余人，具有各类注册人员167人，其中注册建造师154人、教授级高工4人、中高级职称367人，各类专业技术人员1017人，工人技师101人、高级技师12人。拥有各类先进的施工设备1000余台（套）。

1.4 团队组织

团队组织如图2所示。

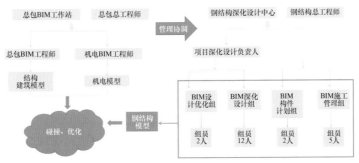

图2 团队组织

1.5 BIM应用亮点

BIM应用亮点如图3所示。

图3 BIM应用亮点

2 钢结构深化BIM应用

2.1 钢结构BIM模型展示

钢结构BIM模型如图4所示。

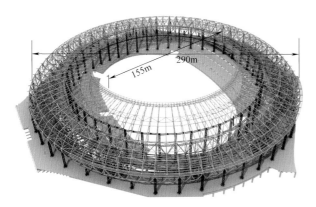

图4 钢结构BIM模型

2.2 深化模型构建

采用Autodesk CAD搭配Autodesk Advance Steel与Tekla共同进行模型的搭建，保证精准高效，并通过Navisworks进行碰撞校核。

2.3 CAD线模基准

对于异形结构，深化设计人员根据构件控制点坐标数据采用CAD线模放样，依据CAD线模在模型中精准校正构件位置。

设计人员充分协调现场施工方案与车间制作流程，将构件坐标点精准定位的同时，采用软件将构件自身尺寸与安装收缩量的关系数据整合，确定构件分段预留长度，做出误差控制在千分制的精准深化。

2.4 参数化节点与出图

难点：体育场有大量异形构造及复杂节点，传统深化方式难以实现项目进度目标。

解决方法：将异形构件及复杂节点分类型分特点拆解，通过软件二次开发创建参数化设计节点，以提高建模效率。

项目工期紧、构件数量多，为满足车间加工及现场安装需求，深化人员分区域协同流水作业，并派驻人员到设计院及施工现场解决图纸疑问和施工工艺问题，确保深化图纸符合设计意图且满足现场施工工艺需求，45d内完成加工图纸28547份。

2.5 钢结构优化

（1）支撑体系优化

难点：钢结构有较多大悬挑、大跨度结构，施工通常采用支撑架支撑后高空拼接安装，支撑架结构选择及设计较为困难。

解决方法：使用BIM建模软件对支撑架进行三维建模，并与正式结构进行碰撞检查及施工可行性检查，使用计算软件对支撑架结构稳定性及安全性进行计算，确认结构后出施工图纸进行施工。

（2）构件统筹管理具有可追溯性

难点：钢结构多为异形、变曲率变截面的大截面结构，制作、运输及安装的安全质量要求高。

解决方法：BIM深化过程通过设计提供关键坐标点，采用Xsteel模块进行曲线拟合，模拟分段预留长度，根据模拟结果预留焊接变形量及安装空间量，保证制作、安装就位精度。

3 钢结构施工BIM应用

（1）施工仿真分析：地面承载力计算；工况分析；施工过程受力计算；有限元模拟分析。

（2）自动化加工。

（3）钢结构施工方案模拟。

（4）卸载方案模拟。

（5）变形/应力监测方案。

（6）进度管理。

（7）钢结构吊装模拟。

（8）总平面布置。

（9）三维扫描技术应用。

（10）安全措施规划。

（11）5D台账技术。

（12）质量管理。

（13）"安码"技术。

（14）无人机应用。

（15）BIM协同。

（16）BIM智慧建造。

4 钢结构BIM应用总结

4.1 BIM价值点应用分析

本项目作为第31届世界大学生运动会开闭幕式主场馆，建设任务重，工期紧，项目全过程进行BIM运用辅助钢结构工程建设。本项目BIM创新应用点包括：三维场地布置、复杂节点深化、三维扫描复核、可视化交底、云筑智联智慧工地应用、无人机航拍技术等（图5）。

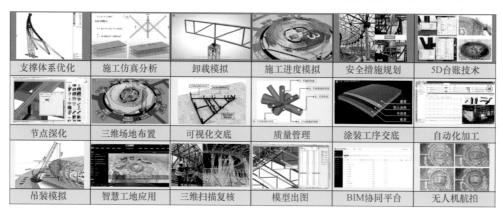

图5 BIM应用分析

4.2 经验总结

通过本项目的BIM应用主要取得了以下成果：

（1）全专业使用BIM，使各参建单位在工作上得到了高效的协同；

（2）模拟施工和无人机航拍，优化施工工序，结合项目的优秀管控，缩短工期约4d，节约了成本近50万元；

（3）通过深化设计，提升了施工质量，减少了返工亏损；

（4）通过设计优化及施工性深化设计提高了施工可行性，降低了措施成本（表1）。

项目经济效益分析　　　　表1

序号	内容	获得的经济效益（万元）
1	图纸校核	40
2	深化设计节约材料	50
3	工期提前	50
4	工艺、材料优化	35

A085 东安湖体育公园体育场项目钢结构 BIM 应用

团队精英介绍

游嘉敏
中建八局西南公司四川分公司 BIM 工作站
副站长、部门副经理

从事 BIM 工作 5 年，负责分公司 BIM 管理工作。先后在遂宁宋瓷文化中心项目、凤凰山体育公园项目担任 BIM 工程师及 BIM 主管，东安湖体育公园 BIM 负责人。先后获得国家级 BIM 奖项 5 项，发表论文 2 篇，取得专利 1 项。

张荣杰
中国建筑第八工程局有限公司西南分公司技术工程师

从事 2 年 BIM 管理工作，先后获得国家级 BIM 奖 1 项、专利 3 项；发表论文 4 篇；国家级 QC 成果 1 项，省级 QC 成果 1 项。

李海文
中建二局安装工程有限公司四川制造分公司技术质量部经理

先后荣获国家级 BIM 奖 2 项，发表论文 2 篇；取得专利 2 项；省级工法 1 项；省级 QC 成果 2 项。

王巍巍
中建八局西南公司海外分公司经理

先后荣获国家级 BIM 奖 3 项，发表论文 11 篇；取得专利 4 项；国家级 QC 成果 1 项；省级工法 5 项。

钱德波
中国建筑第八工程局有限公司西南分公司东安湖体育公园体育场项目总工

项目 BIM 应用总体负责人。先后获得国家级 BIM 奖 1 项；取得实用新型专利 6 项；发表论文 10 篇；省级工法 4 项；四川省 QC 成果 1 项。

郝海龙
中建二局安装工程有限公司廊坊分公司技术质量部经理

先后取得专利 11 项；发表论文 3 篇；获得省级工法 1 项；省级 QC 成果 3 项；企业科学技术奖 2 项；国家级科学技术奖 2 项。

许兴年
中建二局安装工程有限公司廊坊分公司总工

东安湖体育公园体育场钢结构项目经理。先后荣获国家级 BIM 奖 1 项，专利 2 项，工法 1 项。

何 庆
中建二局安装工程有限公司技术工程师

从事技术工作 3 年，主要负责钢结构深化设计、BIM 管理、科技管理，先后荣获国家级 BIM 奖 1 项，专利 1 项，工法 1 项。

吴 楠
中国建筑第八工程局有限公司西南分公司 BIM 设计经理

从事 BIM 工作 4 年，经历过凤凰山体育馆、四川省儿童医学中心等复杂项目。获得过全球 AEC、龙图杯二等奖、创新杯一等奖等奖项。个人获得四川省职业技能大赛 BIM 组别三等奖。

绍兴国际会展中心（一期 B 区工程 EPC 项目 BIM 综合应用研究）

浙江精工钢结构集团有限公司，绍兴市柯桥区建设集团有限公司

刘中华　王强强　茹建冬　叶翔　骆鹏飞　赵志海　赵切　吕国超　顾晓波　彭栋　等

1　工程概况

1.1　项目介绍

建设地点：绍兴市柯桥区双渎路以东、兴华路以南、镜水路以西、绸缎路以北，中纺 CBD 的东侧（图 1）。

图 1　项目效果图

总建筑面积：总建筑面积约 17.47 万 m^2，地上面积为 13.54 万 m^2，地下面积 3.93 万 m^2，总投资 27 亿元。地上建筑由 1 号展厅、2 号多功能展厅及会展廊、会议中心、35kV 变电站、室外连桥五部分构成，地下主要为车库、后勤用房及设备，东南角下沉广场下方与地铁出入口联通（图 2）。

结构体系：钢框架-支撑体系。

建成后，该会展中心将是绍兴市新地标，是沪杭都市圈和临空经济示范区的重要配套设施。

绍兴国际会展中心规模比肩国际各大会展中心，是沪杭地区信息交流、消费体验和行业前沿动态的超级展示平台，将有效带动客流、物流、信息流、资金流全面聚集。

1.2　项目重难点

（1）工程结构复杂，深化设计专业多，设计管理能力要求高。

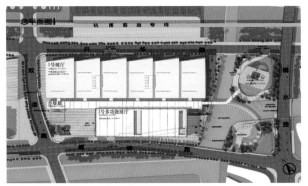

图 2　总平面图

（2）施工周期短，安全文明施工水平高。

（3）EPC 模式管理跨度大，协同要求高。

2　公司简介

长江精工钢结构（集团）股份有限公司成立于 1999 年，是一家集国际、国内大型建筑钢结构、钢结构建筑及金属屋面墙面等的设计、研发、销售、制造、施工于一体的大型上市集团公司。

3　项目 BIM 应用体系

（1）项目实施策划。

（2）BIM 管理及考核制度。

（3）BIM 建模及应用标准。

（4）项目团队组织。

4　BIM 建模成果

（1）项目软件配置见图 3。

（2）多专业 BIM 族库样板建立见图 4。

（3）全专业 BIM 模型建立。

（4）碰撞检查及优化。

（5）BIM 仿真漫游动画。

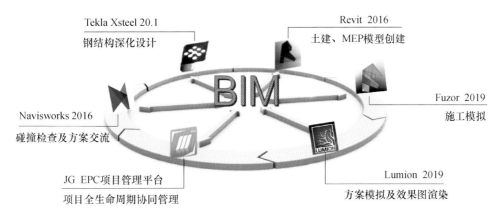

图 3　项目软件配置

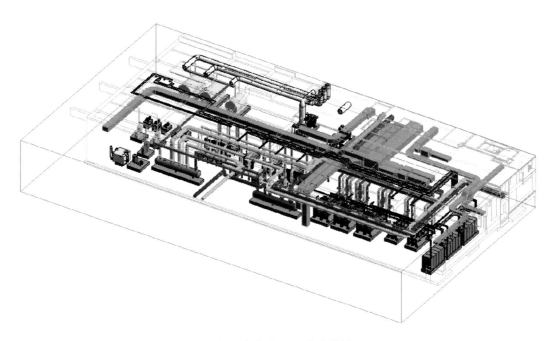

图 4　多专业 BIM 族库样板

5　BIM 技术应用

BIM 技术应用汇总：通过从设计、生产、施工到运维阶段的 BIM 全生命周期的落地化应用实施，很好地满足了各参与方各阶段的信息需求及高效率的信息传递，为项目的成功实施提供了巨大支持（图 5）。

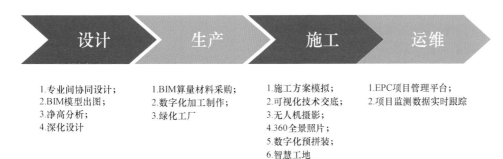

图 5　BIM 技术应用

6 技术创新和研发成果

（1）BIM 应用成果

发明专利：2 项核心发明专利授权。科技成果：3 项成果国际先进水平。软著专利：4 项软件著作权专利。省级工法：浙江省 2018 年省级工法 1 项。论文：核心期刊发表论文 2 篇。

自主研发的 BIM 项目管理平台被工业和信息化部评为"2018 年工业互联网 App 优秀解决方案"，钢结构行业唯一获奖单位。

自主创新研发的"数字化预拼装成套技术"，被中国施工企业管理协会评为"2019 年工程建设行业十项新技术"，唯一的民营企业获奖单位。

1 项发明专利荣获"2019 年度中国发明专利优秀奖"。

1 项成果获得浙江省建设科学技术二等奖。

中华人民共和国工业和信息化部——2019 年制造业"双创"平台试点项目。

中华人民共和国工业和信息化部——2018 年工业互联网 App 优秀解决方案。

浙江省经济和信息化委员会——2019 年浙江省工业互联网平台创建示范项目。

项目所获奖项见图 6。

图 6　项目所获奖项

（2）BIM 应用带来的经济效益

基于 BIM 技术的碰撞检查分析，提前发现各专业碰撞 800 余项，节省材料 200 万元，提升效率 20%。

可视化施工交底，提升方案甄选及技术交底效率 20%。

利用虚拟预拼装取代传统实体预拼装，保障构件加工精度，减少实体预拼装材料及场地占用，节约工期，相对传统实体预拼装，节约施工措施费 150 万元，提升效率 60%。

自主研发的精筑 BIM＋EPC 项目管理平台，相对于传统管理模式，提高项目管理效率 85% 以上。

（3）BIM 应用带来的社会效益

BIM 技术在本项目的成果应用不仅优化了传统管理模式，而且使资源分配更加合理，对企业的节能减流、加速转型与升级具有重要作用，同时也契合当今社会所提倡的绿色建设发展要求。

自主研发的企业级 BIM 平台，实现了同类管理平台相关技术零的突破，具有积极的示范效应，同时契合了国家"十三五"规划提出的"全面提高建筑业信息化水平，着力增强 BIM、大数据、智能化、移动通信、云计算、物联网等信息技术集成应用能力"。

为建筑行业施工企业 BIM 技术成功应用，探索出一条具有可操作性的途径。

7 应用深度及经验总结

（1）BIM 技术在大型工民建项目，特别是 EPC 项目中全过程全专业的应用，极大地提高了设计、施工效率，降低了建造成本。

（2）BIM 技术在项目上的成功运用，离不开总包方的高效管理经验，协调好各方的需求，才能最大化取得 BIM 技术所带来的效益。

（3）自主研发的虚拟预拼装技术和精筑 BIM＋EPC 项目管理平台，不仅增强企业核心竞争力，而且为推动建筑行业 BIM 新技术的发展提供了新思路。

（4）人才培养：项目过程中的 BIM 技术应用，培养了各方专业 BIM 人员协同配合，为以后重难点项目的成功运用积累了经验，BIM 领军人物刘中华入选为浙江省"万人计划"科技创新领军人才。

（5）后期规划：收集用户意见，策划开发需求，同时保持跟随时代步伐，追寻 BIM 尖端技术，使精工 BIM 技术更具先进性、前沿性。

A089 绍兴国际会展中心（一期 B 区工程 EPC 项目 BIM 综合应用研究）

团队精英介绍

刘中华

精工钢构集团总工、副总裁
浙江绿筑总经理

教授级高级工程师
中国钢结构协会专家委员会专家
中国建筑金属结构协会建筑钢结构专家委员会专家

先后在国内核心期刊及学术会议上发表论文近 34 篇，取得国家发明专利 15 项，新型实用专利 25 项，国家级工法 4 项，省级工法 8 项，各类科技成果 23 项。荣获国家科技进步二等奖 2 次，省部级科学技术奖 7 次，2014 年被中华国际科学交流基金会授予首批"杰出工程师鼓励奖"。

王强强

比姆泰客信息科技有限公司常务副总经理

高级工程师

取得发明专利 8 项，实用新型专利 10 项，软著及外观专利 8 项；省级科技成果 8 项，均为国际先进水平，其中 2 项技术国际领先；获批省级工法 1 项；核心期刊发表专业论文 20 余篇。曾荣获中国钢结构协会科学技术奖一等奖、二等奖。

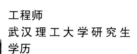

骆鹏飞

浙江精工钢结构集团有限公司 BIM 经理

工程师
武汉理工大学研究生学历

从事 BIM 工作 5 年，先后从事绍兴地铁、绍兴国际会展中心、2022 亚运会棒垒球馆、绍兴妇幼保健院的 BIM 工作，获得国家级、省市级 BIM 奖项 6 项，参与省市级课题 3 项。

吕国超

浙江精工钢结构集团有限公司 BIM 工程师

BIM 工程师
西安建筑科技大学本科学历

从事 BIM 工作 4 年，先后负责绍兴国际会展中心、2022 亚运会棒垒球馆、绍兴地铁项目的 BIM 工作，获得国家级 BIM 奖 1 项，省级 BIM 奖 3 项。

顾晓波

软件开发工程师

从事近 8 年软件开发。主导项目 EPC 平台、智慧工地平台、BIM 平台开发，荣获龙图杯第九届全国 BIM 大赛三等奖。

彭 栋

浙江精工钢结构集团有限公司 BIM 工程师

BIM 工程师
沈阳建筑大学本科学历

先后从事给水排水/暖通设计 5 年，从事 BIM 工作 4 年，有着多个大型项目的设计经验及 BIM 经验，获得国家级 BIM 奖项 3 项，省级 BIM 奖项 3 项。

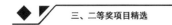
生态动漫，数字钢构——中国动漫博物馆

浙江同济科技职业学院，浙江中南建设集团钢结构有限公司

李芬红　李立政　张卉　周昀　庞崇安　张国发　杨海平　王文滨　钟上荣

1 项目概况

1.1 与环境共生 自灵动多变

中国动漫博物馆位于杭州白马湖湖畔，是国内首家"国字号"动漫博物馆，由于该项目功能的特殊性、造型的奇特性、结构的复杂性，同时由于动漫馆对生态环境及空间等的要求比较高，采用了典型的绿色生态建筑——钢结构建筑。

中国动漫博物馆建筑造型美观，从空中看，就像一朵祥云，又美又飘逸，犹如梦幻仙境一般（图1）。

该工程结构复杂，地下室为混凝土结构，地上为布置不规则的钢结构，博物馆底层大厅设有的钢结构网格筒作为支承结构支承上部钢环梁，钢环梁支承上部结构钢柱，这样既呈现了动漫博物馆的大气，又给人创造了一种漫游动画世界的氛围（图2）。

1.2 信息化 可视化

中国动漫博物馆利用 BIM 信息技术，结合先进的精益建造理论方法，集成流程、数据、技术

图1　中国动漫博物馆效果图

图2　中国动漫博物馆透视图

等，实现了加工和施工的数字化、在线化、信息化管理过程，构建了项目、企业和产业的平台生态新体系（图3、图4）。

图3　结构与管道的信息化、可视化展示

图4　管道漫游动画

2　单位介绍——校企合作 联合参赛

（1）浙江同济科技职业学院：全国水利高等职业教育示范院校；建筑工程技术专业（钢结构方向）；钢结构工程施工实训室；BIM创新中心；VR仿真模拟实训室；多个校外专业实训基地。

（2）浙江中南建设集团钢结构有限公司：国家高新技术企业、省级高新技术企业研究开发中心、省重点骨干企业、杭州市新型建筑工业化生产基地；同济中南建筑钢结构高新技术研发中心；BIM创新中心；被国内多所高校确定为钢结构专业学生实习基地。

3　团队建设——校企联动 教学相长

本着"校企联动，教学相长"的原则，通过精心组织，建立了梯度合理的团队，团队成员在钢结构或BIM技术方面具有丰富的理论和实践经验，在此次参赛准备工作中可谓"八仙过海，各

显神通"。

学历：1名博士，5名硕士，1名本科，2名高职。

年龄：70后（2名），80后（3名），90后（2名），00后（2名）。

职称：4名高级，3名中级，2名学生。

工程经验：熟练应用AutoCAD、VR仿真、Tekla、Revit等各类软件，参与多个钢结构工程的信息化管理工作。

4　项目设计——专业协作 软件配合

中国动漫博物馆项目由中南建筑设计院设计，浙江中南建设集团股份有限公司施工总承包，浙江中南建设集团钢结构有限公司进行钢结构加工制作和施工安装，浙江同济科技职业学院参与钢结构深化设计、信息化数据处理和连接、钢结构施工方案编制及施工仿真模拟视频制作等工作，应用Tekla、AutoCAD、Revit、VR仿真等软件建立BIM模型，完成了设计工作，实现了大量结构化数据集合、项目可视化展示及多软件信息共享等工作。

AutoCAD：对于复杂的网格筒结构用Tekla软件建模不方便，先用AutoCAD软件绘制三维线模，然后导入Tekla软件后进行杆件的布置，形成结构的三维模型。

Revit：由于管道排布复杂，用Revit建立管道三维模型，为采购、施工、管理等提供方便，可以导入Tekla软件建立的模型，进行漫游动画设计。

Tekla：对于上部梁柱体系结构来说，根据AutoCAD软件绘制的二维施工图，用Tekla软件建立三维模型方便快速，能高效率、高质量完成深化设计工作。

VR仿真软件：高效、精确地制作、采集、剪辑动画、音频、图像等，更加生动形象地展现建筑效果、结构组成、施工过程等。

AutoCAD—Tekla：对于复杂的网格筒结构用Tekla软件建模不方便，先根据二维施工图用AutoCAD软件绘制三维线模，然后再导入Tekla软件后进行杆件的布置，达到深化设计的目标，实现加工精度和安装定位。

AutoCAD—Revit：依据建筑造型特征、建筑空间及施工现场实际情况进行管线综合排布，

充分利用建筑空间优化管线走向与排布，实现整齐美观，以提高经济效益。

Tekla—Revit：三维模型导入 Revit 后，制作整体结构漫游动画、管道布置及其漫游动画，更形象地展示结构组成和管道布置情况。

Revit—VR 仿真软件：Revit 三维模型导入 VR 仿真软件后，制作 VR 仿真施工模拟动画，能更形象地演示钢结构施工过程。

5 应用价值

不同的 BIM 软件有不同的应用价值，根据软件应用情况，对 Tekla、Revit、VR 仿真软件的应用价值进行分析。

5.1 Tekla

碰撞检查——由于该项目结构复杂，连接节点形式多样，二维施工图无法形象体现节点连接情况，从 AutoCAD 二维图到 Tekla 三维模型，能更直观、清晰地展示结构构件及其连接形式，检查构件和节点的碰撞情况，根据碰撞情况及时纠正二维施工图存在的问题，使加工和施工工作得到顺利开展。

数据提取——Tekla 模型能方便地导出构件及零部件的加工图及数据，经过简单的调图处理后即可用于构件加工。

坐标提取——对于复杂的双曲面网格筒来说，安装定位是难点和重点，一般的测量很难精准定位，Tekla 模型能方便地提取节点坐标，为施工测量提供方便，有助于网格筒的预拼装和现场安装。

重心提取——对于变截面或不对称的钢构件，由于重心确定有难度，故很难通过计算确定吊点位置，给吊装准备工作带来不便，Tekla 模型能方便地提取构件重心，为构件吊装提供便利，使安装顺利进行。

用量统计——通过 Tekla 模型能方便地统计钢材的重量及零配件的数量，为钢结构工程的招标投标、采购、造价、施工等提供准确的用量。

5.2 Revit

碰撞检查——对于不规则的结构，管道设计无法做到规则排布，二维图无法直观、形象地展示管道排布情况，建立 Revit 三维模型能更直观、清晰地展示管道排布，检查管道碰撞情况，根据碰撞情况及时纠正碰撞问题，修正管道排布路线，出深化施工图进行技术交底，使管道施工工作得到顺利进行。

预制配件——对于排布不规则的管道，管道连接接头复杂，通过建立 Revit 三维模型能提取管道接头加工数据，用来提前订货预制，提高施工效率和质量。

5.3 VR 仿真

钢结构施工方案往往以文字和图片的形式表现，不能形象地体现施工过程，VR 仿真施工模拟演示，能更加生动形象地展现施工过程，让工程各单位得到最真实的施工过程信息，真正施工实施时能高效、高质量地开展施工工作。

5.4 总结

BIM 应用实现结构化数据集合。

BIM 应用实现项目可视化展示。

BIM 应用实现多专业协同工作。

BIM 应用实现项目信息化管理。

6 未来设想——协同工作 信息共享 周期管理

虽然 BIM 技术的应用已经越来越广泛，但在钢结构工程中的应用主要局限于投标阶段，其主要原因有以下几点。

未完全实现各软件之间的协同工作，相互转换模型时存在转换效率低、模型失真、只能查看而不能编辑等无法协同的现象。

未完全实现各专业之间的信息共享，出现不同专业之间构件或设备的碰撞问题。

未完全实现各阶段之间的数据移交，项目全周期信息化管理无法落实。

根据目前 BIM 技术在钢结构工程应用中所发挥的作用及存在的不足，我们将继续加强 BIM 技术在新常态下的应用与总结，加强 BIM 技术的普及与推广应用，真正将 BIM 技术融入整个项目周期的各个阶段——设计阶段、造价阶段、施工阶段、运营阶段，实现项目全过程信息化管理。

同一个项目基于一个数据架构，项目参建各方协同开展模型的建立，共享应用协作、项目管理、流程管控。

B090 生态动漫，数字钢构——中国动漫博物馆

团队精英介绍

李芬红
浙江同济科技职业学院专任教师

高级工程师
国家一级注册结构工程师

从事钢结构教学与研究工作，对钢结构工程信息化管理颇有钻研，能熟练应用 AutoCAD、Revit 等软件，参与了多个钢结构工程的信息化管理工作。

李立政
浙江中南建设集团钢结构有限公司 BIM 中心负责人

BIM 工程师
艺术设计工程师

主要从事和负责工程施工模拟可视化、Revit 建模等工作，熟悉钢结构工程的信息化管理工作。

张 卉
浙江同济科技职业学院专任教师

结构专业（钢结构方向）
硕士研究生
讲师/工程师
国家一级注册建造师
国家职业技能鉴定考评员

现为浙江同济科技职业学院专任教师，主要从事钢结构教学与研究工作，参与多个工程的建筑信息化管理工作。

周 昀
浙江同济科技职业学院专任教师

土木专业（市政方向）
硕士研究生
讲师
国家二级注册建造师

主要从事建筑设备教学与研究工作，对工程信息化管理颇感兴趣并有钻研，能熟练应用 AutoCAD、Revit 等软件。

庞崇安
浙江同济科技职业学院专任教师

硕士
副教授

主要从事钢结构教学与研究工作，在科技创新、动画创作方面颇有造诣，能熟练应用 AutoCAD、VR 仿真等各类软件。

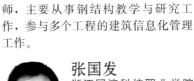

张国发
浙江同济科技职业学院专任教师

高级工程师
国家一级注册结构工程师

主要从事钢结构教学与研究工作，能熟练应用 AutoCAD、Tekla 等软件，熟悉 Tekla 软件在钢结构工程信息化管理过程中的应用情况。

杨海平
浙江同济科技职业学院建筑工程学院院长

教授
高级工程师
国家二级注册建造师

参与钢结构工程建设项目多项，开发钢结构实训项目多项，对 VR 仿真模拟系统有深刻的研究。

王文滨
浙江同济科技职业学院建筑工程技术专业（钢结构方向）学生

对建筑信息化管理课程颇感兴趣，能熟练应用 AutoCAD、Tekla、Revit、VR 仿真等各类软件。

钟上荣
浙江同济科技职业学院建筑工程技术专业（钢结构方向）学生

对建筑信息化管理课程颇感兴趣，能熟练应用 AutoCAD、Tekla、Revit、VR 仿真等各类软件。

汉中大会堂异形穹顶屋面钢结构 BIM 应用

中建七局安装工程有限公司

卢春亭　徐前　史泽波　靳书平　张祥伟　李齐波　薛永辉　郭志鹏　李红聚　李鹏飞

1 公司、项目简介及设计师介绍

1.1 项目简介

汉中大会堂的建筑以汉文化历史为主题，整个外观造型古朴、庄严、大方（图1）。

屋面造型内圆外方，外屋面呈多级式十二面体，四周设有贯通的廊亭；内部屋顶结构为矢高10m，直径58m 的双层球体网壳大跨度穹顶结构，通过网架上部设置转换托架结构来实现由"内圆"到"外方"的设计造型。

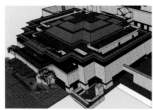

图1　项目相关图片

1.2 公司简介

中建七局安装工程有限公司，注册资金1.5亿，下设3个专业化分公司和5个区域化分公司/事业部，是具有机电、市政等4项总承包壹级，钢结构、消防设施等6项专业承包壹级，冶金工程施工总承包贰级，电力工程施工总承包叁级资质的企业。

公司于2013年成立技术中心，主要负责BIM技术推广应用。2015年在技术中心基础上成立设计院，下设BIM工作室和深化优化设计工作室，形成了"公司BIM工作室-分公司BIM工作小组-项目BIM工作小组"的三级管理体系，开展BIM工作。8年来，公司获得12项国家级BIM奖项、20余项省部级BIM奖项。

1.3 人员组织架构（图2）

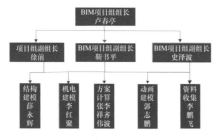

图2　人员组织架构

2 项目设计及软件应用总体情况

2.1 软硬件配置（表1、表2）

BIM 应用软件	表1
Autodesk CAD2016	施工图纸查看
Midas Gen	有限元分析
Tekla 2016	钢结构建模
3ds max 2012	动画制作
Glodon BIM5D 2015	成本管理
Sketch up 2018	建筑模型

硬件介绍（1台/人）	表2
CPU	i7-9750H
显卡	GTX1660Ti
内存	16GB
硬盘	1TB固态盘
显示器	27英寸双屏

2.2 应用 BIM 原因及重难点

（1）该项目网架球体直径达58m，地下室顶板有洞口，四周设有台阶，一次顶升困难，需采用BIM技术解决。

（2）十二面体多级式屋面造型，是由在主体球形网架上设置钢托架结构转换而来；"圆"变"方"空间定位复杂，传统方法难以完成。

（3）马道、平台与网架杆件位置关系复杂，高空作业难度大。屋面网架正中位置悬挂圆形威亚平台，四周设置多条环向马道，穿插在网架杆件中，马道和平台间有 3 个爬梯，可自由穿行。为降低高空作业风险及确保杆件拼装精度，拟采用 BIM 技术模拟网架顶升时马道、平台杆件的安装顺序及位置。

3 BIM 应用的特点、创新点、应用心得

3.1 型钢混凝土柱钢柱脚和锚栓同时预埋支撑体系

穹顶网壳支座下部结构柱为型钢混凝土柱，柱脚锚栓及首节钢柱需提前在筏板中预埋；锚栓及钢柱底板在筏板上下层钢筋间无固定点，混凝土浇筑振捣过程中，易移位，导致偏差超标。

应用 BIM 技术模拟，使用 Midas Gen 进行有限元分析，经多次优化开发了整套预埋支撑体系，将合格率由常规的 80% 提高到了 99%，将安装精度由 10mm 提高到了 3mm，避免了返工，筏板一次浇筑成型，使用效果显著。

3.2 型钢柱现场快速拼装的定位锥销连接节点及安装工艺

型钢混凝土柱内钢柱现场拼接常规采用耳板连接，需工厂焊接耳板、现场双夹板连接，柱子对接完成后现场割除耳板并磨平，安装时需使用千斤顶调校、精度低、用工多、材料费。

通过节点仿真分析，模拟安装工艺，经多次优化，现场验证，发明了定位锥销连接节点及安装工艺，实现了可拆卸循环利用，并且不会对母材产生损伤，安装精度由 3mm 提高到了 1mm，单个节点安装时间由 8 个小时缩短到 6 个小时，经济效益显著。

3.3 空间球面网架逐环扩大顶升仿真技术

运用 BIM 技术对网架顶升过程及周边环境进行模拟（图 3、图 4），预先知悉顶升过程中遇到的各种困难，并通过有限元软件验算网架受力情况，对局部薄弱易变形部位进行加固，确保顶升安全。

3.4 利用虚拟仿真技术对顶升系统优化

传统的地面安装顶升法（顶升设备不动，支

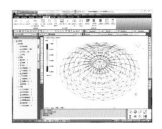 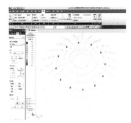

图 3 3D3S 顶升计算　　图 4 Midas Gen 顶升校核计算

架向上累加），在顶升高度超过 10m 后，网架支点位置易出现偏差过大的现象，形成安全隐患。通过三维建模对顶升过程进行模拟，改进为顶升设备和支架一起提升的方法，提高了网架落座精度（图 5、图 6）。

图 5 地面安装法顶升支架原理　　图 6 改进后顶升方法

3.5 "改进型"棱镜测量技术

节点球的测量，传统方法需依靠人工不断调整棱镜角度，难以保持稳定的测量状态，过程反复而不易定位，且在高空具有一定的危险性。通过 BIM 技术预先模拟测量过程，设计出适合节点球测量的托板式棱镜，其上部设置有水平气泡，确保了棱镜放置水平，并增加了磁性装置，保证了测量状态的稳定，减轻了测量员的工作。

3.6 3D 扫描虚拟预拼装技术

利用搭建好的 BIM 模型，通过坐标转换，设置好理论胎架坐标，将各个零件进行拼装，再利用 3D 扫描技术在钢架上设置显像剂，读出实测点坐标；通过比较，调整相贯接口，确保拼装精度。

3.7 高空悬索吊装施工技术

屋面转换托架安装时，1♯塔式起重机已拆除，2♯塔式起重机只能覆盖3/5区域，且周围无法布置大型吊装机械，托架安装成为难题。

通过 BIM 技术模拟设置悬索滑道及其支架，利用电动卷扬机向上提拉杆件，使杆件顺利就位；并对网架结构和支架进行有限元分析验算，解决了高空吊装难题，提高了安装效率（图 7）。

图 7　吊装模拟

3.8　多设备穿屋面防水技术

屋面上设备支架多，与金属屋面连接部分在受到风荷载及设备动载荷长期作用下，传统防水做法容易受到破坏，拟采用 BIM 技术进行防水模拟分析，设计新型防水节点（图 8）。

图 8　BIM 防水模拟分析

采用 3ds max 流体插件 RealFlow 模拟雨水流向，确定折件形状；再对支架在风荷载、设备振动荷载作用下进行有限元分析，确定折件外伸长度及厚度（图 9）。

图 9　节点模拟动画

3.9　碰撞检查和协调平台应用（图 10、图 11）

图 10　碰撞检查　　图 11　协调平台应用

3.10　交底形象化和施工进度可视化（图 12、图 13）

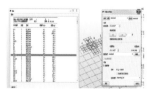

图 12　交底形象化　　图 13　施工进度可视化

3.11　材料控制数字化（图 14）

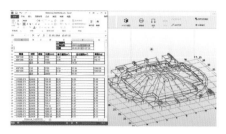

图 14　材料控制数字化

4　BIM 应用总结

4.1　应用效益

（1）运用 BIM 技术，对网架分步顶升和整体提升两种施工方案进行模拟分析，通过比较，分步顶升施工比整体提升降低成本 78 万元，缩短工期 22 天；形成了 1 项省部级工法、1 项发明专利（受理）和 1 项实用新型专利。

（2）通过 BIM 模拟，对手扶式棱镜增加磁性托板，并在磁性托板设置水平气泡，提高了测量精度，节约了测量时间，缩短工期 7 天，降低成本 10 万元；获得了 1 项省部级工法和 1 项实用新型专利。

4.2　人才培养及技术革新

（1）人才培养

组建项目以及公司 BIM 工作小组，对持有国家相关 BIM 证书的人员进行奖励，提高人员学习 BIM 的积极性。实行师带徒制度，为青年员工提供良好的工作条件，快速培养一批青年 BIM 人才。

（2）技术革新

在 BIM 的基础模型搭建过程中，如果能实现对软件的二次开发，增加外部插件，将节省大量建模时间，提高 BIM 建模效率；这需要懂编程人员的参与。不同专业都有各自的特色软件，如何实现不同专业的模型完美对接是未来发展的一个方向。目前虽然经过 IFC 格式转换实现了对接，但是部分元素仍无法识别，亟需建立行业规范和数字统一接口，实现零对接。

A093 汉中大会堂异形穹顶屋面钢结构 BIM 应用

团队精英介绍

卢春亭
中建七局安装工程有限公司副总经理、总工程师

教授级高级工程师

长期从事企业技术质量科技管理工作，获得发明专利8项，国家级工法1项，省部级工法26项，省部级以上科技进步奖11项，其中河南省人民政府授奖2项，专著3部，核心期刊6篇，SCI论文1篇，标准3项，软著2项，国家级 BIM 奖项4项。

徐 前
中建七局安装工程有限公司南方分公司党支部书记、董事长

高级工程师

先后主持郑州市知识产权优势企业、河南省质量诚信体系建设 AAA 级企业、河南省建设工程质量管理先进企业的申报认定工作，获得河南省人民政府科技进步奖2项，中国施工企业管理协会科技进步奖1项，国家级 BIM 奖项4项，发明专利3项，国家级 QC 成果2项，核心期刊1篇，专著3部，省部级工法26项。

史泽波
中建七局安装工程有限公司钢结构分公司副总经理、总工程师

一级建造师
高级工程师

长期从事技术管理及科技研发工作，先后主持创建钢结构金奖工程4项，获河南省科技进步二等奖3项，省部级工法10余项，授权发明专利4项，实用新型专利20余项，发表论文多篇，国家级及省部级 BIM 奖8项。荣获河南省建筑施工优秀项目总工程师和全国建筑施工优秀项目总工程师。

靳书平
中国施工企业管理协会、中国安装协会质量及 BIM 专家

长期从事科技质量管理工作。获得发明专利3项，实用新型专利13项；获得科技成果4项、国家及省部级 BIM 奖9项；发表论文7篇，参编技术专著3部、团体标准3部。

张祥伟
中建七局安装公司设计院副院长兼总工程师

一级建造师
高级工程师
河南省智慧建造专业委员会专家
中国施工企业管理协会 BIM 大赛评审专家

获得专利16项；中安协科技进步奖一等奖1项、省级科技进步奖二等奖1项；省级工法6项；国家级 BIM 大赛奖项8项；省级 BIM 大赛奖项5项；省级 QC 成果2项；发表论文2篇。

李齐波
中建七局安装工程有限公司设计院 BIM 工程师

一级建造师
高级工程师

先后荣获省级科技进步奖二等奖1项，国家级 BIM 一等奖1项、二等奖1项、三等奖1项，省级 BIM 二等奖2项，发明专利2项，实用新型专利6项，省级工法3项。

薛永辉

一级建造师

从事钢结构深化设计、安装工作，期间获得5项专利、1项省级工法及1项中建集团总公司工法、1篇核心期刊论文，并获得多次 BIM 大赛奖项。参与的多个项目均获得钢结构金奖。参与的1项科技成果获得河南科技进步三等奖。

郭志鹏
中建七局安装工程有限公司项目总工程师

长期从事钢结构加工安装，先后取得发明专利1项，实用新型专利3项，河南省建设厅科学进步奖二等奖1项；中国建筑金属结构协会 BIM 大赛二等奖1项；中国安装协会科技进步奖一等奖1项。

李红聚
中建七局安装工程有限公司项目总工程师

长期从事钢结构工程安装工作，先后取得实用新型专利1项，2020年首届全国钢结构行业数字建筑及 BIM 应用大赛二等奖，河南省"中原杯"BIM 大赛二等奖，参与2项"国优"工程。

李鹏飞
中建七局安装工程有限公司设计院高级专业师

一级结构工程师
高级工程师
长沙理工大学研究生学历

长期从事结构设计和钢结构 BIM 工作，先后获得局级科技进步奖2项；发表论文6篇，其中核心论文3篇；获得国家级 BIM 奖项3项，省部级 BIM 奖项4项；获得专利4项，其中发明专利1项。

郑州东部环保能源项目钢结构设计施工 BIM 技术应用

中国电建集团河南工程有限公司，长江精工钢结构（集团）有限公司

豆志远　童林浪　连丽　南国强　常洪涛　张志坤　浮羽　田长有　马修领　黄立夏

1　项目概况

郑州（东部）环保能源工程项目位于郑州市中牟县，占地面积 232 余亩，计划投资约 21 亿元，为郑州市重点环保项目（图1）。设计能力为日处理生活垃圾 4200t，配置 6 台 700t/d 的焚烧炉，年发电量 4 亿度。主要处理中牟县和郑州市主城区内郑东新区、经开区、航空港区的北部、东部及南部局部区域的生活垃圾，是中部最大、全国第四的垃圾焚烧电厂。

图 1　项目概况

（1）钢结构应用范围广。

（2）钢结构种类繁多。

（3）单层超高，顶标高 45.9m，构件超宽超重，单柱重 85t，跨度大，屋面网架跨度 60m。

（4）钢结构复杂，四管格构柱＋大跨屋面网架（图2、表1）。

图 2　项目各部分组成

（5）场地紧凑，组合和施工场地狭小。

钢构件种类　　　　　　　　　表 1

区域	种类
1~6 锅炉	钢柱、钢梁、支撑、钢平台等
一区、二区焚烧厂房	钢网架、钢桁架、钢柱、钢梁、支撑、钢平台等
三区汽机厂房	钢梁、钢吊车梁、钢支撑、钢平台等
四区主控厂房	钢梁、钢桁架、钢柱
a、b 号坡道	钢梁、钢桁架、钢柱、预埋螺栓等

（6）电厂工艺复杂，参建单位众多，交叉作业。

2　单位介绍

中国电建集团河南工程有限公司（以下简称河南工程公司）是世界 500 强企业中国电力建设集团有限公司的全资子公司，主要承接大中型火力发电厂、垃圾电站、风力电站、太阳能电站、各种电压等级的输变电线路和变电站等工程及其相关的投资、融资总承包业务，是一家技术先进、管理科学、实力雄厚的大型电力工程企业（图3）。

图 3　中国电建集团河南工程有限公司

长江精工钢结构（集团）有限公司成立于 1999 年，是一家集国际、国内大型建筑钢结构、钢结构建筑及金属屋面墙面等的设计、研发、销售、制造、施工于一体的大型上市集团公司，在全国钢结构行业排名中连续 6 年蝉联第一（图 4）。

图4 长江精工钢结构（集团）股份有限公司

3 设计师介绍

本工程钢结构由中国航空规划设计研究总院设计，由中国电建集团河南工程有限公司和长江精工钢结构（集团）股份有限公司进行BIM建模和深化设计，出具详图。

河南工程公司BIM技术团队成立于2016年4月，以中国电建集团BIM科技项目为契机，积极投身到BIM技术与施工现场实际应用研究中。团队设主任、副主任各一名，公司现以10名主要骨干人员在公司范围内进行BIM技术推广。团队BIM成果先后获得中国电建集团科技进步二等奖、河南省建筑业协会QC成果二等奖、中电建集团青年论坛十优论文、中国电建集团华中片区青年论团一等奖、中原杯BIM大赛综合组二等奖，完成中国电建集团工法一篇等。

精工钢构BIM创新研发中心成立于2014年，BIM中心拥有完善的团队建设，分别组建了集建筑、结构、给水排水、暖通、电气、屋面幕墙于一体的全专业建模小组、钢结构数字化预拼装小组、BIM管理平台创新研发及运维管理团队。科技成果鉴定5项，鉴定结果均为国际先进；申请发明专利15项；发明专利授权2项；软件著作权授权4项；多项目荣获龙图杯、创新杯、中国建设工程、秦汉杯BIM大赛等奖项。

4 钢结构BIM技术应用情况介绍

本项目全专业全过程采用BIM设计，土建专业、机电安装专业基于统一的设计平台，实现数据共享。BIM设计涵盖所有建（构）筑物。本项目设计体量大，建筑造型新颖，结构复杂，工艺设备多，综合管线交织，楼层设计标高多样，项目全专业在前期方案、施工图设计、后期配合等多个阶段通过BIM协同，实现了高标准、精细化的参数化设计，做到施工前设计图纸"零"出错，对项目在施工全过程的指导及造价全局的把控都起到了不可替代的作用，保障了项目施工进度的顺利推进（表2）。

软件硬件应用情况　　表2

序号	应用	软件或硬件	备注
1	钢结构建模	Tekla	
2	钢结构碰撞检测和优化设计	Tekla	
3	钢结构生产管理系统	精筑BIM	
4	钢结构与其他模型整合	Bentley ABD	
5	钢结构与其他模型碰撞检测	Bentley Navigator	
6	进度管理	Bentley Synchro	
7	可视化/VR	Bentley Lumenrt/VIVE	
8	现场数据采集建模	DJI Phantom Pro2/Bentley Context Capture	
9	协同工作	Bentley ProjectWise	

应用1：专业间横向协同

参建各方通过Bentley ProjectWise平台横向协同，横向沟通畅通无阻，工作效率较高。

应用2：专业内纵向协同

钢结构专业通过精工BIM平台纵向协同，打通钢结构设计、采购、工厂化配制、现场交付与施工等环节。

应用3：深化设计

采用Tekla软件进行钢结构整体建模和深化设计，出具构件详图、构件布置图以及节点图，指导加工配制和现场定位安装及连接。

应用4：碰撞检测

利用Tekla进行钢结构自身碰撞检测，利用Bentley Navigator进行钢结构与其他专业碰撞检测，把冲突消灭在设计阶段。

应用5：图纸会审

基于 BIM 的图纸会审在三维模型中进行，可以预判和避免图纸中存在的碰撞问题。优化工程设计，减少变更和返工，降低施工成本，加快工程建设。

应用6：安全技术交底

以三维视频和 VR 的方式进行技术交流和安全技术交底，直观准确。

应用7：样板引路

工艺样板三维动画视频，可以让体验者在施工开始之前看到工艺细节，在提高体验者质量意识的同时，为项目达标创优提供技术支撑。

应用8：进度管理

利用 Bentley Synchro 软件，把施工进度计划与模型相关联，生成计划进度与实际进度的对比，及时发现施工各阶段进度偏差，合理调整施工进度计划，优化资源，以达到缩短工期、降低成本的效果。

应用9：方案论证

利用 BIM 技术进行吊装方案的论证。在锅炉汽包吊装时，部分钢结构需要缓装，为汽包留出吊装通道，我们运用 BIM 技术模拟吊装过程，验证方案的可行性。

应用10：二维码应用

按照设计原则，对构件进行编码，并生成二维码，出厂之前贴在构件上。技术人员用手机扫描二维码即可跟踪物流信息，获知构件尺寸、重量、安装位置等信息。

应用11：BIM 算量

用 Tekla 根据深化设计模型自动生成工程量清单和报表，对材料的使用作精细化控制，避免材料浪费。利用软件自动化算量功能，导出构件、材料的需求量，结合项目进度计划，制定预制加工构件的到场计划、材料的采购计划，减少材料保管、运输成本。

应用12：实景建模

利用无人机航拍，采集现场实景，导入 Bentley ContextCapture 中，经过空中三角计算和三维重建，生成高精度的点云及三维模型，掌握施工进度和场地、道路使用情况，并且可以进行空间距离、体积的测量，为施工组织决策提供依据。

应用13：起重机优化布置

在项目开工前，我们进行了全场建筑物模型的搭建，根据模型位置进行塔式起重机的优化布置，通过三维碰撞检查，避免塔式起重机碰撞问题，导出图纸经审核后作为后期塔式起重机安装的参数依据。

5 总结

在郑东垃圾电站项目实施过程中，中国电建集团河南工程有限公司和长江精工钢结构（集团）股份有限公司，引入 BIM 技术，实现项目实施阶段工程性能、质量、进度和成本的集成化管理，提高现场精细化管理程度，为垃圾焚烧项目钢结构 BIM 技术应用提供新的思路。

本项目 BIM 技术应用范围广，参与单位众多，BIM 软件品类多，文件格式繁杂，数据量大，在两大协同平台的支撑下，在业主单位的力推和参建单位的共同努力下，进展较为顺利，为项目策划、设计、采购、施工组织、经营提供了信息化手段和决策支持，同时也取得了诸多技术成果。以本项目为依托的《郑州东部环保能源工程 BIM 技术应用》获得第三届中原杯 BIM 大赛综合组二等奖，《郑州（东部）环保能源项目钢结构工程》获得 2019 年钢结构金奖。

本项目综合运用了协同平台、BIM、工厂化配制、VR、物联网、大数据、云计算、GIS、二维码、无人机、实景建模等技术，具有一定的先进性。本项目运用了 Tekla Structure、Bentley 系统软件、Autodesk 系列软件，涉及的文件格式有 dwg、db1、db2、tbp、dgn、rvt、ifc、lrt、nwd、i-model 等，在软件配合衔接和数据转换方面积累了一些经验。

通过本项目的实施，我们认识到 BIM 技术应用并不只是技术行为，更大程度上是管理行为。BIM 技术的落地也不可能一蹴而就，需要企业级做好顶层设计，规划出实施路线，分阶段推进实施 BIM 技术的应用。选择具有代表性的试点进行 BIM 技术应用实践过程中，要总结分析形成统一的标准，采用成熟一块、推广一块的方式，实现从项目到公司内所有业务领域 BIM 技术应用的全面覆盖。

A095 郑州东部环保能源项目钢结构设计施工 BIM 技术应用

团队精英介绍

豆志远
中电建河南工程有限公司技术中心副主任

负责科技创新管理与 BIM 技术研发与推广工作。多次组织和参与电建集团和行业协会 BIM 技术研究课题和 BIM 技术大赛，取得成果达到国际领先水平。

童林浪

毕业后一直从事于钢结构设计、施工管理工作，曾参与重庆江北机场、长城汽车、青海国网特高压试验大厅等大型项目的建设，共取得专利 10 余项，共发表 20 余篇论文，获省级工法 3 项，省级科技成果 2 项。

连 丽
中国电建集团集团河南工程有限公司技术中心主任

先后担任多个项目技术负责人，负责工程设计、施工技术管理工作。负责公司 BIM 技术应用推广的总体规划部署，统筹管理 BIM 技术的示范项目建设工作。

南国强
中电建河南工程公司基础设施事业部常务总经理

正高级工程师
一级建造师
河南省钢结构科技评审专家
中电建协专家

曾获"国家优质工程奖先进个人"，河南省工程建设"优秀项目经理"，"全国电力建设优秀项目经理"和"中国电建优秀项目经理"称号。

常洪涛
郑东垃圾发电项目副总工程师

带领项目技术人员获得中国电建集团科技进步一等奖 1 个；电力建设科学进步奖三等奖 2 个；QC 科技成果 6 项；取得发明专利 1 项，实用新型专利 10 项；省级工法 4 项。

张志坤

作为主要完成人参与濮阳龙丰 2×660MW 工程、郑东垃圾焚烧发电项目等工程项目 BIM 技术应用的现场指导和实施；曾获得多项省部级及以上 BIM 技术应用成果、QC 成果和科技进步奖，1 项省部级工法，2 项实用新型专利，发表 1 篇论文。

浮 羽
中电建河南工程有限公司技术中心高级主管

获省部级科技奖 2 项，省部级 QC 成果 1 项，参编标准 1 项，发表论文 3 篇，授权专利 5 项。

田长有
河南工程有限公司 BIM 技术研究推广实施负责人

长期从事 BIM 技术研究推广工作，先后获得省部级 QC 成果 1 项，省部级工法 1 项、专利 7 项、省部级 BIM 技术奖项 7 项。

马修领

一级建造师

毕业后一直从事钢结构设计、施工技术工作；曾参与海尔电器、徐工徐挖等项目结构设计；先后参与国家体育馆改扩建项目、郑州正商国际大厦等项目技术管理工作。

黄立夏

一级建造师
高级工程师

2020 年郑州大学毕业后一直从事于钢结构技术、施工管理工作，曾参与杭州湾海大桥中平台、珠海玉柴船用柴油机项目建设；共参与省级工法 2 项，省级科技成果 1 项。

杭州瑞德工业设计产业基地

浙江同济科技职业学院建筑工程系

吴霄翔　张杭丽　陈江锋　毛李君　丁梦翔　胡梦怡　晏贤义　唐璇　丁楠

1　项目概况与任务分析

本项目为杭州瑞德工业设计产业基地，钢筋混凝土刚架结构，总建筑面积为 31928.2m²，地上建筑面积 20001.6m²，地下建筑面积 11926.6m²。其中地下 2 层为停车场，地上共 10 层，其中 1~5 层为钢结构车间厂房和商业裙房，6~10 层为 PC 装配式办公楼（图 1）。

图 1　项目效果图

任务分析见图 2。

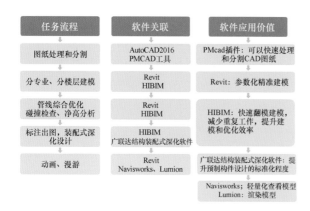

图 2　任务分析

BIM 技术应用见图 3。

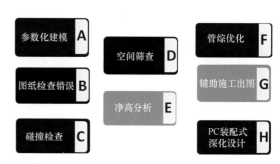

图 3　BIM 技术应用

2　学院与团队

浙江同济科技职业学院位于浙江杭州市，是一所由浙江省水利厅举办的公办全日制普通高等院校。建筑工程系是浙江同济科技职业学院重点系部，自 BIM 研究中心成立以来，近 3 年累计参加国内各项 BIM 竞赛 30 余次（表 1）。

团队介绍　　　　　　　　　　　　　　表 1

团队成员	负责项目
吴霄翔（指导老师）	管综优化，裙房地下上建结构建模，出图
张杭丽（指导老师）	管综优化，机电建模
陈江锋（大二学生）	管综优化，标准层土建结构建模，动画制作
毛李君（大二学生）	管综优化
丁楠（大二学生）	管综优化
丁梦翔（大二学生）	项目 PPT 制作
唐璇（大一学生）	项目 PPT 制作
晏贤义（大一学生）	外观动画制作
胡梦怡（大一学生）	模型检查

3　项目分析与实施

3.1　参数化建模（图 4）

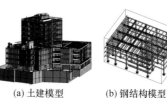

(a) 土建模型　　(b) 钢结构模型　　(c) 机电模型

图 4　参数化建模

3.2 图纸检查

图纸问题见表2。

协调解决设计图纸问题　　　表2

专业	问题数量
土建	10
机电	8
合计	18

图纸一分析见图5。

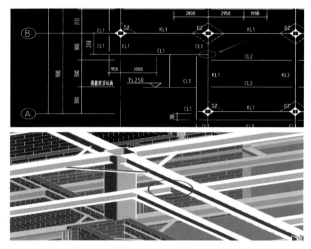

图5　图纸一分析

图纸编号：钢施-07修A。

图纸名称：标高15.800层结构布置图。

轴线定位：[2，A~B]。

问题分析：钢梁KL1与CL1脱空，未找到节点详图。

图纸二分析见图6。

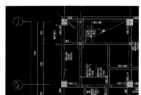

图6　图纸二分析

图纸编号：钢施-35修A。

图纸名称：三层梁平法施工图。

轴线定位：[6~8，J]。

问题分析：如图红色框所示位置，梁搭接存在问题，梁板之间存在空隙，梁L1（2）在此跨是否缺少原位标注，或者梁需要上翻。

图纸三分析见图7。

图纸编号：建施-07修A~11修A。

图纸名称：1层平面图~5层平面图。

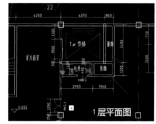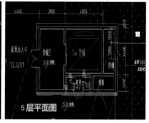

图7　图纸三分析

轴线定位：[2~3，B~C]。

问题分析：此处两个排烟风管井1~4层的尺寸与5层的尺寸不一致，暖通设计风管立管尺寸与5层管井土建尺寸匹配，钢结构设计梁位置与1~4层管井尺寸匹配，请核实以哪个为准，并协调钢结构和暖通设计统一方案。

4 项目深化设计

4.1 碰撞检查（表3）

消除各专业间碰撞　　　表3

	结构	暖通	电气	给水排水
结构				
暖通	551			
电气	46	201		
给水排水	542	974	148	
合计			2462	

4.2 空间筛查

4层如图8所示卫生间区域，有降板700mm，梁下2500mm，风管下净高2180mm，净高较低。

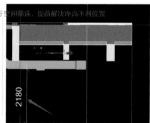

图8　空间筛查

4.3 净高分析（表4）

确定净高苛刻的区域，并结合机电管线分布情况，给出管线排布初步建议，检查各个功能区的吊顶标高。

土建净高分析表　　　表4

楼层	编号	底板标高(建)(m)	梁顶标高(结)(m)	控制梁高(mm)	梁底净高(控制)(m)	备注
地下二层	B2-2	−9.000	−5.300	1000	2.700	停车场
	B2-6	−9.000	−5.300	850	2.850	停车场
	B2-7	−9.000	−5.300	750	2.450	停车场
钢结构厂房	F2-3	0.000	7.900	1400	6.500	厂房
	F2-4	0.000	7.900	1.650	6.250	厂房
商业裙房	F1-4	0.000	4.000	600	3.400	车间
	F2-7	4.000	7.900	920	2.980	车间
办公楼	F5-1	15.800	19.400	1000	2.600	工作室
	F5-4	15.800	19.400	850	2.750	工作室

4.4 管综优化

喷淋管道与风管出现碰撞，经过优化，喷淋管道向上绕弯，为了防止管道之间二次碰撞，向上绕弯的高度为200mm，400mm，见图9。

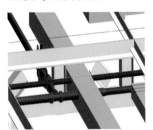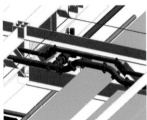

图9　管综优化

管综优化原则：

① 小管让大管，有压管让无压管，低压管让高压管，水电管让暖通管。

② 布置时考虑预留检修及二次施工的空间，尽量将管线提高，与吊顶留出尽量多的空间。

③ 同类管线并行排布，考虑综合支吊架。

4.5 辅助施工出图（表5）

杭州瑞德工业设计产业基地项目提交成果　　表5

序号	项目名称	数量	格式
1	B2-10F参数化建模	2	rvt
2	B2-10F管综优化参数化建模	2	rvt
3	管线综合图	12(张)	dwg
4	钢结构综合图	10(张)	dwg
5	碰撞报告	1(份)	xlsx
6	项目CAD图纸文件	5(类)	dwg
7	图纸问题记录单	3	docx
8	碰撞前图片文件	1(份)	jpg
9	漫游视频	1	mp4

4.6 PC装配式深化

利用广厦结构装配式深化设计软件，并且使用插件一键布置PC板中的钢筋，由于与图纸中

钢筋间距差别过大，手动将钢筋按照图纸间距排布，经过软件翻模呈现出来（图10）。

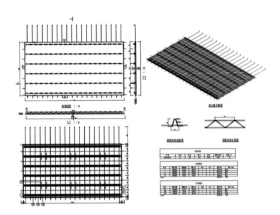

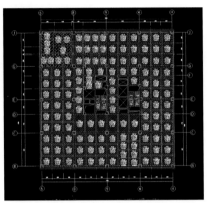

图10　PC装配式深化

4.7 动画漫游（图11）

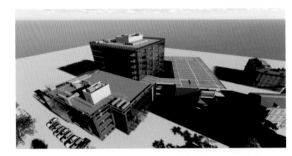

图11　动画漫游

5 结束语

以赛促学，丰富了建筑、结构、机电的专业知识；进一步提高了软件的操作水平；有效地提升了个人素质和能力；让我们明白了单丝不成线，独木不成林的道理。通过本次全国首届钢结构BIM设计大赛使我们丰富了视野，拓展了思路，提高了分析问题和解决问题的能力。

B102 杭州瑞德工业设计产业基地

团队精英介绍

吴霄翔
浙江同济科技职业学院讲师
浙江同济科技职业学院 BIM 中心负责人

主要从事 BIM 技术教学与研究工作，主持和参与省级、厅级课题 4 项，公开发表论文 10 余篇，指导学生参加各类 BIM 竞赛，获二等奖 4 项，三等奖 4 项，累计完成各类 BIM 咨询项目 10 余项。

张杭丽
浙江同济科技职业学院讲师

浙江工业大学硕士
BIM 建模工程师

主要讲授 BIM 安装建模、建筑设备识图与施工、市政工程计量与计价等课程；主持建设省级精品课程 1 门，主持建设教材 1 本；主持厅级课题 2 项、院级课题 3 项；多次指导学生参加 BIM 类比赛，获特等奖 2 次、二等奖 3 次、三等奖 2 次等。

陈江锋
浙江同济科技职业学院学生、BIM 中心学生负责人

BIM 初级建模师

学习 BIM 知识 2 年有余，曾荣获国家奖学金，省级优秀毕业生称号，国家级 BIM 大赛特等奖 1 项，二等奖 2 项，省级 BIM 大赛三等奖 1 项，院级技能节一等奖 1 项，二等奖 3 项，三等奖 2 项，完成 BIM 咨询项目 1 项。

毛李君
浙江同济科技职业学院学生、BIM 中心学生负责人

在第六届全国高校 BIM 毕业设计创新大赛（高职高专组）A2BIM 建模与表现（建筑＋机电）赛项中获得三等奖，在首届"品茗杯"全国高校 BIM 应用毕业设计大赛赛项一获得二等奖。

丁梦翔
浙江同济科技职业学院学生

荣获国家级 BIM 奖项二等奖 1 项，三等奖 2 项，优胜奖 1 项，省级 BIM 奖项优胜奖 1 项，全国 BIM 技能等级考试一级证书。

胡梦怡
浙江同济科技职业学院学生、BIM 社团学生负责人

负责 BIM 社团 3D 打印项目管理工作，获得国家级 BIM 大赛二等奖 1 项，学院二等奖学金。

晏贤义
浙江同济科技职业学院学生、BIM 社团学生负责人

先后荣获国家级 BIM 奖项 1 项，省级 BIM 奖项 1 项，曾开展 BIM 社团人员知识交流，并组织带领 BIM 社团人员对院校的建筑进行土建与安装建模和场景渲染。

唐璇
浙江同济科技职业学院学生、BIM 中心学生负责人

负责 BIM 中心管理工作；组织校内外考生考取 1＋X BIM 建筑信息模型或图学会相关证书，先后荣获国家级 BIM 奖 1 项。

丁楠
浙江同济科技职业学院学生

曾获得学院二等奖学金，单项积极分子，院级技能节一等奖 1 项，二等奖 2 项。

艺术类综合场馆钢结构 BIM 应用

中建七局安装工程有限公司

卢春亭　史泽波　靳书平　张祥伟　王建　张世伟　郭茜　李齐波　高权法　李晓辉

1 公司、项目简介及设计师介绍

1.1 项目简介

商丘文化艺术中心项目由群艺馆、大剧院、科技馆三大部分组成。主体建筑面积 6.7 万 m^2，建筑高度 58m，地下 2 层、地上 4 层，建成后将成为河南地区文化艺术交流重要场所（图 1）。

图 1　项目效果图

本项目大剧院是全国首例采用内、外球不同心单层鼓节点球壳的结构。外球直径 57.2m，内球直径 44m，球心偏差 1.8m。

1.2 公司简介

中建七局安装工程有限公司，注册资金 1.5 亿，下设 3 个专业化分公司和 5 个区域化分公司事业部，是具有机电、市政等 4 项总承包壹级、钢结构、消防设施等 6 项专业承包壹级、冶金工程施工总承包贰级、电力工程施工总承包叁级资质的企业。

公司于 2013 年成立技术中心，主要负责 BIM 技术推广应用。2015 年在技术中心基础上成立设计院，下设 BIM 工作室和深化优化设计工作室，形成了"公司 BIM 工作室-分公司 BIM 工作小组-项目 BIM 工作小组"的三级管理体系，开展 BIM 工作。8 年来，公司获得 12 项国家级 BIM 奖项、20 余项省部级 BIM 奖项。

2 项目设计及软件应用总体情况

2.1 采用 BIM 技术的原因

本钢结构工程造型奇特、结构类型复杂多样，其中包含：型钢混凝土组合结构、框架结构、平面型钢桁架、双曲面管桁架、球体网壳等结构。技术难度和人员综合素质要求高。

钢结构大部分为双曲面造型，H 型钢、方管、圆管等多种截面相连接，构件制作及安装精度高，空间定位难度大。

2.2 基于 BIM 的工作协同策划（表 1）

基于 BIM 的工作协同策划　表 1

	准备阶段	施工阶段	竣工阶段
公司技术质量部	审核策划，指导过程工作	指导过程工作	指导成果汇总与整理工作
分公司设计部	策划审核、过程指导	指导过程工作	技术深度支持
项目技术质量部	技术措施实施	具体操作与实施	成果整理、汇总
项目工程管理部	共同策划应用点、实施点	过程资料收集与整理	资料汇总
项目安全管理部	文明施工策划与 BIM 应用点策划	BIM 应用结合现场文明施工	安全文明成果整理

2.3 基于 BIM 的应用流程（图 2）

图 2　基于 BIM 的应用流程

2.4 软硬件配置

为更好地开展工作，项目部根据应用需求配置相应的软件和硬件（表 2、表 3），能够满足项目 BIM 工作的正常开展。

硬件配置　　　　　表 2

设备名称	使用单位/人员	用途
BIM 电脑（3 台）	项目技术部/工程部	BIM 建模及出图、可视化交流等
BIM 电脑（2 台）	公司设计部	动画制作、模型审核
服务器（1 台）	公司设计部	中心文件及过程文件保存
三维激光扫描仪	项目技术质量部	加工构件和建筑实体扫描

软件配置　　　　　表 3

软件名称	使用单位/人员	用途
Tekla Structures	项目技术质量部、分公司深化设计部	模型建立、审核、出图
3D3S	分公司深化设计部	节点优化、支撑架计算、施工过程受力分析
Midas Gen	分公司深化设计部	施工过程受力分析校核
Revit	分公司深化设计部	各专业模型整合、碰撞检查
3ds max	分公司深化设计部	成果动画制作及渲染

3 BIM 应用的特点、创新点、应用心得

3.1 BIM 技术应用的特点及应用心得

（1）碰撞节点深化。

1）屋盖钢桁架下弦杆与桁架柱及下部支座碰撞，通过抬高桁架下弦杆，避开桁架柱与下部支座。

2）钢筋与型钢冲突，通过与设计沟通并技术核定，在型钢梁上增加钢筋直螺纹套筒，开设箍筋穿筋孔及透浆孔，方便了钢筋绑扎及确保了混凝土浇筑质量。

3）原设计混凝土 V 形柱与外球铸钢件冲突，经过设计沟通，对 V 形柱浇筑时提前进行预留，待铸钢件施工后二次浇筑。

（2）建立三维施工模型出具钢构件加工图纸。本钢结构工程造型复杂，杆件截面种类多，节点多样，为保证施工质量，按照原设计图纸建立三维模型，并出具构件加工图纸及安装图纸，经原设计单位确认后，直接指导现场施工。

（3）狭小空间平面及垂直运输设计。因施工场地狭小、交叉施工，材料堆放受限及大型吊车行走路线困难。通过 BIM 技术优化场地布置，材料放置合理有序，现场未发生二次倒运，吊车站位合理，同时对吊车站位进行放样，实现吊装参数可视化。

（4）大跨度超重量悬挑桁架累积滑移技术。观众厅顶桁架，位于 B 区建筑中庭部位，跨度 33.6m，截面高度达 3.5m，总体重量 1200t，单榀桁架最大重量达到 95t，纵横结构交错、施工过程步骤多，且已有塔式起重机无法满足现场吊装需求。利用 BIM 技术优化吊装方案，确定起重机站位，模拟滑移过程，使施工过程可视化。

3.2 BIM 技术应用的创新点

自主二次优化设计。

（1）原设计铸钢件端口直接与钢骨梁对接，安装精度无法保证，通过对新节点仿真受力分析并技术核定，优化为在钢骨梁端部增加钢板与铸钢件连接，既利于控制安装精度，又方便施工。

（2）幕墙桁架与混凝土梁发生冲突，通过受力分析并技术核定，取消混凝土梁，增大桁架杆件，避开冲突。

（3）原设计球幕影院混凝土看台楼板与钢框梁翼缘板间要用混凝土浇筑密实，优化为钢结构作封边，减少支模，提高施工效率。

（4）原设计内球杆件与混凝土梁碰撞，通过受力分析并技术核定，将混凝土梁位置向后平移 300mm，并做上翻处理，避开碰撞。

（5）混凝土 V 形柱与球体杆件冲突，通过受力分析并技术核定，变更球体杆件的连接方式，避开 V 形柱，消除碰撞。

3.3 BIM 应用的创新点

（1）实现工程量的快速提取，BIM 技术与商务的协同管理。基于 BIM 施工模型，可快速准确地输出相应材料（钢板/型材、螺栓、栓钉）报表，涵盖构件的材质、规格、数量、重量等信息，实现快速算量，精确把控材料需求信息。

（2）BIM 技术与相贯线设备协同应用。通过 Tekla 模型导出相贯节点 NC 文件，可直接导入相贯线切割设备，进行相贯线的切割，避免人工编程出现错误，并提高相贯线切割效率。

（3）BIM＋三维激光扫描虚拟预拼装技术。在车间制作过程中，使用三维激光扫描实体构件表面，获取三维点云数据，导入 ATOS 软件对整

个建筑构件进行虚拟拼装，与 Tekla 三维模型图进行比对生成偏差报告，有偏差部分工厂及时修正，避免现场返工，缩短了安装工期。

（4）空间坐标转换测量技术。内、外球单层网壳，高度 57.6m，9000 多根杆件，在高空鼓节点杆件空间定位和测量难以控制。利用 Tekla 模型获取节点坐标，通过坐标转换投影至地面，保证各分片现场拼装定位准确；吊装过程中对鼓节点坐标进行测量校核，提高了测量效率和安装精度。

（5）物联网＋物资信息化管理。采用基于 BIM、物联网和二维码的钢构件信息化管理和实时追踪技术，利用 BIM 模型获取构件编号、数量材质等信息，制作成二维码，同时将采购、加工、运输、安装等所有信息扫描入 App，并粘贴在构件上，项目利用 App 实现对采购计划、物流运输、出入库、安装等信息的跟踪管理，合理安排进场时间和数量。

（6）大小球施工过程有限元分析。使用 Tekla 软件导出大小球 dxf 格式三维模型，然后导入 Midas Gen 进行分阶段施工过程受力分析，确定预起拱值，并保证施工安全。

（7）观众厅顶桁架滑移过程有限元分析。使用 Tekla 软件导出观众厅顶桁架 dxf 格式三维模型，然后导入 3D3S 软件进行滑移过程的受力分析，确定预起拱值，并确保施工安全。

（8）BIM 系统移动平台应用。通过移动端采集信息，实时记录问题、下发和查看整改通知单、实时跟踪整改状态，可及时查看现场的质量安全管理情况。

4 BIM 应用总结

4.1 BIM 技术应用成果总结及效益分析

（1）BIM 技术应用总结

本钢结构工程通过应用 BIM 技术解决以下事项：

1）运用 Revit、Tekla 及三维激光扫描等技术手段，对设计施工蓝图进行数据化翻模、虚拟建造，解决各专业间的相互冲突问题，其中：检索碰撞点 48 处，优化设计节点 42 处。

2）使用 Midas 和 3D3S 有限元分析软件对施工过程进行受力分析，确保吊装安全。

3）优化场地布置，优选起重机站位和选型，提高效率，节约成本。

4）梳理各专业层次间关系，解决各工序穿插施工顺序，紧密结合加快进度。

5）虚拟预拼装，可视化交底、精准放样，提高施工质量及施工效率，减少施工成本。

（2）经济效益计算方法及说明

项目通过在技术、商务、质量、安全管理方面开展的 BIM 技术综合应用，经商务部门核算整体节约施工成本 156.68 万元，节约工期 45 天。数据来源如下：

1）利用 BIM 技术对施工方案进行优化调整，观众厅顶及主舞台顶桁架、内外球网壳安装节约成本 138.08 万元，缩短工期 45 天；

2）通过应用 BIM 技术，将施工工序及方案提前优化，节约工期 45 天，节约管理人员费用为 9 万元；

3）虚拟拼装技术，节约人工费 $9 \times 200 \times 40 = 7.2$ 万。

（3）社会效益

商丘文化艺术中心项目钢结构工程，多次迎接各界领导检查，BIM 技术作为工程亮点进行了专题讲解与展示，获得高度赞扬。

（4）打造公司科技名片

首先，根据项目情况，经过精心策划，先后对甲方、监理等参与方进行数次 BIM 技术工作汇报，得到甲方、监理等单位的一致肯定。其次，公司近年来组织了数次 BIM 培训，培养了一批懂 BIM 技术的工程技术类人才，为项目应用 BIM 技术提供了人才保障。

4.2 下一步实施 BIM 技术的改进方向、措施

（1）BIM 技术改进方向：加强 BIM 应用推广，深化 BIM 应用手册，规范操作流程，加强大项目集成化管理协调，对于复杂模型建立的技巧进行培训。

（2）BIM 技术改进措施。

1）加大专业软件培训与学习交流，扩展运用视野。

2）加强成员个人综合能力素质培养。

3）规范建模流程及团队组织分工。

4）加强大型复杂项目团队协同工作能力。

5）认真总结已完成项目，通过实施过程反思，及时整理汇总成册，积极推广 BIM 技术应用及成果展示，让效益体现出来，让更多团队、企业充分接受并重视起来。

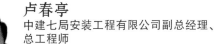

A099 艺术类综合场馆钢结构 BIM 应用

团队精英介绍

卢春亭
中建七局安装工程有限公司副总经理、总工程师

教授级高级工程师

长期从事企业技术质量科技管理工作，获得发明专利 8 项，国家级工法 1 项，省部级工法 26 项，省部级以上科技进步奖 11 项，其中河南省人民政府授奖 2 项，撰写专著 3 部，发表核心期刊 6 篇，SCI 论文 1 篇，参编标准 3 项，获得软著 2 项，国家级 BIM 奖项 4 项。

史泽波
中建七局安装工程有限公司钢结构分公司副总经理、总工程师

一级建造师
高级工程师

靳书平

张祥伟
中建七局安装公司设计院副院长兼总工程师

一级建造师
高级工程师
河南省智慧建造专业委员会专家
中国施工企业管理协会 BIM 大赛评审专家

长期从事技术管理及科技研发工作，先后主持创建钢结构金奖工程 4 项，获河南省科技进步二等奖 3 项，省部级工法 10 余项，授权发明专利 4 项，实用新型专利 20 余项，发表论文多篇，获得国家级及省部级 BIM 奖 8 项。荣获河南省建筑施工优秀项目总工程师和全国建筑施工优秀项目总工程师。

长期从事科技质量管理工作。获得发明专利 3 项，实用新型专利 13 项；获得科技成果 4 项、国家及省部级 BIM 奖 9 项；发表论文 7 篇，参编技术专著 3 部、团体标准 3 部。中国施工企业管理协会、中国安装协会质量及 BIM 专家。

先后获得专利 16 项；中安协科技进步奖一等奖 1 项、省级科技进步奖二等奖 1 项；省级工法 6 项；国家级 BIM 大赛 8 项；获省级 BIM 大赛奖项 5 项；省级 QC 成果 2 项；发表论文 2 篇。

王　建
中建七局安装工程有限公司商丘文化艺术中心钢结构工程项目经理

一级建造师

张世伟
中建七局安装工程有限公司技术质量部副总经理

一级建造师
工程师

郭　茜
中建七局安装工程有限公司技术质量部高级专业师

高级工程师
郑州市建筑业协会 BIM 专家
河南省建筑业协会智慧建造专业委员会 BIM 专家
河南省五一巾帼标兵

从事钢结构专业施工 15 年。目前已获省级 QC 成果 8 项，省级工法 2 项，省级 BIM 奖 1 项，受理专利 2 项，发表论文 3 篇，获得中国钢结构金奖项目 2 项。

长期从事钢结构行业，先后获得国家级 BIM 奖 3 项，省级 BIM 奖 2 项，专利授权 5 项，发表核心论文 3 篇，获得省部级工法 4 项，省级 QC 成果 3 项，中国钢结构金奖 1 项。

从事 BIM 技术推广应用工作 10 年，先后获得国家级 BIM 奖项 8 项，省级 BIM 奖项 10 项；获得专利 16 项；获得郑州市科技进步奖 1 项，河南省科技成果评价 5 项。

李齐波
中建七局安装工程有限公司设计院 BIM 工程师

一级建造师
高级工程师

高权法

高级工程师

李晓辉

先后荣获省级可能进步奖二等奖 1 项，国家级 BIM 一等奖 1 项、二等奖 1 项、三等奖 1 项，省级 BIM 二等奖 2 项，发明专利 2 项，实用新型专利 6 项，省级工法 3 项。

长期从事机电、钢结构安装，先后获得部级优质工程奖 1 项，省级 QC 成果 2 项，发表论文 2 篇，中国钢结构国家级 BIM 项目奖 1 项。

长期从事钢结构施工技术、施工管理工作，先后获得专利 5 项，省级施工工法 2 项，省级 BIM 大赛一等奖 1 项、QC 成果 1 项、省级优质结构奖 1 项、钢结构金奖 1 项，发表论文 2 篇。

三维数字模型助力多业态总承包完美履约

中建八局第一建设有限公司，中国建筑第八工程局有限公司

王自胜　王勇　王希河　魏蒙　王东宛　杨青峰　刘勇　张小刚　王硕　张中粮

1　项目概况

正弘国际广场位于郑州市金水区，场地南临科源路、西邻科新路、北邻东风路、东临花园路，东侧与在建地铁 2 号线相邻，项目共分为 4 个单体（图 1）。

项目决定应用 BIM 技术后，首先成立了涵盖业主 BIM 咨询公司、公司技术中心、总包项目部、各专业分包 BIM 人员的 BIM 小组。

图 1　项目效果图

项目成立之初，建立了涵盖各个专业、部门的 BIM 应用团队，项目总工杨青峰总负责项目土建模型建模，机电项目部总工王东宛总负责机电管综模型建模，商务经理刘勇负责 BIM 商务应用，技术工程师张小刚负责施工进度模拟、报价创优等，王硕、张中粮负责模型后期维护。

项目部按照总承包管理要求，准备了涵盖各专业的 BIM 资源配置，为 BIM 在施工全过程中的应用实现组织保障。

编制《正弘城 BIM 管理实施方案》，使建模过程可控，为后期模型应用提供方便，减少返工量。

由于项目体量大，单层模型均在 100M 以上，因此决定采用中心模型的方法建立本项目的 BIM 模型。

2　公司简介

中建八局第一建设有限公司总部位于山东省济南市，下设济南、青岛、华中、中原、华东、华北、华南、厦门、海外、安装、装饰、基础设施、绿色建筑发展公司、设计研究院、山东中建八局投资建设有限公司 15 家二级单位，中诚租赁公司、中建绿色建筑产业园（济南）、中建科技济南有限公司 3 家参股公司以及雄安事业部、高科技厂房事业部、军民融合事业部、环保水务事业部、EPC 事业部。公司注册资本金 10 亿元，具有房屋建筑工程施工总承包特级资质、市政公用工程施工总承包特级资质、机电工程施工总承包壹级、水利水电贰级等 7 项总承包资质，建筑工程、人防工程、市政行业设计 3 项甲级设计资质，

具备军工涉密资质、消防设施工程专业承包壹级、机场场道贰级等18项专业承包资质。公司拥有"国家级企业技术中心"研发平台，是科技部认证的"国家高新技术企业"。

3 BIM 提升项目管控

3.1 重难点分析

（1）设计深化

本工程体量大，各专业图纸多，各专业图纸由不同设计院设计，且业主设计变更频繁，图纸问题较多。利用BIM技术把各专业图纸综合，解决专业间问题。

（2）土建优化

本工程裙房为8层大型商业综合体，建筑功能多样，细部节点复杂；结构形式复杂，其中钢结构有悬挑桁架、12m超长悬挑梁等。利用BIM技术优化节点、辅助下料等。

（3）平面布置

场地分区多，错层施工多，且场地狭小，平面布置需随施工阶段变化多次。利用BIM技术模拟各阶段平面布置图。

（4）业主需求

业主要求使用BIM技术对施工图纸进行二次深化，并要求我单位进行BIM总承包管理。

（5）单元板幕墙

工程使用单元板幕墙施工，施工工艺新颖，而现场场地限制大。

3.2 BIM 提升项目管控

与业主签订总承包管理合同，根据业主要求，配备了涉及各专业的BIM人才，编制了BIM总承包管理手册，BIM管理体系涉及从施工前的设计阶段到最终的市政绿化阶段。体系经过两年多的运行，取得了丰厚的成果。

3.3 设计深化

从使用BIM技术至今已完成的设计二次深化中，已发现的各专业问题汇总。

（1）建立模型。

通过建模发现施工图设计问题共计502条。碰撞检测产生4000多个有效碰撞点，其中专业设计数据空间主要干涉位置3000余处。利用BIM技术发现的碰撞点2800余处。

（2）问题归类。

问题分为两大类：一是专业间图纸不对应，统一建模后不同专业间图纸碰撞等现象较多；二是图纸标注不明确及标注缺失现象。

（3）问题解决。

施工图设计相关专业对问题图纸的设计数据进行补充及核实，根据补充数据资料修改模型。针对BIM发现的有效碰撞进行优化，并将与结构产生的碰撞提交设计院进行结构图的修改，避免返工。

（4）CAD图纸优化。

未能发现空调水管与桥架支吊架布置间距不一致的现象，不利于综合支吊架布置。

（5）BIM排布优化。

二次优化方案为右侧部分，调整水管与桥架布局，便于综合支吊架布置。

（6）机房排布优化。

（7）预留洞口优化。

3.4 平面布置

本工程场地狭小，场地布置尤其关键，相比较使用传统CAD画图进行平面布置的方法，利用BIM平面布置对场地进行建模，能综合考虑平面与垂直运输，合理安排，提前发现不合理的地方，及时优化，力争做到地尽其用。

3.5 数字建模（图2）

塔楼模型　　塔楼楼层模型　　建筑结构整合模型

图2　数字建模

3.6 土建优化

（1）BIM三维可视化交底后现场合格率。

93％项目在方案、工序交底中，全部使用公司BIM素材库内动画对工人进行交底。

就地下室底板、桩头防水施工一项，分别对现场两个施工班组使用传统交底、BIM动画交底两种模式，然后对现场合格率进行检查，发现可视化交底后，现场施工合格率上升明显。

（2）复杂节点优化。

BIM建模：BIM精确建模，查看实施可行性。

组织会审：组织设计、监理各单位对该复杂节点开会讨论。

深化原因：节点复杂，CAD图纸表述复杂，翻样过程中发现难以实现。

样板制作：根据BIM模型现场制作样板，制作过程中发现发现问题。

优化实施：依据优化后的节点现场组织施工。

通过BIM优化，在不影响结构功能的前提下，简化复杂节点做法，加快了现场施工进度，提高了节点施工质量。以钢筋混凝土牛腿为例，经过BIM建模优化后，牛腿钢筋绑扎时间从4天缩短为2.5天，一次验收通过率92%。

（3）钢结构深化。

1）应用原因：本工程钢结构工程量大，约17000t，有四处12m长悬挑钢桁架，梁柱结构复杂，钢筋型号大；梁截面大，管线穿过洞口多，传统图纸难以对此进行深化。

2）碰撞分析：建立钢结构模型，并与其他专业模型合并，分析碰撞情况。

3）钢梁开洞：劲型钢柱与劲钢梁细部节点深化，确定套筒位置和箍筋穿孔位置。

4）钢材拼接：劲性钢柱与外露钢梁连接、钢桁架深化，指导下料加工和现场拼装。

3.7 单元板幕墙

包含碰撞检测、BIM与幕墙施工结合、配套悬挑硬防护。

3.8 商务、物资应用

辅助算量：以1号楼标准层为例，计算柱、梁、板混凝土方量。

广联达导出量与BIM导出量相比出入不大，且与实际进场量吻合，因此可以做到提前计划，辅助物资部门组织材料进场。现场实际进场量大于计算量，说明混凝土运输及输送过程中损耗量较大，并以此为依据加强混凝土浇筑过程中的管控。

3.9 BIM云平台

项目使用由我单位开发的BIM管理平台，设计、业主、分包单位均可根据权限登录此平台，按照制定的BIM建模计划上传本专业的BIM模型；也可以下载已经上传的模型，省去了各方互相传递模型的繁琐，便于进行统一管理。

3.10 BIM总包应用

集中办公、例会制度。

4 BIM应用总结

（1）机电深化效益分析

本项目目前统计数据显示，BIM技术优化后预留洞口利用率可达95%以上。

据以往项目统计数据，设计图纸预留洞口利用率约30%，经优化后可达55%左右。

本项目一次结构预留洞共2000余个，依据上述统计结果，将节省约800个一次结构预留洞口新开和封堵费用。

（2）BIM+VR观摩会

本项目自开工以来，成功举行了多次正弘国际广场BIM+VR技术应用观摩会，河南省建筑业同仁300余人参加了观摩，多家媒体进行了报道，扩大了项目影响力，打响了公司名号。

（3）BIM应用总结

1）BIM+VR。通过Revit及虚拟现实的结合应用，减少展区占地面积，节地、节材效果显著。

2）图纸深化。通过安装及土建Revit模型，深化设计出二次结构预留洞口图，砌体排版图，指导施工，提高了工程质量，减少材料及人工浪费。

3）管理模式。通过BIM技术替代传统管理模式进行项目管理，建立精度较高的模型，实现了以模型为基础进行技术质量、商务、施工等部门的管理工作。

4）协同平台。BIM云平台的使用促进了各专业的协同，方便了项目管理。

A110 三维数字模型助力多业态总承包完美履约

团队精英介绍

王自胜
中建八局山东分局郑州办事处主任

先后主持完成了郑州新郑国际机场二期扩建工程、河南省人民医院等河南省重点工程，主持完成多项国家优质工程、鲁班奖工程、钢结构金奖工程等荣获国家级质量奖项工程，荣获多项专利、工法、科学技术奖等科技奖项。

王 勇
中建八局第一建设有限公司中原公司党总支书记

一级建造师，主持完成国家优质工程1项、钢结构金奖工程1项，拥有多项专利、工法、论文、QC、科技进步奖等科技成果，负责公司BIM技术的推广与培训。

王希河
中建八局第一建设有限公司中原公司总工程师

荣获3项鲁班奖、4项国优工程、2项钢结构金奖，所负责项目获评省级新技术应用示范工程6项，个人先后获得省级工法20项、国家级专利39项、国家级科学技术奖2项、省部级科技进步奖4项、省部级科技创新奖18项、国家级BIM奖10项、国家级QC成果10项，参编地方标准2项。

魏 蒙
中建八局第一建设有限公司郑东新区科学谷数字小镇建设项目（一期）EPC总承包第二标段项目经理

先后获得专利12项、工法7项，发表论文5篇，获QC成果14项，BIM奖项4项，其中国家级1项，负责项目BIM管理体系、人才培训体系。

王东宛
中建八局第一建设有限公司郑东新区科学谷数字小镇建设项目（一期）EPC总承包第二标段项目总工

公司"优秀员工""十佳业务标兵"，获得专利17项，省级工法8个，全过程参与1个项目的国家优质工程、2个项目的中国钢结构金奖创奖工作。

杨青峰
中建八局第一建设有限公司郑东新区科学谷数字小镇建设项目（一期）EPC总承包第二标段技术负责人

长期从事钢结构设计、深化设计、加工安装，先后主持完成了濮阳体育馆、正弘城、中国国际丝路中心大厦的钢结构深化、安装工作。获得中国钢结构金奖项目2项。

刘 勇
中建八局第一建设有限公司郑东新区科学谷数字小镇建设项目（一期）EPC总承包第二标段技术负责人

长期从事装配式结构深化设计，主持完成了项目预制构件、外挂式脚手架、铝合金模板深化设计及加工。先后获得专利5项，工法3项，国家级QC成果1项。

张小刚
中建八局第一建设有限公司郑东新区科学谷数字小镇建设项目（一期）EPC总承包第二标段技术负责人

一级建造师，工程师；目前已经获得省级QC成果3项，省级工法3项，受理专利5项，发表论文2篇，获国家BIM奖1项，省级BIM奖1项。

王 硕
中建八局第一建设有限公司项目技术工程师

目前已获得省级QC成果5项，省级工法2项，发表论文2篇，省级科技鉴定成果1项，国家级BIM奖1项。

张中粮
中建八局第一建设有限公司项目商务工程师

目前已获得省级QC成果一等奖1项、二等奖4项、三等奖4项，省级工法1项，国家级BIM二等奖1项，省级BIM大赛优秀奖1项，发表论文1篇。

浙江省黄龙体育中心亚运场馆改造项目健身服务用房 BIM 应用

浙江省建筑设计研究院，浙江省黄龙体育中心，浙江中天恒筑钢构有限公司

杨学林　朱鸿寅　裘云丹　蒋金生　吕志武　周萌　俞乐伟　崔亮　来夏利　寇林　等

1 项目概况

（1）黄龙体育中心位于杭州市西子湖畔，黄龙洞风景区旁，北临天目山路、南至曙光路、西起玉古路、东至黄龙路，占地面积 580 余亩（图1）。2022 年亚运会期间本体育场拟举办亚运会足球比赛，要求将原体育场改造为亚运会足球场。本次设计改造建筑主要为主体育场、体育馆、游泳跳水馆、动力与物业管理中心以及道路、广场、绿化等室外工程。

图 1　项目效果图

（2）通过在本项目上使用 BIM 技术和管理手段，进行设计优化、土建深化设计、机电深化设计、三维管线综合设计、施工模拟、钢结构预制加工、进度管理、预算与成本管理、质量管理、施工验收等应用，提升项目品质，提高管理效率。

（3）形成 LOD400 竣工图模型及轻量化模型，为后续建筑运营维护提供数字化基础。

（4）健身服务用房介绍。健身服务用房为原孵化基地协会用房拆除后新建，整体结构采用钢结构，为两层高架空服务楼，外立面采用渐变穿孔雾镜阳极氧化铝蜂窝板，转角部分造型为双曲面，形状优美大方，为整个体育中心的网红打卡点，设有屋顶观景台、淋浴、卫生间等服务设施，二层为休闲吧。

该建筑 BIM 应用特点：

1）全钢结构，全部节点均需深化；

2）钢结构与幕墙之间的关系需要在 BIM 模型中表达清楚；

3）二维图纸无法表达的节点，需要在三维模型中表达。

2 单位介绍

（1）浙江省建筑设计研究院

浙江省建筑设计研究院（ZIAD）创立于 1952 年，是国内享有盛誉的具有建筑、规划、园林、市政、消防等多种甲级资质的综合性勘察设计科研单位，下设 10 个综合设计分院、18 个专业设计分院（设计部门）、7 个技术研究中心和 4 个子公司。ZIAD 主编参编了大量国家和浙江省建设工程设计规范及技术规程，在办公、宾馆、体育、交通、文化、教育和医疗等大型公共建筑的设计，复杂超限高层建筑、大跨度空间结构、岩土工程设计和建设工程标准化等方面均处于行业领先地位。

68 年来，ZIAD 始终坚持"创作名院、科技兴院、人才强院、清廉护院"的发展理念，先后荣获 600 余项国家及省部级优秀设计奖和科学技术奖，荣膺中国勘察设计单位综合实力百强之一、全国建筑设计行业十强设计院、全国优秀勘察设计院、全国建设科技进步先进集体、当代中国建筑设计百家名院、全国建筑设计行业诚信单位、浙江省勘察设计单位综合实力十强、浙江省首批工程总承包试点企业、浙江省职工职业道德建设标兵单位、浙江省文明单位、浙江省标准创新贡献奖等几十项省级以上荣誉称号。

（2）浙江省黄龙体育中心

浙江省黄龙体育中心是浙江省目前规模最大、功能最全的现代化体育设施，是一个集体育比赛、文艺表演、健身娱乐、餐饮住宿、商务办公和购物展览于一体的多功能场所，其主体育场已成为浙江省和杭州市的标志性建筑之一。黄龙体育中心的建设，对促进浙江省对外开放和国际交流、创建文化大省、繁荣经济及社会发展具有重要的意义。

黄龙体育中心位于风景秀丽的西子湖畔，著名的黄龙洞风景区旁，北临天目山路、南至曙光路、西起玉古路、东至黄龙路，占地面积800余亩。中心建设分两期实施，其一期工程为征地、拆迁主体育场、动力（物业管理）中心、大型停车场及路网和相关基础建设，现已完成并投入使用；二期工程主要为体育馆、网球场（含门球场）、嬉水乐园及包玉刚游泳场改扩建、网球中心暨省老年体育活动中心、新闻中心、田径训练场（馆）、游泳跳水馆等。

黄龙体育中心地理位置优越，四周环境独特，景色宜人，交通便利，生活方便，与浙江大学、浙江图书馆、浙江世贸中心同处一个区域之中，杭州旅游集散中心亦设立于此，是杭城得天独厚的体育文化、商贸、旅游等交汇之地。

（3）浙江中天恒筑钢构有限公司

浙江中天恒筑钢构有限公司（简称"中天恒筑钢构"）是一家集施工总承包、钢结构设计、制造、安装、专业技术服务为一体的大型企业。

中天恒筑钢构是中天建设集团的全资子公司，中天建设集团是一家以土木建筑、地产置业、移动传媒、投资与教育为主要经营业务的全国500强大型企业集团，是全国质量奖单位、全国文明单位、全国守合同重信用单位、中国优秀企业公民、中华慈善奖企业。

中天恒筑钢构具有钢结构工程总承包壹级资质、钢结构工程专业承包壹级资质、轻型钢结构工程设计专项甲级资质、钢结构制造企业特级资质和建筑金属屋（墙）面设计与施工特级资质，通过质量、环境和职业健康安全管理体系国标标准认证，是中国建筑金属结构协会理事单位、中国钢结构协会理事单位、浙江省钢结构行业协会

副会长单位。

公司注册资本1.5亿元，钢结构企业全国50强。业务范围广泛，涉及厂房、高层、场馆、桥梁、化工、钢结构住宅、栈道、快建结构、建筑小品等类型。

3 BIM团队建设

（1）BIM实施步骤

在EPC总包单位BIM实施模式下，采用全生命期应用模式，并由我公司负责落实项目各阶段BIM技术的应用，进行项目全过程的BIM管理。

（2）BIM实施方案和标准

项目实施前，编制整体方案和技术标准，以此为后续BIM工作依据。

4 BIM应用的软硬件配置

硬件配置见表1。

		硬件配置	表1
序号	名称	配置	数量
1	渲染主机	处理器：英特尔（Intel）i7-9700K酷睿八核 内存：32G 显卡：NVIDIA RTX 2060 SUPER 8G显存	1
2	台式机	处理器：Intel Core i7-7700 内存：16G 显卡：NVIDIA Quadro K2200 双显示器	8

软件配置：针对本项目，我司使用了AutoCAD 2014、Revit2018、Navisworks Manage2018、Lumion、Rhino、3ds max、Tekla等软件。

5 BIM价值点应用分析

（1）全专业BIM模型整合（建筑、结构、机电、幕墙、装饰、景观），见图2。

（2）全专业BIM协同。

（3）图纸错漏碰缺问题报告。

（4）管线综合与净高控制。通过BIM模型，分析转弯处钢梁做法（直梁或弧梁）对净高的影响，结合建筑专业进行优化设计，提升人行通过时的舒适度。

（5）BIM室外景观设计效果模拟。根据景观

图 2　全专业 BIM 模型整合

设计图纸布置室外景观绿化场景，通过 Lumion 软件进行效果模拟，生成漫游视频，供甲方相关人员核查，提出修改意见，利用这种直观的方式，极大提升了甲方对景观效果的评估效率。

（6）BIM 室内装修设计效果模拟。根据装修设计图纸在 Revit 模型里布置室内装修场景，通过 Lumion 软件进行效果模拟，生成漫游视频，供甲方相关人员核查，提出修改意见，利用这种直观的方式，极大提升了甲方对室内装饰效果的评估效率。

（7）钢结构建模及预制加工。利用 BIM 技术进行钢结构构件预制加工，预制加工应用成果包含了加工模型、加工图，以及产品模块相关技术参数和安装要求等信息。

（8）钢结构工程量清单生成。在 Tekla 软件里建好钢结构模型后，利用软件直接生成各种构件及配件清单，导出成表格形式，供工厂下料。表格数据应包含型材、材质、尺寸、零配件等。

6　BIM 经验总结

6.1　三维校审

完成各专业 BIM 三维审图、机电管线（MEP）各专业碰撞检查、机电管线（MEP）综合优化、设计优化辅助出图，根据 BIM 模型提供局部或整体的二维图纸（dwg 格式）。

6.2　场地布置

针对项目场地布置建立 BIM 模型进行优化，展示项目的空间结构，提前发现和规避问题。

6.3　碰撞检查

通过 BIM 模型进行碰撞检测，提出相应的问题报告，对图纸上不合理的地方提出修改意见，使项目在施工前或施工中就能有效避免返工等问题，节约资源，为各方都提供一定的价值收益。

6.4　管线综合

用 BIM 技术在三维建筑模型上设计各类机电管线，分析管线排布空间的特点，并对管线的排布进行全专业协调和优化的技术。使管线的排布设计更合理，既能解决管线碰撞、满足空间需求，也能提升施工效率，节省成本。

6.5　效果模拟

配合业主、设计院和 EPC 总包单位，运用三维可视化 BIM 技术对本项目做出必要的方案，比如装修材料色彩的选用与布置合理性。

6.6　工程量统计

利用 BIM 模型信息数据，可以较为精确的完成工程量统计，协助各专业施工单位提供建造中预制构件的三维详图和加工数据。

6.7　质量、安全管理

通过 BIM-5D 软件平台录入质量安全等问题，并统一在云端和 PC 端管理，减少了项目质量安全管理人员的数据准备工作量，减少与项目领导、监理等的沟通成本、沟通时间。

6.8　施工指导

对于部分重难点节点，以三维模型的形式让施工人员更加全面地认识该节点的具体构造和施工顺序。

6.9　竣工模型的建立

在竣工阶段提交 LOD400 模型及对应轻量化模型，保证竣工模型与现场一致，模型信息参数准确、完整，确保可以为后续建筑运营维护提供数字化基础。

A104 浙江省黄龙体育中心亚运场馆改造项目健身服务用房 BIM 应用

团队精英介绍

杨学林
浙江省建筑设计研究院副院长

一级注册结构工程师
注册土木工程师
浙江省土木建筑学会理事长

荣获浙江省建设科学技术奖一等奖 5 项、浙江省科技进步奖二等奖 4 项、浙江省人民政府首届"勘察设计大师"、浙江省建设科技重大贡献奖等多项奖项，享受国务院政府特殊津贴。出版专著共 4 部，发表学术论文 100 余篇，主参编国家、行业和地方标准共 16 部，获得国家授权专利 13 项。

朱鸿寅
浙江省建筑设计研究院绿色建筑工程设计院院长、建筑工业化研究中心主任、建筑信息化（BIM）研究中心主任

教授级高级工程师
一级注册建筑师

主持完成浙江省级绿色建筑、建筑工业化、BIM 等多项课题，荣获浙江省建设科学技术奖、浙江省建设工程钱江杯一等奖等多项奖项。主导及参与浙江省绿色建筑"十四五"规划、浙江省建筑工程施工图设计信息模型交付审查标准等多项标准。

裘云丹
浙江省建筑设计研究院总建筑师

教授级高级工程师
一级注册建筑师

负责西湖文化广场及杭州理想银泰城、义乌之心城市生活广场、杭州亚运会技术官员村一期二期等多项项目，先后荣获全国勘察设计协会优秀公建设计一等奖等多项奖项。

蒋金生
中天建设集团副总裁、总工程师

教授级高级工程师
浙江省建筑业技术创新协会会长

主编《安装工程施工工艺标准》《土建工程施工工艺标准（上）》《土建工程施工工艺标准（下）》《装饰工程施工工艺标准》等多项标准，荣获浙江省建设科学技术奖、2017 年度自治区科技进步三等奖、2010 年度华夏建设科学技术奖三等奖、中施企协科学技术奖等多项奖项。

吕志武
浙江省建筑设计研究院BIM 研究中心项目经理

高级工程师

建筑智能化行业拥有 14 年工作经验，同时在建筑信息化（BIM）领域亦有多年经验，参与浙江省多个亚运会改造场馆 BIM 服务，担任浙江省黄龙体育中心亚运会改造项目全过程 BIM 技术服务负责人。

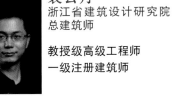

俞乐伟
浙江省建筑设计研究院第三设计院

高级工程师
一级注册建筑师

作为建筑专业负责人，先后完成设计临平理想银泰城、杭州华润奥体项目、上虞体育中心等重大公共建筑。

崔 亮
浙江省建筑设计研究院BIM 研究中心机电负责人

工程师

获国家设计专利 1 项；发表论文 3 篇；从事电气设计及 BIM 工作 11 年，作为梅溪湖国际文化艺术中心、西湖大学工程、深圳市人民医院项目、黄龙体育中心等项目 BIM 机电负责人。

来夏利
浙江省建筑设计研究院BIM 研究中心工程师

工程师

长期从事 BIM 深化设计，擅长装饰及机电专业，先后参与完成了黄龙体育中心改造工程、桐庐马术馆项目、蓝城九堡乐居项目。

寇 林
浙江省建筑设计研究院BIM 研究中心工程师

BIM 高级建模师（设备设计专业）

先后获得省级 BIM 奖项 3 项，参与公司各类 BIM 技术的应用与推广，2020 年被评为公司优秀员工。

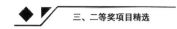

广州无限极广场大跨度钢结构中 BIM 的应用

广东省建筑设计研究院,广东省第一建筑工程有限公司

许杰 易芹 蔚俏冬 廖旭钊 劳智源 黄子翀 廖勇坤 吴振耀 张丽珊 王珅 等

1 项目概况

广州无限极广场流线型的设计有如大自然,既有一致性,也有其复杂性(图1)。它将无限极对健康和快乐的追求以及其"永远创业"带来的创新精神,诠释为创建新的工作环境,以及鼓励开放和交流的企业形象。建筑的设计给周遭的都市环境注入了活力,运用最新的技术和施工方法,创造了集功能性、灵活性和趣味性于一体的未来工作环境和空间。

图 1 项目效果图

1.1 区位概况

广州无限极广场项目设计本身融入了无限极的企业文化,在多个层面上"无限之环"="∞",体现了生活无限可能、健康无限可能、未来无限可能。项目将成为无限极中国的新办公总部,是一个集生态环保、健康时尚、科技智能为一体的现代化建筑群,集行政运营中心、全球供应链及研发中心、电子商务产业中心、养生及企业文化体验区、培训基地为主的健康产业中心。

1.2 项目简介

项目名称:广州无限极广场。

建设地点:广州市白云新城飞翔公园以北,万达广场以南,即广州市白云区云城东路与云城西路之间,规划横五路南侧 AB2910019 地块。

建设单位:广东无限极物业发展有限公司。

设计顾问:扎哈·哈迪德建筑事务所。

设计单位:广东省建筑设计研究院。

占地面积:45280m²。

项目层数:A 塔/B 塔、地上 8 层(局部 7层);地下 2 层。

建筑面积:18 万 m²。

建筑高度:35m。

业态功能:商业、办公、展厅、实验研发。

项目总投资额:45 亿。

项目相关荣誉:目前 11 项省市级荣誉;5 项国家级荣誉。

1.3 设计理念

无限极项目设计构思为"门户",作为一系列的"无限环",跨层次的延伸和扩展,创造一个充满活力的新工作场所,一个积极的沟通环境。连接整合内外部空间,来激活具有社区性质的公共空间。同时将飞翔公园的市民广场融入进来,通过建筑不同高度的屋面绿色景观花园,创建和促进员工积极健康的生活,并回馈给市民、游客和社会大众。

1.4 合作单位

(1)广东省建筑设计研究院

广东省建筑设计研究院(GDAD)创建于1952 年,是新中国第一批大型综合勘察设计单位之一,改革开放后第一批推行工程总承包业务的现代科技服务型企业,全球低碳城市和建筑发展倡议单位、全国高新技术企业、全国科技先进集体、全国优秀勘察设计企业、当代中国建筑设计百家名院、全国企业文化建设示范单位、广东省守合同重信用企业、广东省抗震救灾先进集体、广东省重点项目建设先进集体、广东省勘察设计行业领军企业、广州市总部企业、综合性城市建设技术服务企业。

（2）广东省第一建筑工程有限公司

广东省第一建筑工程有限公司成立于 1950 年，具有建筑工程施工总承包特级资质，市政公用工程施工总承包壹级资质，建筑机电安装工程、消防设施工程、地基基础工程等专业承包壹级资质，建筑装饰装修工程设计与施工壹级资质，并具有古建筑工程和钢结构工程专业承包贰级资质以及建筑行业建筑工程、人防工程设计甲级资质。

1.5　应用重难点

（1）以运维为目标：项目作为业主产业中心，在项目初期确定在项目交付后结合于 BIM 实现 3D 智慧运维。

（2）全过程全员参与：本项目各阶段参建单位近 50 家，项目技术及管理人员 400 多名，全周期内 BIM 参与项目实施指导。

（3）工业加工 4.0：室内外复杂的曲线及造型，难以在平面图纸上表达，超国标材料加工精度要求高。

（4）技术实施：地铁周边及广州复杂的地理环境，"鲁班奖 8 大创新"施工预留、安装、调试困难。

（5）信息传递：图纸版本多，同时存在区域图纸、专业深化图纸各专业模型、各参建单位模型、变更模型。

（6）组织管理：BIM 技术在全过程中产生高效组织价值，发挥对项目的管理价值。

2　BIM 精细管理

落实创新、协调、绿色、开放、共享的发展理念及国家大数据战略、"互联网＋"行动等相关要求，实施《国家信息化发展战略纲要》，增强建筑业信息化发展能力，优化建筑业信息化发展环境，加快推动信息技术与建筑业发展深度融合，充分发挥信息化的引领和支撑作用，塑造建筑业新业态。

2.1　BIM 应用导向

以运维为导向，模型全程应用，各阶段完善模型信息。

2.2　应用范围

全过程、全参建单位参与。

2.3　组织架构

项目不同实施阶段，方案-扩初阶段由 ZAHA 组织模型相关工作，施工图 BIM 顾问对接相关工作，施工阶段 BIM 顾问对接深化及应用，配合 Arcadis 管理公司管理现场。

2.4　标准体系

创建并更新项目标准体系，建立健全各阶段 BIM 实施指引、实施标准、实施要求，以及交付成果。

2.5　实施流程

根据各阶段优化 BIM 实施流程，明确各方分工，提高组织之间的协同效率，实施过程有迹可循。

2.6　实施计划

各阶段根据实施主体的不同，各单位编制 BIM 设计、施工、模拟论证等实施计划，以此控制交付时间，分析延误原因，规避项目后期影响。

2.7　软件搭配

在项目实施过程中结合了多种软件，保障信息传递、模型延用、模型深化、现场指导等工作。

3　周期 BIM 技术应用

BIM 技术通过数字化手段，建立出一个虚拟建筑，会提供一个单一、完整、包含逻辑关系的建筑信息库。在这其中"信息"的内涵不仅仅是几何形状描述的视觉信息，还包含大量的非几何信息，其本质是一个按照建筑直观物理形态构建的数据库，其中记录了各阶段的所有数据信息。其精髓在于这些数据能贯穿项目的整个寿命期，对项目的建造及后期的运营管理持续发挥作用。

3.1　设计阶段

包含方案模型搭建、方案对比、材料比对选型、室内细节对比、采光舒适性分析、炫光舒适性分析、室内自然通风舒适性分析、室外风舒适性分析、综合能耗分析、施工图模型搭建、净高优化、施工图问题销项、施工图模型归档。

3.2 施工阶段

包含钢结构深化、机电深化、精装深化、幕墙节点深化、GRG挂板深化、地质模拟、工程桩优化模拟、场地布置、塔吊分析、施工流水段模拟、回填方案模拟、脚手架布置、钢连廊模拟、结构节点模拟、后浇带节点模拟、模板及支撑节点模拟、复杂钢筋节点模拟、机房优化模拟、管井优化模拟、大跨板工艺模拟、智慧工地、联合巡检。

3.3 运维阶段

包含运维模块化、运维开发体系、运维基础平台。

4 BIM工业4.0

新一代信息技术与制造业的深度融合，将促进制造模式、生产组织方式和产业形态的深刻变革，智能化服务化成为制造业发展新趋势。

本项目BIM应用包含幕墙介绍、幕墙系统组成、FS02特征版系统、模型显示转化、铝板类型、铝板深化及数字转化、网架、构件深化及数字转化、数据导出、铝板数字加工、网架及连接件数字加工、安装节点、动态交底、效果展示（图2）。

(a) 局部剖切图　(b) 外廊效果图　(c) 局部拼接图

图2　BIM应用

5 应用价值

5.1 价值体现（图3）

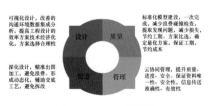

图3　BIM应用价值

5.2 设计价值量化

项目在设计阶段节约952万元，见表1。

设计价值量化表				表1
问题类型	简要描述	问题数量	预估单价（元）	总价（元）
专业问题	各专业自身设计问题	350	6000	2100000
净高问题	机电影响净高	214	15000	3210000
碰撞问题	各专业之间硬碰撞问题	439	8000	3512000
美观问题	室外景观,泛光照明等	67	8000	536000
图面问题	标注缺失,平面大样不一致	81	2000	162000

5.3 建造价值量化

目前项目在建造阶段节约工期76日，节约1830万元，见表2。

建造价值量化表		表2
应用类型	需要描述	节约时间（日）	材料成本（万元）
模拟工作	工艺工序的模拟	30	
工法优化	工艺工法的优化		1280
专业协调	各专业分包协调/巡场协调	46	
深化设计	深化设计优化后减少材料浪费		550

5.4 科研专利价值

本项目获得2项专利受理、1项实用型专利。

5.5 质量价值

省级工法、广东省土木建筑学会科学技术奖。

中国建筑业协会、中国质量协会优秀质量管理QC小组分别获得了Ⅰ类及Ⅱ类成果。

5.6 管理价值

BIM技术已经融入项目管理人员、技术人员、实施人员的工作之中；同时也融入管理过程、实施过程之中。

A114 广州无限极广场大跨度钢结构中 BIM 的应用

团队精英介绍

许 杰
广东省建筑设计研究院有限公司
主任工程师

高级工程师
广州大学本科

从事暖通设计 14 年及 BIM 设计 4 年；参与广州亚运综合体育馆及主媒体中心、广州白云国际机场扩建工程二号航站楼及配套设施项目、湛江机场、潮汕机场扩建工程、深圳机场卫星厅、山东泰山会展中心、佛山新福港广场、佛山三水万达广场购物中心、广州万达旅游城五星级酒店、广州无限极广场、广州市妇女儿童医疗中心南沙院区等项目的暖通设计，并获得国家或省部级设计奖 11 项；参与香港万通大厦、广州无限极广场、广州万达旅游城五星级酒店等项目的 BIM 设计。

易 芹
广东省建筑设计研究院有限公司分院副总建筑师

获得 2017 年度广东省优秀工程设计 BIM 专项三等奖，获 2019 年度轻工行业优秀工程勘察设计的优秀建筑设计二等奖。广州无限极广场项目负责人，获得 2019 年第九届广东省建筑设计奖（方案）公建类二等奖。华侨城金山湖壹号项目负责人，获得 2019 年第九届广东省建筑设计奖（方案）公建类三等奖。博罗县体育中心体育场主要设计人，获得 2015 年广东省优秀工程勘察设计奖工程设计三等奖。

蔚俏冬

BIM 工程师
给水排水工程师

从事 BIM 工作 5 年，给水排水设计 5 年；先后获得国家 BIM 奖 2 项、省级 BIM 奖 2 项，国家级给水排水设计奖 2 项，省级给水排水设计奖 2 项，发表 BIM 论文 2 篇，参编 BIM 专著 1 部，给水排水论文 2 篇。参与完成了中国散裂中子源项目主装置区、保利横琴国际广场、宝钢大厦、无限极广场等 BIM 项目。

王 坤
广东省建筑设计研究院有限公司给水排水专业副主任工程师

硕士研究生学历
高级工程师

担任部门 BIM 管理工作，发表论文 3 篇，先后获得工程设计类国家级一等奖 1 项、二等奖 2 项、三等奖 1 项及若干省市级奖项。

劳智源
广东省建筑设计研究院有限公司主任工程师

高级结构工程师
广东工业大学土木工程专业

长期从事钢结构设计，先后完成了广州白云机场、中山博览中心、泰安博览中心、昆明南火车站的钢结构设计，获得多项国家级及省级设计奖。

黄子翀
广东省建筑设计研究院有限公司建筑工程师

从事建筑设计工作 6 年，负责各类科技成果申报，参与本项目 BIM 建筑设计相关工作。注重科技创新，积极开展科技创新活动，就本项目已发起专利申请 2 项。

廖勇坤
广东省建筑设计研究院有限公司助理工程师

一级 BIM 建模师
湖南大学本科

从事 4 年 BIM 设计工作，曾参加香港万通大厦、广州无限极广场、南方传媒大厦、深圳湾二期项目等项目的 BIM 设计。

吴振耀
广东省建筑设计研究院有限公司助理建筑工程师

已从事建筑设计工作 5 年，参与本项目 BIM 建筑设计配合相关工作。

张丽珊
广东省第一建筑工程有限公司建筑工程师

BIM 高级建模师

从事 BIM 技术管理工作，注重科技创新，积极开展科技创新活动。先后取得专利 2 项，省级工法 2 项，省级科技成果 1 项，国家级 BIM 奖 2 项，参与编写市建委图集并出版，参与集团公司 BIM 标准指南编写。

首钢二通厂南区棚改定向安置房项目
1615-681 地块虚拟建造

北京建谊投资发展（集团）有限公司，北京建筑大学

苏磊　张艳霞　张怡和　赵腾飞　黄俊武　吴继宇　曹志亮　陈运嘉　王旭东　王杰　金博文　等

1　项目概况

1.1　项目简介

工程名称：首钢二通厂南区棚改定向安置房（1615-681）地块项目（图1）。

图 1　项目效果图

地址：北京丰台区梅市口路与张仪村东五路交汇处东北侧。

规划用地面积：26858.09m²。

总建筑面积：83091.33m²。

其中地上：56066.51m²（包含住宅建筑面积为40461.72m²，公共服务设施面积为15604.79m²）。

地下：27024.83m²。

居住指标：住宅总户数为450户，居住人口为1103人，机动车停车位579辆，其中地上停车59辆，地下车库停车520辆。

建筑层数：1号楼地上24层，地下2层；2号楼地上24层，地下4层；3号楼地上21层，地下2层；4号楼地上22层，地下2层；5号楼地上3层，地下4层；幼儿园地上3层；小学校地上3层；垃圾站2层；地下车库3层。

结构形式：装配式钢结构建筑。

1.2　项目信息

项目信息见表1。

项目信息		表 1

序号	项目	内容	
1	工程名称	首钢二通厂南区棚改定向安置房项目（1615-681 地块）	
2	建设单位	北京首钢二通建设投资有限公司	
3	设计单位	北京首钢国际工程技术有限公司	
4	施工单位	北京建谊建筑工程有限公司	
5	监理单位	北京诚信工程监理有限公司	
6	合同工期	2017.9—2019.6	
7	质量目标	北京市结构长城杯、竣工长城杯	
8	结构形式	装配式钢结构	
9	建筑耐火等级	地下一级、地上一级	
10	混凝土强度等级	基础筏板、地下室外墙	C35 P8
		钢筋桁架叠合楼板	C30
		钢结构芯柱	C70 自密实混凝土
11	抗震烈度	工程设防烈度	8 度
		抗震等级	1 级
12	地下防水	混凝土自防水	基础筏板、地下室外墙及相连框架柱均为抗渗混凝土、抗渗等级 P8
		防水材料	SBS 改性沥青防水卷材

1.3　项目平面图

项目平面图见图2。

图 2　项目平面图

2 公司简介

北京建谊投资发展（集团）有限公司（图3），始创于1992年，是一家涉及科技创投、资本运作、智慧城市、装配式钢结构住宅产业化、智慧运维、建筑大数据云平台服务、互联网科技、地产开发、设计施工总承包一体化（EPC）、装备制造等多业态的综合型集团公司。

图4 软件使用情况

硬件使用情况见图5。

图3 北京建谊投资发展（集团）有限公司

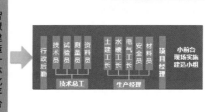

图5 硬件使用情况

3 软硬件使用情况

软件使用情况见图4。

4 BIM 团队建设

BIM 团队建设见图6。

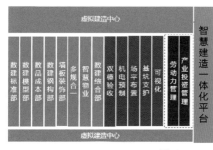

图6 BIM 团队建设

5 BIM 价值点应用分析

5.1 管线综合与碰撞检查（图7）

5.2 支持物资计划（图8）

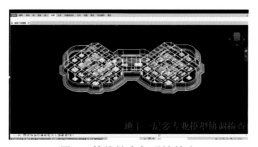

图7 管线综合与碰撞检查

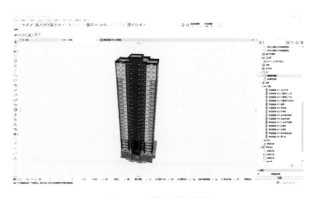

图8 支持物资计划

5.3 辅助生产管理（图9）

图9 辅助生产管理

5.4 进度跟踪（图10）

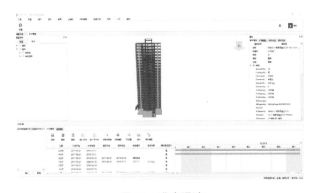

图10 进度跟踪

5.5 模型管理（图11）

3-1号钢结构模型　3-2号钢结构模型　3-8号地下车库钢结构模型

图11 模型管理

5.6 进度管理

首钢二通厂项目地下室结构形式为：地下室外墙为混凝土结构、地下室梁柱均为钢结构，钢柱内灌高强度自密实混凝土，楼板均为钢筋桁架楼承板＋现浇混凝土，2号楼17层顶板混凝土浇筑日期为2018年8月9日，2号楼24层顶板混凝土浇筑日期为2018年8月24日，即16天完成8层混凝土顶板的浇筑。

5.7 质量管理

地下室基础柱坑施工和钢筋绑扎施工质量控制见图12。

图12 钢筋绑扎施工质量控制

6 经验总结

（1）BIM价值：BIM并非是颠覆者，BIM工作方式只是对传统作业方式的补充和提升，主要反映在：

1）细化了信息管理的颗粒度；

2）加强了项目管理的透明度；

3）提升了数据管理的可靠度；

4）提高了信息交互的便捷度。

（2）BIM落地之路：BIM工作不是BIM小前台的工作，也不是单纯的BIM技术的范畴，BIM应用的落地和价值的发掘，最重要地是要深入了解业务，理解业务的痛点，寻找BIM的解决方案，让BIM和业务有机结合，才是不二之道。

（3）BIM实施的制约要素：BIM项目的实践不是一帆风顺的过程，制约其实施的要素林林总总，但其中一个重要的要素是项目管理流程的改变，人员和资源的匹配等，新的工作模式需要有相应的工作体系来匹配，需要日积月累，不断磨合。

A116 首钢二通厂南区棚改定向安置房项目 1615-681 地块虚拟建造

团队精英介绍

苏 磊

北京建谊投资发展（集团）有限公司、
CEO、总工程师
高级工程师、博士
北京市装配式建筑专家委员会委员
中国钢结构协会房屋建筑钢结构分会副秘书长
北钢协信息化与智能建造专业委员会执行会长
北钢协装配式专委会主任
白俄罗斯国家设计院董事

近 20 年来一直从事钢结构住宅设计与研究工作，发表论文 10 余篇，获得专利 10 余项。从业期间，作为技术负责人或主要参与人完成装配式钢结构建筑项目 50 余项，建筑面积总计约 100 万 m²。获得部级二等奖 2 项，部级三等奖 1 项。参与了多项国家"十三五"课题以及住房和城乡建设部科学技术计划项目等多项课题研究工作。

曹计栓

北京建谊投资发展（集团）有限公司副总工程师

高级工程师
一级建造师

获得省部级工法 2 项、省部级科技奖 2 项、授权专利 15 项，在国家核心及权威期刊发表论文 3 篇。

曹志亮

北京建谊投资发展（集团）有限公司副总工程师

一级注册结构工程师
高级工程师
北京钢结构协会专家委员会委员

先后获得专利 6 项，省部级工法 1 项，发表论文 5 篇。长期从事装配式钢结构建筑设计与研究工作；作为结构专业负责人参与过数十个项目设计工作，其中河源巴伐利亚庄园曾获得中国冶金建设协会勘察设计二等奖。

赵腾飞

北京建谊高能建筑设计研究院副院长

结构工程师
BIM 工程师
高级工程师

获得专利 2 项，发表论文 2 篇，参编著作 3 本，长期从事装配式建筑与BIM 工作。

吴继宇

北京建谊高能建筑设计研究院 BIM 技术总监

建筑学本科

6 年 BIM 项目咨询及管理经验，Autodesk 官方认证 BIM 工程师，全国 BIM 等级考试一级、二级工程师，图学会全国 BIM 等级考试考评员。

黄俊武

北京建谊高能建筑设计研究院 BIM 技术负责人

龙图杯全国 BIM 大赛（施工组）二等奖，BIM 二级证书（图学会），全国钢结构行业 BIM 奖，BIM 技术发明专利 1 项（个人专利）。

张艳霞

北京建筑大学教授、建筑工程系结构工程学科负责人

中国钢结构协会专家委员会委员
中国钢结构协会特邀常务理事

王 杰

北京建筑大学
博士研究生

从事大跨度钢结构体系研究，荣获国家级 BIM 奖 1 项，参与 2021 年度科技冬奥专项、"十三五"国家重点研发计划课题、国家自然科学基金等科研项目，发表论文 1 篇，发明专利 1 项。

王旭东

北京建筑大学
博士研究生

从事多高层装配式钢结构体系研究，曾获国家级 BIM 奖 2 项，参与 2021 年度科技冬奥专项、"十三五"国家重点研发计划课题、国家自然科学基金等科研项目。

金博文

北京建筑大学
硕士研究生

从事多高层装配式钢结构体系研究，曾获国家级 BIM 奖 2 项，参与 2021 年度科技冬奥专项、"十二五"国家重点研发计划课题、国家自然科学基金等科研项目，发表论文 2 篇，发明专利 1 项。

西安市韦曲街道九年制学校扩建项目

西安建筑科技大学

曹家豪　钟炜辉　包献博　杨东平　李卡特　李露　杜智洋　王建肖　张凯晨

1 项目简介

西安市长安区韦曲街道九年制学校扩建项目（图 1），位于韦曲北街和广场北路十字西北角。为满足日益增加的教学需求，现将 3 号、4 号、5 号、6 号教学楼进行扩建。扩建后总建筑面积 $5659.39m^2$，其中原有建筑面积 $2642.37m^2$，新建建筑面积 $3017.02m^2$。建筑层数地上 4 层（原为 2 层和 3 层），最大建筑高度 12.3m。是一栋集教学、实验、活动、餐饮、休息等功能为一体的现代化综合教学楼。

图 1　项目效果图

团队介绍：西安建大装配式钢结构研究院有限公司隶属于西安建筑科技大学资产公司，专注于装配式钢结构建筑工程的设计及咨询、装配式建筑相关产品的研发以及科技企业孵化的企业。

公司人员结构合理，专业齐全，以郝际平教授为学术带头人，85% 的员工具有博士学位，包括一级注册建筑师 3 人，一级注册结构工程师 6 人，高级工程师 6 人、教授 5 人、副教授 12 人。

团队在装配式钢结构建筑、超高层、空间结构、复杂结构等领域具有丰富的设计经验和科研创新实力，获得授权发明专利 40 多项。自主研发了装配式钢结构壁柱建筑体系成套技术和装配式钢框架与钢板剪力墙建筑体系成套技术体系。成果先后荣获华夏科技进步一等奖、陕西省科技进步一等奖 1 项，陕西省科技进步二等奖 2 项，《绿色装配式钢结构建筑体系研究与应用》入选第四届中国科协优秀科技论文遴选计划，围绕装配式建筑主编陕西省地方标准 2 项。系列成果应用于重庆、甘肃、安徽、陕西、新西兰等多个项目，已建和在建工程逾百万平方米，取得了显著的社会效益和经济效益。

2 钢结构装配式学校体系概述

项目需求分析：本项目作为已正常使用学校，在扩建过程中对建筑的安全性、建筑功能的多样性及施工的质量和工期都有着严格的要求。为保证新学期的正常教学工作，按照业主要求该项目于 2019 年 7 月开工，8 月底前完工，总工期 60 天。为保证项目顺利实施，西安建筑科技大学设计院选用西建大钢结构装配式学校体系中的部分专利技术，并以 BIM 全流程服务为辅助对本项目进行专项设计。其体系优点有以下几方面。

2.1 大空间，使用功能灵活可变

钢结构构件与传统混凝土相比强度高、截面小。同等情况下钢梁高度约为混凝土高度的 75%，钢柱截面尺寸约为混凝土柱的 60%，建筑无承重墙体，可根据后期使用需求随意分隔，增加实际使用面积 5%～8%。

2.2 工业化及装配化程度高

钢结构装配式构件均为工厂加工现场拼装，加工、施工精度高、质量好。可批量化生产，符合国家建筑工业化政策导向。装配化程度高，以本项目为例，根据国家装配式建筑评价标准，其

装配率可达到70％以上。

2.3 结构强度高，抗震性能好

钢结构具有良好的延展性，可以将地震波的能耗抵消掉，凭着自己特有的高延展性减轻了地震反应。钢结构相对于其他结构自重轻，这也大大减轻了地震作用的影响。对于地震高烈度区，特别是学校这类的对抗震要求更高一级的建筑，有着巨大的推广意义。

2.4 施工速度快，施工质量好

钢结构建筑施工速度快，其主体结构可3层同时安装，地上施工周期为传统混凝土建筑的1/3。现场采取栓焊结合的连接方式，所有连接检验均有相关规范控制。施工精度高，施工质量安全可靠。

3 项目建筑方案介绍

建筑通过外部连廊、内置楼梯、附加楼层等综合方式，将原本4栋独立教学楼有机结合形成一个整体。优化原有的建筑功能分区，在解决日常教学需求的前提下，增设了各类多功能教室，为校区建设现代化教学提供了硬件基础（图2）。

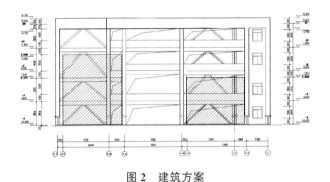

图2 建筑方案

4 项目结构方案介绍

结构选用钢框架支撑体系，钢柱为钢管柱，钢梁为H型钢梁。因项目工期较短，梁柱均选用成品型钢，仅需工厂简单加工便可运至现场安装。梁柱主构件选用栓焊连接方式，施工便捷可靠（图3）。

图3 结构方案

5 项目楼板及围护方案介绍

楼板采用钢筋桁架楼承板，实现了工业化生产，有利于钢筋排列间距均匀、混凝土保护层厚度一致，提高了楼板的施工质量。大部分钢筋均为工厂焊接，可显著减少现场钢筋绑扎工程量，楼板下部免支模，加快施工进度，增加施工安全保证，实现文明施工（图4）。

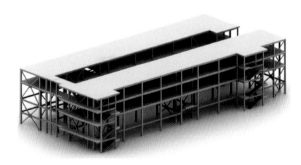

图4 楼板及围护方案

墙面围护采用成熟可靠的AAC墙板体系，体系造价经济、效率高，避免了后期墙板开裂、使用效果不佳等问题。墙面与主体结构接缝处采用喷涂式砂浆保温、防火、隔声一体化技术，解决了钢结构隔声、隔热不佳问题。围护采用自保温、免粉刷体系，装配程度高，做到了结构与围护一体化（图5）。

图5 墙面围护体系

6 BIM 设计应用

（1）图纸复原

本项目的原结构为砖混结构，但由于年代较早，相关的建筑结构资料不完整，故而在新结构设计前，需进行图纸复原，并建立三维模型。通过对原结构的图纸复原及三维模型的建立，了解原建筑的结构形式、位置、标高及尺寸，为后面的设计提供定位及依据，可以有效地节约时间成本，加快设计进度。

（2）正向设计

BIM 设计贯穿整个设计流程，摒弃传统不考虑综合造价，只控用钢量的错误做法。从设计之初通过 BIM 设计，结合原材料市场情况，对建筑方案、结构布置、构件规格、节点难易度等综合考虑。对结构用钢量、加工费用、安装周期全方位考虑，做到项目总体优化（图 6）。

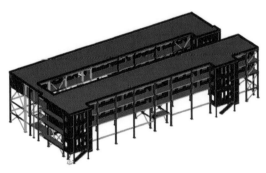

图 6　正向设计

（3）错漏碰缺

本项目根据施工图各阶段图纸内容，采用 BIM 技术发现设计问题 10 余处，碰撞问题 30 余处（图 7）。以上问题均在设计过程中解决，实现现场零变更，为项目节约综合成本约 20 万元。通过 BIM 全专业碰撞检测，提前发现工程中可能出现的问题，及时在设计阶段中解决，可以减少工地变更的情况，有效节约时间、经济成本。

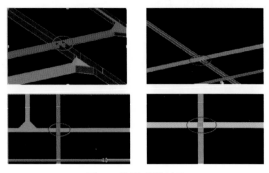

图 7　错漏碰缺检查

（4）构件加工图

通过 BIM 高精度模型（LOD400）进行各类预制构件精细化设计，包含主结构梁、柱、连接板、楼梯、墙板、楼板等。在施工图设计完成的同时提供各类构件加工图纸。利用 BIM 软件设计加工图，可省去二次深化流程。相比于传统形式的加工方式，可以协同考虑不同专业的要求，提高加工质量，节约工期、控制成本。

（5）施工阶段

现场实际施工进度与模拟施工模型实时对比，将工期安排精确到每一天（图 8）。有效控制施工进度，更加科学、规范地推进施工，可有效地对时间、成本和质量进行控制。施工前通过 BIM-film 对模型进行 4D 虚拟建造，从而提前发现施工问题，为实际现场施工提供指导建议。排除场地及天气等无法施工因素，项目主体实际施工工期仅为 50 天。

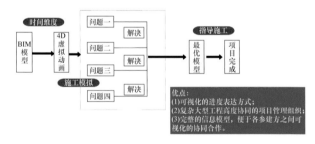

图 8　基于 BIM 技术进度计划编制流程

B119 西安市韦曲街道九年制学校扩建项目

团队精英介绍

钟炜辉
西安建筑科技大学土木工程学院副院长

工学博士
教授
博士生导师

发表科研论文 50 余篇，出版教材、著作等 10 部，获国家专利 20 余项。2012 年获陕西省科学技术奖二等奖，2018 年获陕西省科学技术奖一等奖，2019 年获中冶集团科学技术奖一等奖，2015、2017、2019 年分别获陕西省教学成果奖一等奖，2018 年获校第五届"青年教师标兵"荣誉称号。

曹家豪
西安建筑科技大学在读博士研究生

包献博
西安建筑科技大学在读硕士研究生

杨东平
西安建筑科技大学在读硕士研究生

先后取得国家专利 2 项，发表论文 2 篇。

先后取得国家专利 13 项。

李卡特
西安建筑科技大学在读硕士研究生

李 露
西安建筑科技大学在读硕士研究生

杜智洋
西安建筑科技大学在读硕士研究生

先后取得国家专利 2 项。

王建肖
西安建筑科技大学在读硕士研究生

张凯晨
西安建筑科技大学在读硕士研究生

先后取得国家专利 6 项。

青岛海天超高层钢结构施工中的 BIM 应用

中建八局钢结构工程公司

张玉宽　张文斌　吕彦雷　贺斌　王帅　聂凯　杨淑佳　刘明智　高远　徐烁　等

1 项目简介

1.1 工程概况

海天中心项目地处青岛市南区香港西路繁华地段，总建筑面积约 49.4 万 m^2，其中地下室 6 层；地上 3 栋超高层塔楼及东西裙房，塔冠最高处 369m（图1）。

图1　项目效果图

钢结构介绍：

钢结构分布于地下室，T1、T2、T3 塔楼，东、西裙房及塔冠处，总用钢量约 5.1 万 t，钢结构最大板厚 110mm，最大跨度为 58.8m，单件最重 32t，主要材质为 Q345B、Q345C、Q390C、Q390GJC、Q420GJC。

T1/T3 塔楼地上 42/54 层，框架-核心筒结构体系，主要构件有核心筒十字形钢柱、钢板墙、H 型钢梁，外框 H 型钢柱、约束钢管混凝土柱以及塔冠，总用钢量约 3000t/4000t。

东西裙房主要为劲性钢柱、箱形柱、钢桁架等，总含钢量约 3000t。

T2 塔楼地上 73 层，为带加强层的框架-核心筒结构体系，主要构件有核心筒十字形钢柱、钢板墙、H 型钢梁、伸臂桁架，外框钢管柱、箱形柱、腰桁架、塔冠及钢筋桁架楼承板等，总用钢量约 4.1 万 t（图2）。

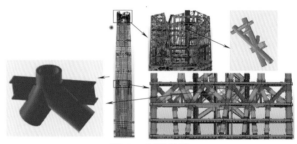

图2　主要构件

1.2 团队介绍

中建八局钢结构工程公司是钢结构工程专业公司，拥有钢结构设计院、钢结构制造厂（制造特级）、检测中心、自有劳务公司、吊装公司，是集设计、科研、咨询、施工、制造于一体的国有大型钢结构公司。公司是中国钢结构协会、中国建筑金属结构协会、上海市金属结构行业协会的会员单位，是《钢结构》《施工技术》《建筑施工》杂志社理事单位，上海市高新技术企业。公司总部设于上海浦东。

青岛海天 BIM 小组由公司总工冯国军带领，从深化理念到具体实施都做了详细深入的研究探讨，攻克了各种的 BIM 难题。

2 BIM 实施策划

2.1 应用目标

目标：应用 BIM 技术提升项目管理水平，提升工程整体价值。

2.2　组织架构（图3）

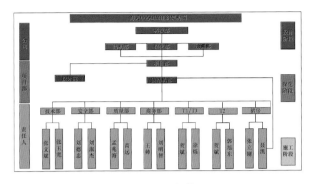

图3　组织架构

2.3　管理流程（图4）

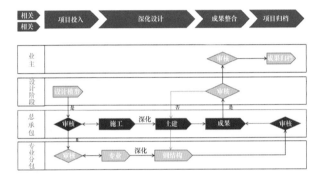

图4　管理流程

2.4　软、硬件准备（表1、表2）

软件准备　　　　　　表1

序号	名称	用　　途
1	SolidWorks	模型的碰撞检查
2	Rhino	专业3D造型软件
3	AutoCAD	用于二维绘图、详细绘制、设计文档和基本三维设计
4	Tekla	钢结构详图设计软件
5	Midas	结构设计有限元分析
6	Analysis	通用有限元分析软件
7	Revit	建筑信息模型（BIM）构建
8	3ds max	三维动画渲染和制作软件
9	Navisworks	可视化和仿真，分析多种格式的三维设计模型

硬件准备　　　　　　表2

序号	名称	数量	用途
1	台式电脑	7	BIM模型创建与应用
2	IPAD	2	移动端BIM应用
3	触屏电脑	1	各类BIM应用文件的查阅
4	全息展示柜	1	展示BIM模型
5	VR眼镜	1	BIM＋VR应用

3　BIM应用

3.1　设计阶段BIM应用

包含设计模型创建、协同设计及空间协调、节点优化、箱形柱顶板优化、梁柱节点区优化（图5）。

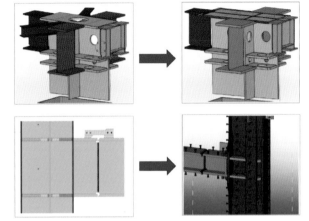

图5　设计模型优化

超高层顶部造型安装幕墙埋件难度非常高，需跨专业解决，利用钢结构Tekla模型转化为犀牛软件，再转化为钢结构模型，钢结构出图。

3.2　深化阶段BIM应用

（1）深化设计图纸创建：

针对项目钢构件空间位置关系和截面形式多变的特点，决定对复杂异形构件采用AutoCAD、SolidWorks进行精细建模，其余钢构件采用Tekla深化。

（2）设计变更和图纸会审管理：

通过BIM平台整理记录变更和图纸会审，将信息公开，各个专业可同时查看相关内容，为项目提供检查核对的依据。

（3）铸钢件深化：

铸钢件出深化图时，图纸中构件属性与模型关联，模型修改时，工程图同时更新；也可以任意调整定义模型的视图属性，增加铸钢件图纸表达的多角度性，提升了图纸表达的清晰度。

3.3　加工阶段BIM应用

（1）生产管理系统

该系统对钢结构制造生产企业的产品信息、

物资、工艺、生产执行、下料、成品跟踪、成本核算、人事等业务进行管理，是钢结构制造领域功能强大、全面的综合管理系统，是生产协同指挥的信息平台。

（2）板材/型材自动套料

1）板材套料特点。

① 全自动排版，材料利用率高。

② 可以导出各种详尽报表。

③ 方便与企业已有的 ERP、MIS 等管理软件连接。

④ 材料预算功能，可以帮助规划生产与材料采购等。

⑤ 余料生成与保存，自动计算出余料形状，为下次利用余料排版做准备。

2）型材套料特点。

① 自动匹配规格和材质进行套料，自动进行合理拼接套料。

② 支持错缝拼接。

③ 可生成排版明细表、余料统计表、拼接明细表、所用型材表、所排零件表。

3）无纸化下料特点。

① 无需打印排版图纸，可直接在手机、PAD 等移动终端查看套料图中零件信息、余料信息。

② 建立下料管理信息集中工作台，链接进行各相关事项操作、查询追溯。

③ 创领互联网＋下料管理新模式。抛弃纸质排版图和零件图，进行无纸化套料、切割、零件流转、切割结算。

④ 项目及零部件的利用率、材质跟踪情况、套料人员绩效、切割成本、切割人员绩效展现。

⑤ 零件状态实时跟踪。

⑥ 套料用量自由分类汇总统计。

⑦ 余料逐级追溯。

3.4 施工阶段 BIM 应用

包含 BIM 的三维交底、物料管理、基于 BIM 的场地布置、进度可视化应用、质量安全 BIM 应用、带抗剪键柱脚螺栓定位技术、约束管柱施工技术、锯齿边模施工技术、加强层施工技术、宴会厅钢桁架整体提升技术、测量 BIM 应用、三维激光扫描技术应用、双曲面单层管桁架无支撑安装技术、商务管理 BIM 应用。

4 总结及展望

（1）总结：海天钢结构项目部根据项目特点，和施工进展动态调整总承包模式的管理框架，成立了 BIM 工作室，深化设计部，科技部等部门。严格推行总承包管理工作的制度化，流程化和标准化。力抓计划先行，过程控制和节点考核，确保工程施工各项指标整体受控。

BIM 实施过程中经常会遇到"两层皮"运作的尴尬局面，普及难度大，其根本原因就是施工人员未能理解看到 BIM 真正的内含，正是这种困难促使海天钢结构项目部积极创新，研发一套属于自己的 BIM 管理模式——"海天模式"。

（2）海天模式：项目管理团队联动管理人员和劳务人员，将线上线下结合起来，通过 BIM 培训，普及 BIM 管理的便利，不断提高劳务对 BIM 的认知，纵向管理做到从下到上的应用，横向管理做到单位和单位之间，部门和部门之间，管理人员和劳务之间的无缝配合，积极推进 BIM 应用，优化 BIM 管理，积极创新，多实践，提高人员积极性，做到 BIM 施工管理上的"O2O"。

基于 BIM 的项目过程管理，提高了项目产出和团队合作 79%，提高企业竞争力 66%，减少 50%～70% 的信息请求，缩短 5%～10% 的施工周期，减少 20%～25% 的各专业协调时间。

（3）下一步计划。

1）在 BIM 应用过程中，不拘泥于常用型软件，针对项目实际情况，选用合适的 BIM 软件能更精确、快速地完成深化任务，节省时间，加快进度。

2）三维扫描仪的使用，提高了构件的加工和安装质量。

3）使用了 Advance steel 软件，其拥有较 Tekla 更加完整的节点规范，对于钢楼梯、桁架等钢制件可更快捷地创建出模型，同时与 Revit、Navisworks 等 BIM 软件进行零障碍数据共享，提高建模效率。

相信通过努力实践，我们将成为这些数据的创造者和见证者。BIM 的工程管理模式是数字模式，是创建信息、管理信息、共享信息的数字化方式，是建筑行业数字化管理的发展趋势，它对于整个建筑行业来说，必将产生更加深远的影响。

团队精英介绍

张文斌
中建八局钢结构工程公司山东分公司总工程师

一级建造师
注册安全工程师
高级工程师
工学硕士

从事钢结构施工管理 14 年，参建马钢新区煤气柜、1580 热轧生产线、2250 冷轧生产线等冶金系统工程，宿马工业园保障房 EPC 总承包项目、中央美术学院、青岛海天中心等标志性工程，获得专利 10 项，国家级项目管理成果奖 2 项，国家级 BIM 大赛奖 4 项，2020 年中国钢结构行业优秀建造师称号。

吕 洋
中建八局钢结构工程公司中央美术学院青岛校区项目总工

工程师
工学硕士

负责钢结构施工管理技术工作，先后参建济南遥墙机场扩建北指廊工程，智联重汽项目，海天大酒店改造项目（海天中心）一期工程项目，中央美术学院青岛校区项目等标志性工程，获得专利 3 项，SCI 论文 2 篇，2020 年被评为公司"2019 届优秀见习生"。

贺 斌
中建八局钢结构工程公司中央美术学院青岛校区项目执行经理

注册安全工程师
工程师

从事钢结构施工管理 8 年，参建杭州国际博览中心、青岛海天中心等标志性工程，获得专利 4 项，省级工法 1 项，省级 QC 成果 1 项，国家级 BIM 大赛二等奖 1 项。国家级项目管理成果 I 类成果 1 项，2020 年被评为公司"优秀员工"。

王 帅
中建八局钢结构工程公司红岛配套项目商务经理

一级建造师
工程师

从事钢结构商务管理 9 年，参建杭州国际博览中心、上海海昌极地海洋世界、青岛海天中心等标志性工程，获得国家级 BIM 大赛二等奖 1 项。国家级项目管理成果 I 类成果 1 项，2017 年被评为公司"优秀员工"，2020 年公司优秀导师带徒。

杨淑佳
中建八局钢结构工程公司山东公司施工管理部业务经理

工程师

负责分公司各项科技成果申报，BIM 技术推广，先后荣获国家级 BIM 奖 3 项，省部级 BIM 奖 2 项。

徐 烁
中建八局钢结构工程公司中央美术学院青岛校区项目生产负责人

工程师

从事 3 年的项目管理工作，先后取得专利 2 项；省级 QC 成果 1 项；省级科技成果 1 项；国家级 BIM 奖 1 项。

四、优秀奖项目精选

苏州第二图书馆工程钢结构 BIM 技术综合应用

苏州第一建筑集团有限公司，江苏鼎思科技发展有限公司

周伟　韩雄　王赟　俞晓敏　倪晓平　曾宇皓　袁润　游辰　杜显锐　叶爱兵

1　工程概况

项目工程概况如图 1 所示。

名　称	苏州第二图书馆工程
结构形式	钢骨混凝土框架结构与外围大倾斜扭转钢框架结构体系
设计单位	德国GMP国际建筑设计有限公司 东南大学建筑设计院有限公司
代建单位	苏州建设(集团)有限责任公司
总承包施工单位	苏州第一建筑集团有限公司
监理单位	苏州中润建设管理咨询有限公司
项目特点	造型独特，结构施工复杂，高大空间多，涉及大体积混凝土、钢结构、预应力、不规则幕墙，大角度斜钢柱、智能化书库、高精度地坪、清水混凝土等，工期紧
工程目标	全国3A级标准化文明工地 全国建筑业绿色施工示范工程 争创"鲁班奖"
使用功能	国内首个大型智能化书库 高端信息服务新平台 可容纳700余万册藏书
其他	建筑面积：45553m² 地下1层、地上6层

图 1　项目工程概况

2　公司简介

苏州第一建筑集团有限公司位于苏州工业园区东旺路 28 号，始建于 1952 年，现有房屋建筑施工总承包特级、建筑设计甲级、两个总承包壹级和五个专业承包壹级资质。公司始终把产品质量和业主的利益放在首位，实施质量、环境、职业健康安全管理三合一体系，遵循"守约、保质、薄利、重义"的原则，贯彻"顾客的满意是我们持续改进和永恒追求的目标"的企业宗旨，发扬"敬业、互爱、求实、争先"的企业精神，为业主和用户提供一流的服务。多年来，公司建设的多个项目，获得了鲁班奖、国家优质工程奖以及国家级新技术应用示范工程、国家 AAA 级安全文明工地、全国建筑业绿色施工示范工程、中国安装之星和中国钢结构金奖等诸多国家级奖项。

本着以项目为依托，组建培训 BIM 技术人才为设想，通过多个项目的应用实践，现已形成技能熟练的 BIM 技术团队，并在苏州第二图书馆工程 BIM 技术综合应用中发挥了积极作用。

3　项目 BIM 技术简介

3.1　BIM 组织框架

BIM 组织框架如图 2 所示。

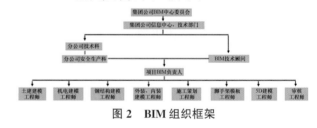

图 2　BIM 组织框架

3.2　BIM 技术应用背景

（1）国家推行 BIM 技术应用，各个省份相继发文促进 BIM 技术发展，各个相关企业相继在不同程度地应用 BIM 技术。

（2）本工程为总承包施工管理，涉及土建、钢结构、机电及外装等多个专业，整个外立面由不规则幕墙及钢结构大角度斜钢柱组成，高大模板支撑系统多，还运用了预应力、清水混凝土等特殊施工工艺，采用 BIM 技术来服务于现场施工。

3.3　BIM 技术应用软件

多软件的 BIM 体系，在图书二馆 BIM 技术应用过程中，先后涉及十余种软件的学习与应用，如 Revit、品茗软件等。

3.4 BIM 实施目标

BIM 小组以建立模型为出发点,将本工程涉及模型建立出来,利用三维动态、可视化、虚拟建造、可出图等特性,以模型整合为开端,以深化设计为指引,横穿整个施工过程,并将 BIM 应用成果延伸至后期运营阶段,最大化地服务于项目。

(1)解决各专业的设计深化及工序安排之间的矛盾;

(2)保证施工节点工期顺利推进;

(3)提高项目部的综合管理水平、成本控制能力和项目目标的实现;

(4)提高企业核心竞争力,拓展信息技术应用范围。

3.5 BIM 技术应用点

在 BIM 技术应用过程中,通过交流和学习,各个模块负责人与现场相结合,加强相关软件的研究,不断学习和总结,实时调整和优化 BIM 技术应用点,有关应用点在应用过程中取得了很好的效果。

3.6 BIM 组织实施

(1)BIM 应用整体思路:以加强常规应用,扎实基础为策略,以 BIM 模型资源整合为开端,以深化设计为指引,以服务施工为原则,以控制成本为目标,为后续 BIM 技术的深化应用做准备。

(2)理解先于行动,BIM 技术应用以交流和学习,贯穿整个过程,也是我们今后一阶段的计划和方向,实时总结和学以致用。

(3)利用 BIM 技术这一平台,与现场相联系,加强相关专业(土建、钢结构、机电、外装等)的学习,加强 BIM 技术在土建与机电专业方面的集成应用,提高工作效率。

(4)通过苏州第二图书馆工程,结合品茗的培训和学习,为后续 BIM 技术的深入发展积累技术准备和理论储备,提高 BIM 小组成员之间及小组成员与项目管理人员的交流与合作。

3.7 BIM 技术培训和学习

(1)积极参加由广联达、鲁班、品茗组织的 BIM 交流会,踊跃参与由科创杯、中建协等组织的 BIM 交流活动,拓展小组成员对 BIM 技术的认识,及时总结在运用 BIM 技术过程中存在的不足,查漏补缺。

(2)加强 BIM 技术常规训练和学习,积极参加由图学学会组织的 BIM 等级考试,加强实操训练,持证上岗,以后 BIM 技术参数化应用及招投标阶段对 BIM 资质证书的需求做准备。

(3)加强与项目部管理人员及现场施工班组的沟通交流,项目部定期组织 BIM 知识宣传,提高大家对 BIM 知识的认识。

4 BIM 技术综合应用

4.1 基于 BIM 云平台的信息

通过云平台,小组成员将各个模型上传到其中,以供 BIM 小组成员及时调取和更新模型,便于后期各类资料的管理。

4.2 基于 BIM 云平台的协同管理

包含专业模型整合、模型整合-碰撞检查、安全文明施工模型整合。

4.3 深化设计

前期在建模过程中,钢构、土建、机电 BIM 建模成员,相互印证,及时发现各专业搭接存在的问题,及时联系解决,明确布置原则,并向项目部管理人员反馈,服务现场施工。

在建模过程中及时发现图纸存在的问题,以提疑的方式,及时与设计部门联系解决,做好图纸变更,根据设计变更,实时调整模型,并将变更后的模型反馈给现场管理人员及施工班组,保证模型与变更及现场的同步性。

清水墙施工是现场施工的难点之一,也是 BIM 技术应用的难点之一,小组成员攻坚克难,完成钢结构模型与清水墙模型的整合,及时明确门窗预留洞位置,在施工前确定,为后续技术交底和相关工程量统计做好前期准备工作。

4.4 三维场布

对施工现场各阶段总平面精细部署,通过三维可视化,优化各类临时设施(如生活区、土办公区等),确保施工可行性的同时,实现施工现场合理且规范的布置。

4.5 虚拟漫游

包含三维浏览和三维交底。

4.6 虚拟施工

通过施工全过程虚拟施工模拟，在屏幕上显示出当前的施工进度，动态直观地了解每个施工环节，便于项目部优化施工方案，合理组织施工。

4.7 科学管理

包括安全管理、技术质量管理、成本控制。

4.8 基于5D的成本管理管理体系

包括模型与进度关联、模型与工程量清单关联、模型与施工资料关联、快速工程量统计、物资提取、快速工程量统计、物资提取等。

5 人才培养成长及改进方向、措施

（1）公司定期组织 BIM 小组成员进行 BIM 培训学习，培训合格取得相应证书。

（2）为 BIM 技术能够更好地服务于项目，加强 BIM 软件的学习，项目部组织 BIM 知识宣传，提高大家对 BIM 知识的认识。

（3）为提高 BIM 技术的推广和应用，公司制订奖励措施，激励广大员工学习 BIM 热情。

（4）为在全公司推广和应用 BIM 技术，公司与专业 BIM 软件公司签订合作关系，由专门 BIM 团队对 BIM 小组成员进行培训，并进行考核，考核通过者给予合格证书（图3）。

图 3　BIM 技术人才培养

6 BIM 技术应用效益及经验教训

本工程通过 BIM 技术应用，本工程已取得一定效益。

（1）在本项目 BIM 实施中，解决了各专业采用不同软件建模，无法整合（数据丢失）的问题，成功地解决了土建、机电、外装及钢构各专业的设计深化、专业配合、合理布置、工艺组合、工序安排之间的矛盾，保证了施工进度如期、顺利推进，节约了工期及施工成本，保证了施工质量。本项目综合管线碰撞点共计 386 处，节约直接经济效益约 94.8 万元。通过可视化技术节约与各方协调联络时间约 20 天，缩短工期约 30 天。

（2）通过生成的预留洞平面图及预留套管清单，可以精确地对现场预留洞及预留套管进行留置，无遗漏，减少了各专业交叉施工造成的返工。

（3）利用模型三维技术，模拟施工，对施工方案进行优化；利用模型横切竖剖功能，进行三维技术质量及安全交底，加强了现场管理和施工人员对施工工艺、质量要求及危险源的直观认知，避免了现场返工及安全隐患。

（4）通过 P-BIM 云平台使用，实现了模型资源共享，加强了各专业间的协同，形成电子化办公，不仅节约纸张，还加快了工作效率。

（5）通过 P-BIM5D 应用，能及时合理安排材料进出场、机械配备和施工人员的调配，实现了有效决策和精细管理，达到了减少施工变更、控制成本、提示质量的目的。

（6）在施工中还需要加强现场数据的及时反馈收集，完善 BIM 模型数据，为今后的运维提供更加可靠的信息。

7 总结及下一步计划

本工程 BIM 顺利应用得益于各方的高度配合，取得了一定的社会、经济效益，我们将继续完善和优化 BIM 技术，为苏州图书二馆的运维管理，提供更加完整的工程信息。BIM 信息化技术，已影响到建筑施工的整个工作流程，并以成为建筑行业转型升级的重要技术手段，巨大的市场需求为 BIM 技术的应用，提供了良好的实践环境和发展机遇。在以 BIM 技术为基础的数字化技术应用过程中苏州一建将秉承敬业、互爱、求实、争先的企业精神，始终坚持以客户满意为宗旨，加强数字化技术在工程建设项目中高质量的运用，穿云破雾，引领未来。

A007 苏州第二图书馆工程钢结构 BIM 技术综合应用

团队精英介绍

周 伟
苏州第一建筑集团有限公司钢结构工程分公司总工程师

高级工程师
一级建造师

苏州市建筑行业协会专家。完成苏州市级科研课题 2 项、江苏省级科研课题 1 项，获省优秀科技成果二等奖，国家级 BIM 奖项 2 项，省级 BIM 奖项 2 项，省级科技奖 1 项，主持 6 项江苏省优质工程"扬子杯"工程，3 项钢结构金奖工程，2 项鲁班奖项目。

韩 雄
苏州第一建筑集团有限公司钢结构工程分公司

高级工程师
二级建造师

获国家级 BIM 奖项 1 项，主持建筑施工工程获"姑苏杯"工程 4 项，"扬子杯"工程 4 项，获钢结构金奖 1 项。发表论文 6 篇，曾获省土木协会优秀论文一、二等奖。

王 赟
苏州第一建筑集团有限公司钢结构工程分公司

高级工程师
一级建造师

获国家级 BIM 奖项 1 项，主持建造施工工程获"扬子杯"工程 2 项，获"姑苏杯"工程 2 项，获"江苏省建筑施工文明工地"2 项，获钢结构金奖 2 项。发表论文 6 篇，曾获省土木协会优秀论文一、二等奖。

俞晓敏
苏州第一建筑集团有限公司

高级工程师
一级建造师

获国家级 BIM 奖项 1 项，发表论文 4 篇，参与 5 项江苏省优质工程"扬子杯"工程创建。

倪晓平
苏州第一建筑集团有限公司

工程师

完成市级科研课题 1 项，发表论文 5 篇，国家级 BIM 奖项 2 项，省级 BIM 奖项 2 项，省级科技奖 1 项，主持参与 5 项江苏省优质工程"扬子杯"工程创建，1 项中国钢结构金奖工程创建。

曾宇皓
苏州第一建筑集团有限公司

工程师
二级建造师

从业 11 年，获国家级 BIM 奖项 1 项，发表论文 2 篇，参与 3 项江苏省优质工程"扬子杯"工程创建，1 项中国钢结构金奖工程创建。

袁 润
江苏鼎思科技发展有限公司

一级建造师

2012 年开始先后负责为苏州第一建筑集团有限公司、苏州市华丽美登装饰装潢有限公司信息化建设，所负责的苏州第一建筑集团有限公司信息化建设被评为中国建筑业协会"全国建筑企业信息化建设优秀案例"。

游 辰
苏州第一建筑集团有限公司

工程师

从事 4 年 BIM 管理工作，作为多个项目 BIM 负责人，先后荣获国家级 BIM 奖项 4 项，省级科技奖 2 项，发表论文 2 篇。

杜显锐
苏州第一建筑集团有限公司

二级建造师

获国家级 BIM 奖项 1 项，发表论文 1 篇，参与 4 项江苏省优质工程"扬子杯"工程创建，1 项中国钢结构金奖工程创建。

叶爱兵
江苏第一建筑集团有限公司

二级建造师

获省级 BIM 奖项 1 项，长期从事钢结构设计、深化设计，先后主持完成了多个钢结构项目深化设计。参与 2 项中国钢结构金奖工程创建。

BIM 技术在洛阳市隋唐洛阳城应天门遗址保护展示工程中的综合应用

河南六建建筑集团有限公司

王贤武　宋福立　马艺谭　崔萌　豆旭辉　周海亮　周鸿儒　田建勇　张国亮　徐卫东

1 单位及项目简介

1.1 项目简介

洛阳市隋唐洛阳城应天门遗址保护展示工程位于洛阳市定鼎路与凯旋路交叉口原隋唐故城应天门遗址上,总建筑面积30080m²,地上9层,总高50.1m,分为城楼、朵楼、阙楼和连廊四个部分。青砖铜瓦、重檐庑殿、一带双向三出阙,为仿唐式城楼建筑风格(图1)。

图 1　项目效果图

1.2 单位简介

河南六建建筑集团有限公司是一家具有建筑工程施工总承包特级,集钢结构专业承包、市政桥梁、地基与基础等多项壹级资质为一体的大型建筑施工企业。公司先后获得10项鲁班奖和9项国家优质工程银质奖,是河南省建筑业骨干企业(图2)。

图 2　河南六建

2 采用 BIM 技术的原因

(1)造型复杂:工程仿古建筑造型复杂,大跨度空间钢结构深化放样、制造和安装难。

(2)基础预应力张拉控制难:基础结构预应力施工阶段分析和张拉控制难。

(3)多专业协同施工:项目专业工程多且复杂,工期紧,施工组织管理难。

(4)质量目标高:工程质量目标为确保中州杯争创鲁班奖。

3 BIM 团队介绍及软、硬件配置

BIM 应用组织架构如图 3 所示。

成员	运用BIM技术时间	分工	职位
陈红苗	3	统筹协调BIM模型建立及实施情况	BIM领导小组组长
王贤武	3	项目BIM实施全面管理	项目BIM经理
颛浩杰	5	项目BIM应用协调及技术管理	项目BIM总协调
周海亮	3	模型建立、维护	土建BIM小组负责人
田建勇	3	有限元分析	土建BIM小组成员
周鸿儒	3	模型建立、维护	土建BIM小组成员
陈玲娣	10	预算导入、关联	土建BIM小组成员
宋福立	6	钢结构BIM实施组织协调	钢结构BIM小组组长
豆旭辉	6	钢结构深化出图	钢结构BIM小组成员
崔萌	6	工艺深化	钢结构BIM小组成员
马艺谭	6	模型深化	钢结构BIM小组成员
张国亮	1	安装专业BIM应用协调	机电BIM小组组长
陈裕宾	3	给水排水、消防模型建立	机电BIM小组成员
王超超	2	电气、喷淋模型建立	机电BIM小组成员
王正杰	2	暖通模型建立	机电BIM小组成员
李富铭	1	BIM落地应用及协调管理	BIM实施小组组长
王杰	2	BIM落地应用及协调管理	实施小组成员
罗彦海	2	BIM落地应用及协调管理	实施小组成员
陈广阳	1	BIM落地应用及协调管理	实施小组成员

图 3　BIM 应用组织架构

项目BIM小组培训如图4所示。

图4 项目BIM小组培训

4 BIM技术应用情况

4.1 钢结构深化设计

钢结构深化设计：采用Tekla软件建立钢结构三维深化设计模型，以三维实体的形式呈现构件信息。通过可视化三维模型能直观地发现构件碰撞位置，减少了因为图纸问题而导致的生产加工错误，大大地加快了项目的整体进度（图5）。

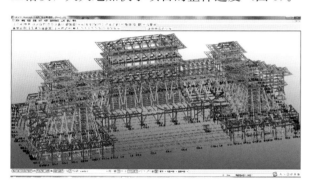

图5 钢结构深化设计

4.2 钢结构节点优化

钢结构节点优化设计：利用BIM技术三维可视化模拟复杂节点的深化设计，解决并优化了图纸中存在的节点不明、结构碰撞、工艺复杂等问题。利用Tekla建模深化，通过非标节点一点一议的原则，共形成节点优化报告48份，均得到设计认可（图6）。

4.3 基于BIM技术的图纸协作管理

多用户协作图纸管理：利用BIM技术协同性、关联性的特点，方便进行多人协作深化图纸工作。在具体调图工作中，根据工作的难易程度和人员的自身素质来进行工作的配置，避免出现图纸返工，进而影响施工工期（图7）。

型钢交叉撑优化前　型钢交叉撑优化后　型钢交叉撑实际施工

斜柱与箱形梁　　斜柱与箱形梁　　实际施工节点
节点优化前　　　节点优化后

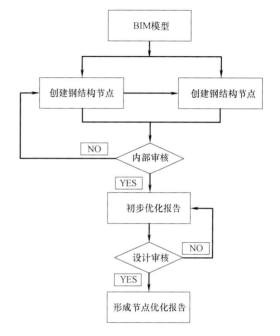

图6 钢结构节点优化

Tekla服务器界面　　多用户建模界面　　图纸分配界面

A3图纸发放　　　　构件制作实例

图7 BIM技术图纸协作管理

4.4 基于BIM模型的三维可视化交底

三维可视化交底：利用BIM技术的可视性、模拟性，采用三维效果图和动画进行技术交底；利用三维交底的可视化，实现所见即所得，提高交底的效率。

4.5 有限元分析

节点有限元分析：运用 ANSYS 实体有限元分析，对复杂节点、铸钢件和锚垫板进行有限元仿真分析，用于指导实际施工。

4.6 钢结构排版套料

本工程体量大，零件多达数万件，采用传统手工套料效率低、错误率高、材料利用率低，可追溯程度低。

通过 Tekla 数据交换接口输出 NC 数控文件，导入 Sinocam 自动套料软件，根据原材料规格自动生成排版图，具有以下优点：

（1）排版图、零件大样、数控文件自动生成，效率高；

（2）材料使用统筹规划、异形件合理化组合，材料利用率提高 0.8%；

（3）原材料利用率自动计算，材料成本一目了然；

（4）物资部据图限额领料，余料过磅，材料消耗控制信息化。

4.7 基于 BIM5D 质量安全管理

基于 BIM5D 软件平台的质量协同管理功能，施工人员打开手机客户端，项目自身"一目了然"地呈现在面前，质量检查不再依赖某个人，质量检查非常清楚、快捷，降低了漏检的几率，更容易实现项目目标的管控（图8）。

图 8　质量安全管理流程

4.8 工程量清单管理

传统工程量清单需人工套料后与图纸进行挂接，修改困难。利用 BIM 技术一致性、关联性的特点，图纸创建时同时创建清单报表，清单中的数据与图纸和模型文件实时相关联（图9）。

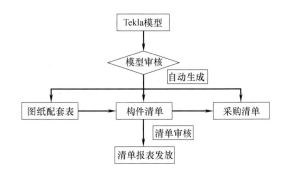

图 9　工程量清单管理流程

5　创新点、主要成果、应用效益

创新点：基础预应力张拉、应力监控监测、顶管预应力梁设计理念、顶管预应力梁体系、工程结构体系等（图10）。

图 10　获奖证书

6　人才培养成长及改进

近年来集团公司高度重视 BIM 技术的应用，BIM 中心通过凝聚骨干重点攻关，加强培训力度，组织内部 BIM 培训百余人次，新成立 11 个 BIM 工作站，通过重点工程示范引领，以点带面地全面提升公司 BIM 技术应用能力。

7　下一步 BIM 技术实施计划

展望未来，应天门遗址保护工程 BIM 技术应用小组在 BIM 技术中心领导下将继续秉承"诚信求实，学习创新"的企业精神，立足于服务生产，重点做好 BIM 技术在机电安装工程和仿古装饰装修工程的应用，为打造精品工程贡献力量。

A032 BIM 技术在洛阳市隋唐洛阳城应天门遗址保护展示工程中的综合应用

团队精英介绍

王贤武
总经理助理、项目经理
高级工程师

从事 BIM 专业 6 年，先后获得鲁班奖 1 项、国家级 BIM 大赛 3 奖项项、省级 BIM 大赛奖项 1 项，全国钢结构工程优秀建造师、"工人先锋号"优秀项目经理，专利 3 项，工法 3 项，先后完成了河科大一附院新建门诊楼、应天门遗址保护展示工程等多个项目。

宋福立
副总工程师
工程师

长期从事钢结构 BIM 管理工作、深化设计。先后获得鲁班奖 1 项、国家级 BIM 大赛奖项 3 项、国家钢结构金奖 2 项、省级 BIM 大赛奖项 4 项，专利 4 项，工法 6 项。

马艺谭
工程师

长期从事钢结构 BIM 管理工作、深化设计。先后主持完成了多项钢结构古建筑、钢结构桥梁的深化及制作。先后获得了国家级 BIM 奖 1 项，省级 BIM 奖多项和中国钢结构金奖项目 1 项。

崔萌
工程师

从事 BIM 专业 6 年，先后取得专利 4 项，工法 1 项，获得国家级 BIM 大赛奖项 1 项，省级 BIM 大赛奖项 3 项，先后完成了应天门遗址保护展示工程等多个项目。

豆旭辉
工程师

长期从事钢结构技术管理工作，曾先后主持多个建筑钢结构和钢结构桥梁的策划、负责公司各项技术成果申报工作。先后荣获国家级 BIM 奖 1 项，省级 BIM 奖多项，取得多项优秀施工工法和专利。

周海亮
工程师

从事 BIM 管理工作 6 年。获鲁班奖 1 项，先后获得国家级 BIM 大赛奖项 2 项，省级 BIM 大赛奖项 1 项，专利 2 项，工法 3 项，省级 QC 成果 2 项，论文 5 项。

周鸿儒
工程师

从事 BIM 管理工作 6 年。先后获得国家级 BIM 大赛奖项 1 项、省级 BIM 大赛奖项 1 项，专利 2 项，工法 2 项，国家级 QC 成果 1 项，省级 QC 成果 1 项，论文 2 项。先后完成了河科大一附院新建门诊楼、应天门遗址保护展示工程等多个项目。

田建勇
总工程师、助理工程师

从事钢结构 BIM 管理 7 年，先后获得国家级 BIM 大赛奖项 3 项、国家钢结构金奖 1 项，省级 BIM 大赛奖项 1 项，专利 2 项，工法 3 项，省级 QC 成果 1 项，论文 3 项，先后完成了应天门遗址保护展示工程等多个项目。

张国亮

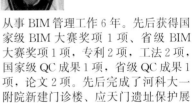

从事 BIM 管理工作 6 年，先后获得国家级 BIM 大赛奖项 1 项，省级 BIM 大赛奖项 1 项，先后完成河南科技大学第一附属医院新建综合门诊楼、隋唐洛阳城应天门遗址保护展示工程等多个项目。

徐卫东
工程师

从事 BIM 管理工作 6 年，先后获得国家级 BIM 大赛奖项 1 项，省级 BIM 大赛奖项 1 项，先后完成河南科技大学第一附属医院新建综合门诊楼、隋唐洛阳城应天门遗址保护展示工程等多个项目。

国电投长垣恼里 90MW 风电场项目风机及 110kV 升压站 BIM 设计

黄河勘测规划设计研究院有限公司

胡会永　姜博　曾桂平　王欢欢　闫新　史俊飞　赵普　李相华　季亮　祁慧珍

1　工程概况

本参赛作品是根据长垣恼里 90MW 风电项目实际工程（图1）进行 BIM 设计，BIM 设计内容包括 28 台风电机组基础浇筑、风机吊装、110kV 升压站建筑设计及机电设备安装等。

本作品 BIM 全部模型按照真实设计需求制作，并生成数字图纸指导现场施工，真正做到采用 BIM 技术进行设计、校核，指导施工等工作。

图 1　开工仪式

2　工程重难点

黄河下游首座滩区风力发电工程，对黄河行洪的影响至关重要。

项目场区占地近 $40km^2$，单体工程分散，涉及专业多。三维设计难以实现项目全场区的数字化设计。

新能源项目建设周期短，要求设计响应速度快，利用数字化手段进行精细化设计，加强专业协同，提升设计效率，是项目部对设计组的新要求。

实现工程的全生命周期信息化、智能化是我们的终极目标。

3　实施策划（图2）

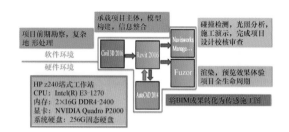

图 2　实施策划

4　团队建设（图3）

图 3　团队建设

5　应用点与应用价值

本工程风机基础、塔筒吊装等设计均采用 Revit 三维软件制作，并完成了三维出图和设计交底，施工指导等工作（图4）。

5.1　风机基础浇筑及塔筒吊装

涵盖内容：桩基位置、基础浇筑尺寸、法兰连接、箱变承台制作、电缆穿管预埋、基础接地

图4　三维设计图

极制作、电缆安装、一级塔筒吊装顺序、箱变安装。

5.2　110kV升压站模型构建

本BIM工程采用Revit平台进行110kV升压站设计，包含生产楼、综合楼两座主要建筑；户外大型电气设备以及门型构架、角钢铁搭等。工程全部采用三维正向设计，以模型生成施工图，进行必要的参数计算（图5）。

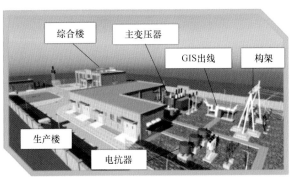

图5　110kV升压站模型及照片

5.3　施工组织设计可视化

本工程BIM文件包含各设备建设时间，能够自动生成施工组织设计进度图，能够根据施工具体情况实时调整，有效控制关键节点，保证施工进度。

5.4　光照分析

自动计算房间空间尺寸，根据布置灯具情况自动计算房间照度，并将信息列于统计表中。

生产楼高压配电室内部光照情况仿真，从白天黑夜的灯光仿真运行，能够准确判断出配电室内光照情况是否合理，有助于设计人员对灯具布置、开窗位置进行优化调整（图6）。

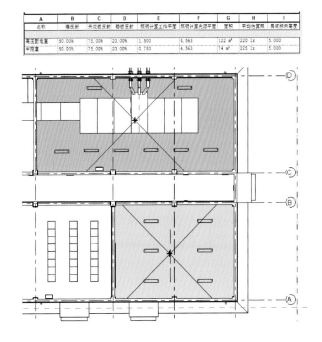

图6　光照分析

5.5　设备布置与碰撞检测

本BIM工程能够校验各个设备与墙体间距，不符合间距要求的位置能够进行统计和显示。快速校验设备布置并进行修改。

采用Dynamo插件能够有效构造数学方程式控制的导线模型。利用悬链式方程模拟悬挂导线的自然弧垂，可以准确验证导线对地距离是否满足要求（图7）。

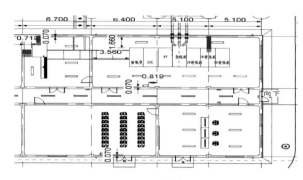

图 7 碰撞检查

5.6 虚拟现实

虚拟现实如图 8 所示。

图 8 虚拟现实

5.7 建筑设计

本 BIM 工程建筑模型全部按照真实施工情况进行设置，建筑墙体包含大量面层、保温层、衬底、结构层等建筑信息，准确指导墙体的施工制作。

精细的设计效果预览能够充分表达设计意图，与业主和施工单位进行深入的方案讨论，提前进行方案优化。

6 总结及下一步计划

（1）构建了项目模型库，可以快速完成类似项目设计。

（2）提高设计效率，解决传统设计繁琐棘手的问题。

（3）各专业信息高度集成与共享，便于项目查询、管理与备案。

（4）系统体验能给业主与施工方直观感受，方便各单位沟通讨论。

（5）形成 BIM 工程设计体系，明确了新型设计手段的思路和方法。

智能升压站 DT 技术应设计需求而生，却要突破设计局限，发展成为一个项目管理平台（图 9）。

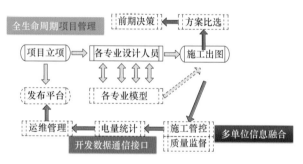

图 9 全生命周期项目管理

A033 国电投长垣恼里 90MW 风电场项目风机及 110kV 升压站 BIM 设计

团队精英介绍

胡会永
黄河勘测规划设计研究院有限公司
工程总承包事业部

设计管理部副主任
教授级高级工程师
获得发明专利 **1** 项、实用新型专利 **5** 项、河
南省优秀工程咨询成果奖 **3** 项

长期从事企业部门经营、技术、质量及科技管理工作，参编国家标准 3 项，撰写专著 3 部，论文 10 篇，获 BIM 全国钢结构行业优秀奖，担任大、中型项目经理 8 项。

姜 博
黄河勘测规划设计研究
院有限公司新能源工程
项目经理

注册电气工程师
获得发明专利 **1** 项
实用新型专利 **2** 项

一直从事电力、新能源工程管理工作，BIM 设计师，获 BIM 全国钢结构行业优秀奖，QC 奖 1 项，撰写专著 2 部，论文 5 篇，担任项目经理 2 项。

曾桂平
黄河勘测规划设计研究
院有限公司高级工程师

一级建造师
一级造价工程师
招标师
BIM 一级设计师

长期从事企业部门设计、工程管理、法务管理等工作，参编国家标准 1 项，撰写专著 1 部，论文 8 篇，担任大、中型项目经理、设总或负责人 8 项。

王欢欢
黄河勘测规划设计研究
院有限公司新能源工程
项目经理

一级注册造价工程师
BIM 一级设计师
高级工程师

一直从事新能源工程设计及管理工作，BIM 设计师，获 BIM 全国钢结构行业优秀奖，撰写专著 2 部，论文 5 篇，担任项目负责人 3 项。

闫 新
黄河勘测规划设计研究
院有限公司新能源工程
项目设计负责人

注册电气工程师

一直从事电力、新能源工程管理工作，BIM 设计师，获 BIM 全国钢结构行业优秀奖，撰写专著 2 部，论文 5 篇，担任项目负责人 3 项。

史俊飞
黄河勘测规划设计研究
院有限公司新能源工程
项目主设人

电气工程师

一直从事水利、新能源项目设计工作，获 BIM 全国钢结构行业优秀奖，担任项目技术负责人 2 项。

赵 普
黄河勘测规划设计研究
院有限公司新能源工程
项目负责人

土建工程师

一直从事新能源项目技术管理及设计工作，获 BIM 全国钢结构行业优秀奖，担任项目技术负责人 5 项。

李相华
黄河勘测规划设计研究
院有限公司项目经理

电气工程师

一直从事电力、新能源工程管理及设计工作，参编国家标准 1 项，撰写专著 2 部，论文 8 篇，QC 奖 1 项，担任大中型项目经理、副经理、设总 13 项。

季 亮
黄河勘测规划设计研究
院有限公司新能源工程
项目负责人

电气工程师

一直从事新能源项目技术管理及设计工作，获 BIM 全国钢结构行业优秀奖，论文 3 篇，担任项目技术负责人 3 项。

祁慧珍
黄河勘测规划设计研究
院有限公司新能源工程
项目主设人

电气工程师

一直从事电力、水利及新能源项目设计工作，获 BIM 全国钢结构行业优秀奖，担任项目技术负责人 3 项。

肇庆新区体育中心弦支穹顶 BIM 技术应用

广东省建筑设计研究院，中建科工集团有限公司，东南大学

区彤 杨新 李梓轩 罗斌 李钦 林春雨 陈进于 苏秀平 邓玉辉 谢刚

1 项目概述

1.1 项目概述

肇庆新区体育中心位于广东省肇庆新区，肇庆新区处于鼎湖区的东部，南临西江、北靠鼎湖山脉。项目用地位于新区环路的东南侧，长利大道的西南侧，长利涌的北侧。用地的东面邻近北师大附属学校肇庆校区，西北面邻近安置小区规划用地、广州体院肇庆足球学校和肇庆体育学校规划用地，西面邻近南方足球训练基地规划用地。

本项目用地面积：$319648.09m^2$。总建筑面积：$88049.16m^2$。工程造价：约 11.99 亿元。总用钢量：10000t。

本项目主要对建筑结构领域进行研究探索。肇庆新区体育场馆主要分为专业足球场和体育馆（包括体育馆主馆和训练馆）。各个场馆之间通过景观平台、廊桥连接，景观平台或廊桥与各场馆主体结构之间由结构缝分开。体育馆主馆与训练馆屋面均不分缝，为一个结构单元；专业足球场为另外一个结构单元，专业足球场与体育馆钢屋面之间通过结构缝分开（图 1）。

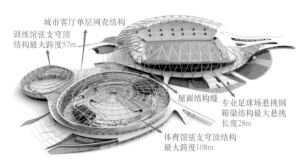

城市客厅单层网壳结构
训练馆弦支穹顶结构最大跨度57m
屋面结构缝
专业足球场悬挑钢箱梁结构最大悬挑长度28m
体育馆弦支穹顶结构最大跨度108m

图 1 项目效果图

1.2 广东省建筑设计研究院

广东省建筑设计研究院（GDAD）创建于 1952 年，是新中国第一批大型综合勘察设计单位之一，改革开放后第一批推行工程总承包业务的现代科技

服务型企业，全球低碳城市和建筑发展倡议单位、全国高新技术企业、全国科技先进集体、全国优秀勘察设计企业、当代中国建筑设计百家名院、全国企业文化建设示范单位、广东省守合同重信用企业、广东省抗震救灾先进集体、广东省重点项目建设先进集体、广东省勘察设计行业领军企业、广州市总部企业、综合性城市建设技术服务企业。

1.3 工程特点和难点

（1）空间复杂性：钢结构工程的构件形式繁多，深化设计需要注意三个方面。

1）型钢骨柱等预埋件需要与土建相互结合；

2）支座、拉索等都需要专业的厂家生产制作；

3）深化设计时是以直代曲还是自然过渡，直接影响结构外形效果。

（2）深化难度高：项目建筑造型和整体结构空间关系复杂，钢结构制作工艺和节点连接复杂，钢结构深化设计出错概率大，必须借助先进的三维软件方可实施。

（3）专业交叉多：钢结构施工队伍要承接建筑设计以及结构设计的信息完成深化设计及各个构件的制作，通过 BIM 技术虚拟、碰撞检查，才能提前快速预见问题，整体控制项目实施风险。

（4）协同共享困难：对于大型复杂项目，因为参与方多、信息量庞大、涉及的分支专业（系统）多，协同共享历来是面临的重大难题。

（5）弦支穹顶结构成型难度大：体育馆采用弦支穹顶结构，整个结构体系在拉索张拉施工完成后方能形成稳定的结构体系，需设置支撑措施稳定结构体系；现场须同时协调钢构制作精度、现场监测和安装辅助调整全过程一体化，须借助 BIM 技术进行辅助定位和协同施工。

1.4 BIM 应用重难点

（1）复杂公建的全专业 BIM 深化设计及钢结构深化协同

土建和钢结构精细化建模，结构导出混凝土和钢结构精细模型，导入 BIM 软件，作为后期碰撞检测和空间关系复核的基础。实现屋盖深化设计与土建合模、特殊节点深化等多种BIM应用。

（2）基于BIM的弦支穹顶模型信息化及设计施工全过程张拉施工模拟及施工实施控制技术

基于BIM模型实现施工阶段的全方位应用，针对弦支穹顶设计找形与找力模拟、实施过程的施工精度控制、理论分析与实施过程存在差异等重难点，围绕BIM深化模型开展覆盖设计过程到施工过程的全周期施工分析。

（3）体育场馆风敏感钢结构的全生命周期钢结构的BIM数据化运维及健康监测

针对大型钢结构施工过程、运行过程的健康监测，开展BIM数据轻量化、全周期数据云存储。实时结构仿真评估，实现施工监测回代评估，极端工况预求解及报警，形成一体化运维平台。

项目提出了基于全工况BIM模型的钢结构设计建造全周期应用体系，实现设计工况存储、施工模拟工况存储、施工实测工况存储、多种极端工况预求解与应力状态存储、基于BIM模型结构实时迭代求解，通过一体化的BIM信息化整体应用体系，实现钢结构全周期精细化运维。

项目整体采用全过程BIM技术贯穿各专业，其中以Revit为主线，钢结构深化采用Tekla进行，并通过多种二次开发实现数据全过程流转，制订多套项目标准，实现全方位的BIM技术应用。

1.5 工程创新点

（1）复杂钢结构场馆的全专业BIM协同设计及钢结构深化设计应用；

（2）弦支穹顶结构施工阶段若干BIM信息化应用（施工信息BIM集成、数字化预拼装、三维交底、三维放样与数字化加工、施工管理）；

（3）基于全工况BIM信息集成的弦支穹顶结构张拉施工模拟、施工控制技术及全生命周期钢结构BIM运维与健康监测。

2 钢结构BIM应用成果

2.1 复杂场馆钢结构BIM信息转换及一模多用工具研发

设计阶段土建模型、钢结构计算模型与BIM设计模型的无缝接入：Autodesk软件二次开发成果，打通Midas软件与Autodesk软件数据传递壁垒后，钢结构设计计算数据可统一集成到Revit钢结构深化BIM模型中，形成BIM信息模型。

2.2 复杂钢结构、屋面系统与幕墙系统BIM协同设计与深化

一般在设计阶段仅对钢结构截面及材质进行表达，对于钢结构相关细化节点则没法表示详尽。对于屋面和幕墙专业设计BIM也基本上以表现其表皮效果为主，对具体细部做法和龙骨则很难表示清楚。这就需要在施工阶段对BIM模型进行细化修改。

2.3 复杂体育场馆施工阶段BIM数字化施工应用

施工准备阶段，基于钢结构BIM模型对钢框架进行关键节点进行深化设计，节点设计主要包括梁柱连接节点、主次梁连接节点、钢框架与核心筒连接的支座等（图2）。对于网架结构，采用Tekla二次开发的建模软件，通过读取钢结构设计图的节点、杆件信息建立线模，再对节点进行自动深化（内外部加劲自动布置，杆件搭接处增加节点板等）。

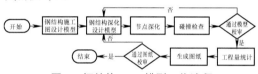

图2　钢结构BIM模型工作流程

2.4 幕墙工程深化设计

建筑设计的BIM模型延续至幕墙设计时，能直观地表达建筑效果，扩初阶段的BIM幕墙模型对于材料、细部尺寸以及幕墙和主题结构之间关系的信息较为缺乏，在施工准备阶段，运用BIM技术对幕墙单元板块的种类进行优化，并对幕墙工程中的构件进行细化。

2.5 连续焊缝不锈钢屋面数字化建模

连续焊缝不锈钢屋面数字化建模，并将施工信息以构件属性信息的形式存储到设计阶段的BIM模型中。施工阶段采用设计阶段的BIM模型进行深化时，可以同步获取对相应的设计要求，实现工程信息的流转和追溯。

2.6 钢结构施工场地规划

根据施工图及深化设计模型、施工现场信息、进度计划以及施工场地规划、机械选型方案等相关信息，创建或整合场地地形、既有建筑设施、周边环境、施工区域、道路交通、临时设施、加工区域、材料堆场、临水临电、施工机械和安全

文明施工设施等模型，并附加其他相关信息进行经济技术模拟分析。

2.7 复杂场馆的可视化深化与数字化预拼装模拟及设计协同分析

通过 4D 模拟施工，依靠 BIM 信息模型实时准确提取各部位工程量清单，提出各阶段材料用量需求计划及材料进场时间，准确安排材料进场时间，缩短材料进场周期，大大减少资源、物流和仓储环节的浪费。

2.8 数字化交底、施工＋设计的协同深化

在现场配备相关驻场人员，对图纸方案重点、难点、复杂点，提供可视化、参数化参考。召开相关技术交底会议，对图纸整体方案、净空控制情况，难点位置，进行细致交底。

2.9 构件放样与数控加工关键技术

对于复杂异形结构，根据二维图纸计算坐标繁杂且容易发生错误。基于 BIM 模型的数字放样，通过 BIM 技术的可视化功能，可以在 BIM 模型中直接量取各结构形式交点的坐标，免去了大量计算过程，结合 BIM 设计模型，利用模型中测量数据进行现场放线、定点，支设模板找形；确保现场施工，大大提高了施工效率。利用深化完成的建筑信息模型，出具构件详细加工图，指导加工及现场安装。

2.10 成果图档 BIM 维护、资料可溯与质量控制

BIM 数据交换平台是 BIM 实现信息化的关键，项目采用 ACCESS 数据库批量为 BIM 构件添加产品全过程信息，从而实现信息流的闭环，通过全过程信息的数据整合与集中化存储，提高了沟通效率和工作效率。

2.11 钢结构构件管理方式

运用 RFID 技术结合 BIM 模型，在材料入场时，设置 RFID 标签，确定材料生产信息，依托 RFID 阅读器，准确监控每批材料使用情况。

2.12 弦支穹顶体系全过程 BIM 信息化应用若干关键技术

本项目体育馆的结构体系是弦支穹顶，在该结构的全生命周期，均采用极为严密的理论分析

和技术手段贯穿全过程。

2.13 设计阶段基于新型优化算法的找形找力分析及 BIM 存储

针对本项目的具体情况，首次将基于预应力水平的分布更新法用于弦支穹顶结构的预应力确定。在此基础上，采用模拟植物生长算法（PGSA）对其进行预应力优化研究，找形找力后的预应力结果在 BIM 中进行储存，作为施工阶段索张拉和施工模拟的依据。

3 总结

（1）BIM 应用效益——缩短设计周期：应用 BIM 进行全生命周期 BIM 正向设计，信息化设计管理和储存。针对本项目复杂场馆钢结构，在 BIM 技术介入下设计周期比传统设计周期缩短 60 个日历天。

（2）BIM 应用效益——提升设计质量、减小设计碰撞，解决空间交叉关系：应用 BIM 信息化模型，解决设计重难点关键部位问题 69 个。减少由设计失误引起的设计变更，极大地提高设计质量。针对该工程的复杂性和多专业性，利用 BIM 技术，成功解决了钢结构与其他专业的碰撞和接口连接问题，方便了项目管理，提高了深化设计的准确性，能优先进行事前控制，有效地避免了各种碰撞，大大降低了返工费用。

（3）BIM 应用效益——钢结构节点优化和减小损耗：钢结构利用 Tekla、3D3S 等 BIM 软件进行构件和节点详图设计，钢构厂材料损耗降低 1.3%，可节余钢材 130t；通过安装节点和组织优化，节约安装工期 30d。

（4）BIM 应用效益——对索张拉全过程进行 BIM 模拟，做到验收时进行有效追溯：从设计、施工模拟、施工索力、监测的所有索力和相关变形均需在 BIM 中进行存储，做到可追可塑，也对单索的变化情况进行全过程控制，为弦支穹顶结构的最终验收提供依据。

（5）精益求精——多单位、多软件和多过程的协调 BIM 整合技术：对于复杂空间钢结构，需要多专业协同工作，所有专业的全建设过程的 BIM 模型最好都反映到一个模型中，检查出问题立刻解决，即组织结构上必须有一个模型和技术最终汇集点。总包方应有较强的组织能力，各专业必须沟通到位，否则会使应用效果大打折扣，实现资源利用最大化。如何打破各单位及各单位壁垒，更是 BIM 技术在接下来需要进一步解决的问题。

A042 肇庆新区体育中心弦支穹顶 BIM 技术应用

团队精英介绍

区 彤
广东省建筑设计研究院有限公司
结构副总工程师兼机场设计所总工程师

高级工程师
一级注册结构工程师

先后主持广州白云国际机场二号航站楼、广州亚运馆等重大工程，获国家、省部级优秀设计、工程奖 32 项（包括 2 项中国钢结构金奖）；省部级科技成果奖 13 项；拥有 24 项专利权；主编 2 本著作；发表了 16 篇论文。

杨 新
广东省建筑设计研究院有限公司结构工程师

工学学士
工程师

主要从事结构设计、建筑信息化相关研究，先后参与肇庆新区体育中心项目、《BIM 正向设计方法与实现关键技术研究》等多个项目及课题，获中国建筑学会科技进步奖 1 项、省土木学会科技奖 5 项、省勘协优秀软件 2 项。

李梓轩
中建科工集团有限公司
肇庆新区体育中心项目（场馆）项目技术工程师

从事钢结构技术工作近 5 年，作为珠海长隆海洋科学馆项目技术负责人、广州白云机场维修机库项目总工，获得省级 QC 成果 1 项，发表论文 3 篇，获国家级 BIM 奖项 2 项。

罗 斌
东南大学教授、博士生导师

一级注册结构工程师

主要从事大型复杂土木工程结构分析和施工技术的研究工作，致力于大跨空间预应力索结构的分析、设计、施工和测试技术及工程应用的研究，参与了 FAST 射电望远镜、三亚体育场等多项国内外重大项目建设。

李 钦
广东省建筑设计研究院有限公司 BIM 设计研究中心副总工

一级注册建筑师
注册城乡规划师

主要负责 BIM 的技术质量管理、课题研究创新管理、BIM 正向设计等相关工作，参与《民用运输机场建筑信息模型应用统一标准》等多项标准。

林春雨
中建科工集团有限公司
肇庆新区体育中心项目（场馆）项目总工

一级建造师

长期从事钢结构深化设计、钢结构制作及安装，具备 12 年工作经验，先后完成肇庆新馆、肇庆东站及广州北站项目钢结构深化设计及现场安装施工。获得中国钢结构金奖项目 2 项。

陈进于
广东省建筑设计研究院有限公司结构主任工程师

硕士研究生
一级注册结构工程师
高级工程师

长期从事钢结构设计，先后参与和负责完成了肇庆新区体育中心、顺德德胜体育中心、湛江机场等多项大型公建设计，获国家、省部级优秀设计、工程奖 4 项，发明专利 3 项，省级科技成果 1 项，发表论文 5 篇。

苏秀平
中建科工集团有限公司
肇庆新区体育中心项目（场馆）项目质量工程师

参与负责肇庆新馆工程质量管理工作，制定项目 BIM 输出标准，主导项目 QC 成果 2 项，参与"国优"工程创建，评为"质量工作先进个人"。

邓玉辉
广东省建筑设计研究院有限公司建筑师

工学学士
工程师

主要从 BIM 设计与研发相关工作，获国家级 BIM 奖 4 项、参与和负责研发的 BIM 相关软件累计申请软件著作权 8 项。

谢 刚
中建科工集团有限公司
肇庆新区体育中心项目（场馆）项目 BIM 负责人

主导肇庆新馆项目 BIM 管理工作，先后荣获多项国家级 BIM 奖，省级 QC 成果，发表论文 5 篇，参与 1 项"国优"工程创建。

新乡市生活垃圾焚烧发电厂钢结构工程的 BIM 应用

河南二建集团钢结构有限公司

张永庆　樊慧斌　孙玉霖　窦浩峰　刘杰文　高田伟　白文辉　耿睿　张有奇　张旭

1 项目概况

新乡市生活垃圾焚烧发电项目位于河南省新乡市延津县产业集聚区北区经十七路西、纬五路北。项目厂区用地总面积为 165.21 亩。设计处理垃圾能力为每天 1500t，采用炉排炉垃圾焚烧技术，配置 2 台 750t，日焚烧炉和 1 台 35MW 纯凝式汽轮发电机组。预计年处理生活垃圾 54.75 万 t，年发电量 2.1 亿 kW·h。公司承接该项目钢结构、网架及幕墙工程。主厂房钢结构为格构式钢桁架，屋面为网架、钢桁架。总工程量 3000 余吨（图 1）。

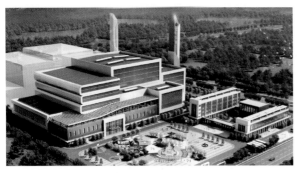

图 1　项目效果图

2 单位介绍

河南二建集团钢结构有限公司位于河南省延津县产业集聚区北区，河南二建钢构是集团重拳打造的多元化产业发展中的重要支柱产业，钢结构由原来的现场加工型逐步发展成为年生产能力 10 万 t 的现代化钢结构工业园区。公司现为中国钢结构协会会员单位、河南省钢结构协会副会长单位。拥有建筑工程施工总承包特级、市政公用工程施工总承包壹级、钢结构工程专业承包壹级、钢结构制造业壹级资质，是河南省唯一同时通过美国 AISC 质量体系认证、加拿大焊接局 CWB 认证、欧标 CE 认证三项国际认证的钢结构企业。

基地概况：占地面积 300 亩，厂房面积 10 万 m²，国家首批装配式建筑产业基地（图 2）。

图 2　基地效果图

企业资质：钢结构工程专业承包壹级，钢结构制造业壹级资质。

生产能力：年加工能力 10 万 t，年安装能力超过 20 万 t，钢结构加工、安装总量 180 万 t。

体系认证：ISO9001（2000 版）质量管理体系，ISO14001 环境管理，OHSM28001 职业安全健康管理体系，通过美国 AISC 认证，欧洲 EN1090 质量体系认证，加拿大 CWB 焊接体系认证。

产品结构形式：钢结构桥梁，风电塔筒，箱形钢，十字形钢，H 型钢，管桁架，空间网架，Z 型钢，C 型钢。

产品远销海外：北美，南非，巴基斯坦，斯里兰卡，菲律宾，塔吉克斯坦。

合作单位：蒂森克虏伯股份公司，阿里巴巴集团，中国建筑第二工程局有限公司，中国建筑第八工程局有限公司，巴特勒（上海）有限公司，上海宝冶集团有限公司。

合作高校：同济大学，北京交通大学，郑州大学，合肥工业大学，河南理工大学。

3 软件及硬件使用情况

软件使用如图 3 所示。

offce办公软件	Auto CAD	Tekla	Revit
辅助现场办公，主要进行表格的整理与数据的集中统计	图纸处理、查看、出施工图等	用于钢结构模型创建、深化、清单的统计、导出的图纸与模型可结合其他软件进行建工图用	模型创建软件，主要应用在建筑、结构、机电、场部、土方算平衡
广联达	Fuzor	3ds max	Lumion
主要用于现场施工平面图的布置	主要应用于漫游、净高分析、动画制作、模型查看等	用于三维施工模拟动画制作	用于三维施工模拟动画制作

图 3 软件使用情况

台式电脑配置：

CPU：Intel i7 4700 3.4GHz。

显卡：NVIDIA GTX1050 （4G）。

内存：16GB。

硬盘：256 固态硬盘＋1T 机械硬盘。

显示器：1920×1080 分辨率 2 个。

配置数量：14 台。

笔记本电脑配置：

CPU：Intel i7-4700HQ　2.8GHz。

显卡型号：NVIDIA GTX860M 2G。

内存：8GB。

硬盘：1TB 机械硬盘。

配置数量：1 台。

4 BIM 团队建设

BIM 中心组织公司相关单位历时 1 年多，完成了首批 BIM 构件资源库的建设并发布实施。本批 BIM 构件为安全文明施工标准化构件资源库，针对钢结构建立 Tekla 节点库，共计 6 大项 75 个小项。通过建立资源库，一方面提高 BIM 人员建模技能，另一方面通过 BIM 资源库资源共享，协助技术人员快速准确建模，快速解决施工过程中遇到的实际问题，提高现场管理人员工作效率。

5 BIM 价值点应用分析

5.1 BIM 在施工平面布置中起到的作用

在工程建设前期，施工平面布置是非常核心的技术管理措施，但以前的方法是在平面图上进行策划，这就容易忽略高度方向的空间关系，需要耗费很大的精力去考虑。使用 BIM 模型进行平面布置，更容易发现空间高度上的错落关系，对于机械站位、机械选型，提供更准确的信息，对整个施工组织和施工路线有更大的帮助（图 4）。

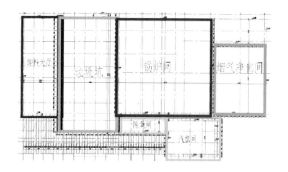

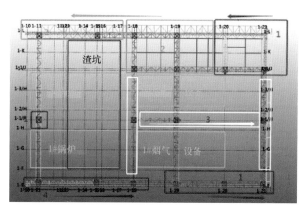

图 4 使用 BIM 模型进行平面布置

5.2 利用 BIM 强大的数据处理能力进行精细化管理

将所有构件按用途、规格、子目等进行分类汇总形成构件分类表，供工程施工使用。

5.3 通过 BIM 与加工设备数据转换，实现数字化生产

本工程有大量管桁架结构，其支管、斜撑数量众多，采用传统 CAD 或手画出图，工作量大，工作繁琐且极难检查。而图纸又是操作人员开始加工的重要依据，其准确性必须得到 100% 保证。否则造成的返工、材料浪费等直接经济损失无法估量。为了更高效、准确地解决这一难题，"减少中间环节" 则成为我们技术人员探索的关键。

5.4 工程量计算

基于 BIM 建立的 Tekla 工程模型配备完善的型材截面数据库（添加异形截面数据也很方便），建立模型的同时已经将构件信息（材质、重量、表面积等重要信息）保存，可自动生成各种报表。技术人员可灵活调用需要的数据，作为方案、采购、生产、安装、预算、结算的依据（图 5）。

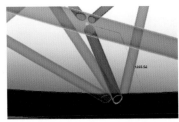

图5　工程量计算

5.5　碰撞检查

工程土建结构、钢结构、幕墙结构是三家设计院分别出图的，这就造成很多构件碰撞、错位等问题，通过 Tekla 软件可以方便地建立模型，轻松地检查模型，容易发现一些在平面图纸中不易发现的碰撞问题。提前处理，避免施工中的返工，节约了人力、物力，避免了浪费（图6）。

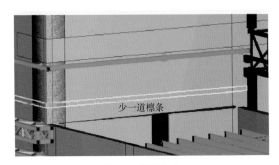

图6　碰撞检查

5.6　BIM 在项目管理中的应用

而在物联网应用领域，我们借助 BIM 平台，将工程进度计划与模型关联，材料进出场计划与模型关联，实现可视化，不同岗位的工程人员都可以从模型中方便快捷地调取所需信息。为构件编制二维码标识保证构件信息唯一性和可追溯性等，将构件与互联网相连接，手机端与电脑端无缝对接，现场与办公室实现无距离信息传输。

6　经验总结

通过以上 BIM 技术在钢结构工程中的应用，以及对工程的重要性可以看出，其价值是巨大的。从工程伊始至工程结束，全过程参与、协助了工程的施工。在节省人力、物力，减少蓝图及深化详图中的错误作用是显著的；一些特别的工程甚至颠覆了以往的平面施工蓝图的形式，直接替代了施工蓝图；或有的直接取消了加工详图，直接与加工设备对接。

垃圾焚烧发电项目一般布局较为紧凑，各专业交叉作业多，相互掣肘、制约。由于锅炉、土建、烟气同时施工造成了钢构吊装作业范围加大，现场需要协调力度很大。因此 BIM 技术能发挥很重要的作用，比如：土建施工顺序、个别部位预留后施工、施工道路的布置、场地临时占用安排等来减小吊装机械；又或者锅炉安装单位和钢构安装单位共用塔式起重机，厂区塔式起重机布置、施工场地布置优化等。

A049 新乡市生活垃圾焚烧发电厂钢结构工程的 BIM 应用

团队精英介绍

张永庆
河南二建集团钢结构有限公司总经理

高级工程师
一级建造师

河南省红十字会爱心大使、河南省中州杯评选专家库成员，河南三门峡 2×660M 机组工程担任安装项目副经理，该工程 2008 年荣获"国家优质工程银质奖"。先后获得省级工法 3 项，专利 3 项，省级 BIM 奖项 2 项，省级科技成果 2 项。

樊慧斌
河南二建集团钢结构有限公司总经理助理

长期从事钢结构现场工作，主持建设的新建九江至南昌城际铁路铁路工程南昌站改造工程荣获"2016 年度中国钢结构金奖"，濮阳龙丰"上大压小"新建项目主厂房钢结构工程荣获"2018 年度中国钢结构金奖"。

孙玉霖
河南二建集团钢结构有限公司总工程师助理

二级建造师
工程师

长期从事钢结构深化设计、钢结构施工技术工作，先后主持完成了新乡守拙园 3♯楼钢结构工程、新乡市生活垃圾焚烧发电厂等项目。荣获全国钢结构 BIM 奖 5 项，河南省科技进步奖一等奖 1 项。

窦浩峰
河南二建集团钢结构有限公司

助理工程师

从事多年钢结构深化设计、钢结构制作和安装。先后完成深化和参与新乡市垃圾焚烧电厂项目、土耳其胡务特鲁项目 T2 转运站，以及多个风电项目的塔筒安装。共获得 1 个国家级 BIM 奖项。

刘杰文
河南二建集团钢结构有限公司技术员

助理工程师

长期从事钢结构深化设计、钢结构制作和安装。负责建筑产业园钢结构的深化。负责相关工程的施工模拟及动画展示制作。获得 QC 成果 3 篇，专利 3 项。

高田伟
河南二建集团钢结构有限公司

工程师

长期从事钢结构深化、钢结构加工和安装，先后完成守拙园-大禹湖畔公寓、新乡市生活垃圾焚烧发电项目，多次参建国家级重点工程和省级重点工程，获得国家级 BIM 1 项。

白文辉
河南二建集团钢结构有限公司项目经理

工程师
一级建造师

长期从事钢结构现场施工管理，参与建设的河南建设大厦、濮阳龙丰电厂、重庆万州电厂、华能福州电厂等多项工程获得河南省结构中州杯、中国钢结构金奖、国家电力优质工程奖等。

耿 睿
河南二建集团钢结构有限公司

工程师
一级建造师

从事钢结构现场管理以及钢结构现场安装等工作，负责完成新乡市生活垃圾焚烧发电项目钢结构工程，获省级工法 2 项。

张有奇
河南二建集团钢结构有限公司

工程师

长期从事钢结构深化设计、钢结构制作和安装。先后完成国家技术转移郑州中心项目、滁来全快速通道全椒段与滁马高速公路互通立交工程 55m 钢箱梁项目等钢结构工程深化设计、制作和安装。

张 旭
河南二建集团钢结构有限公司项目执行经理

工程师

长期从事钢结构现场管理以及钢结构现场安装等工作，先后负责完成新乡守拙园 3♯楼钢结构工程，卫辉守拙园大禹湖畔公寓等项目，荣获中国钢结构金奖 1 项、全国钢结构 BIM 奖 2 项、省级工法 2 项。

BIM 技术在主厂房钢结构应用（濮阳龙丰电厂项目）

河南二建集团钢结构有限公司

王勇　朱立国　郁红丽　孙玉霖　李志发　张志利　王宜峰　王超　张有奇　高磊　等

1　公司简介

河南省二建集团钢结构有限公司是建筑施工特级企业，公司已有六十年的发展历史，钢结构公司现为中国钢结构协会成员单位，具有钢结构工程专业承包壹级资质（图1）。

图 1　公司厂房

河南二建钢结构有限公司位于新乡新长大道与经十五路交叉口，拥有占地面积 20 万 m² 钢结构加工基地，拥有 9 条先进的钢结构生产线和一条钢结构精加工生产线，具有箱形、H 形钢构件，管桁架，大跨度空间网格构件，Z 型钢，C 型钢和各类压型板等综合加工能力，年生产能力 10 万 t。

工厂交通运输便利快捷，紧靠新长大道 308 国道，距离新乡 20km，距离郑州 80 余公里，毗邻京港澳高速、长济高速、大广高速 107 国道和京广铁路大动脉，交通便利；公司拥有年发货量 30 万 t 以上专业物流公司，具有国际配送的经验和能力。

2　项目简介

濮阳龙丰电厂位于河南省濮阳市濮阳县柳屯镇渡母寺村，钢结构总量为 10800t。主厂房区域有除氧间、汽机间和煤仓间，其中除氧间位于 A 列外，煤仓间位于两炉间，集控楼位于主厂房固定端，运煤皮带从炉后固定端侧上达侧煤仓（图2）。

图 2　项目效果图

主厂房区域钢结构形式为典型框架结构，主体采用框架柱＋框架梁的结构形式，框架部分区域有"X"形柱间支撑和"八"字形柱间支撑。A、B 列柱顶标高 31.686m，框架柱断开两节制作和安装，其余部位框架柱整体加工。拱形屋面梁纵向布置，单根屋面梁分三节加工和安装（图3）。

图 3　项目模型

BIM 团队组成见表 1。

BIM 团队组成　　　　　　　　　表 1

姓名	工作单位	职务	主要职责
段常智	河南二建集团	总工程师	构件加工制作的支持和生产技术管理
王勇	河南二建集团	项目经理	项目实施调控，负责整个项目的运作
王宜峰	河南二建集团	BIM 工程师	负责 BIM 技术在安装施工过程中的应用
朱立国	河南二建集团	BIM 工程师	负责 Tekla 模型制作，生成加工详图及工程清单

BIM应用软件配置要求如图4所示。

电脑概览	
电脑型号	华硕 All Series
操作系统	Microsoft Windows 7 旗舰版（64位/Service Pack 1）
CPU	(英特尔)Intel(R) Core(TM) i7-4790 CPU @ 3.60GHz(3601 MHz)
主板	华硕 B85-PLUS R2.0
内存	16.00 GB (1333 MHz)
主硬盘	1000 GB (西数 WDC WD 10EZEX-00BN5A0 SCSI Disk Device ...
显卡	AMD FirePro W4100 (FireGL V) (2048MB)
显示器	冠捷 2369 32位真彩色 60Hz
声卡	Realtek High Definition Audio
网卡	Realtek PCIe GBE Family Controller

图4　BIM应用软件配置要求

BIM技术在项目上的应用情况说明见表2。

BIM技术在项目上的应用情况　　表2

项目	本工程特点	Tekla特点
特点	框架结构，框架柱与框架梁、框架支撑体系较为复杂。建模中主要依靠设计蓝图提供的平面位置坐标及立面坐标	建立3D模型更加直观地显示构件位置和各个构件之间的关系，通过输入参考模型准确地定位构件的位置坐标
绘制详图	框架构件的组装定位尺寸因构件截面的多样而产生较多的类型，大部分的栓接节点对构件的精确度要求较高	Tekla的优势在于处理规则构件时的自动化，对结构形式相近的构件可以进行图纸复制
后续工作	构件与零件种类规格较多，数量较大	建模完成后可以根据模型有效准确地控制构件和零件的数量，针对部分区域可以生成相应的清单

本工程主厂房区域框架结构形式多样，框架梁截面尺寸较多，部分支撑系统存在弯曲构件，如何在深化设计过程中保证框架柱及框架梁安装定位准确是本工程深化设计中的重点。在深化设计过程中对构件节点和截面进行参数化设置，生成适合本工程的一些自定义参数化节点和参数化截面，以便提高效率和提高模型的准确性。此外，在模型的建立过程中深入细化，严格控制精度，减少误差的存在（图5）。

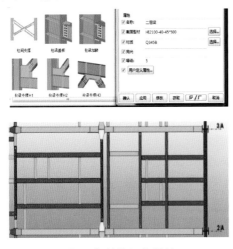

图5　钢结构深化设计

本工程框架梁数量较多，种类复杂，与框架柱所连接的连接节点相应较多，既要考虑满足设计受力要求，又要尽可能地简化统一柱梁连接节点是本工程深化设计中的重点。在深化设计过程中首先将整个工程按照吊装顺序划分区域，在每个区域中针对不同层高和不同截面的钢梁使用不用颜色的构件来显示；其次，在满足设计受力需求的前提下，将相近截面的构件连接节点统一化，减少连接节点的种类，从而更加准确地控制模型的精确度。

公司根据设计院提供的原图纸，通过Tekla的输入参考模型功能，将设计原图所显示的构件信息显示在设计深化软件中，建立1:1的框架三维模型。根据模型和设计图纸，参考运输、安装的实际条件，简化单根构件的长度、重量等数据。

根据施工方案和吊装顺序，对构件进行分区编号，确定合理的拼装顺序和焊缝形式，为工厂加工制作和现场安装提供详细的图纸和说明。

由于框架结构中框架柱、框架梁和支撑系统的位置关系较为复杂、焊缝和牛腿部件较为集中以及框架柱和部分框架梁长度过长的现象，给加工制作和定位安装带来很大难度。因此，在深化设计过程中，充分结合工程制作、运输、现场安装条件和安装方案等，采用经济、合理、科学的生产加工工艺和拼装顺序以及连接部位的焊缝形式尤为重要（图6）。

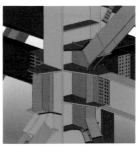

图6　钢结构节点深化一

加工过程中，通过三维模型可以实现各个加工程序的规范化施工。在加工零件时，通过三维模型可以看出每个零件的具体几何尺寸及数量，通过排版软件来排除最合适的材料数量，为材料采购节省时间并且极大地提高零件的加工质量及加工速度，减少因钢板尺寸不合适所造成的损耗。在加工构件过程中，使用三维模型生成构件图纸，可以将设计蓝图中的构件实体化，每一个零件的位置，每一道焊缝的质量要求都可以在图纸中显示出来，实现构件加工标准化，提高构件的出厂合格率（图7）。

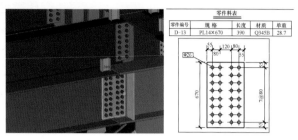

图7 钢结构节点深化二

在三维模型完成之后，深化人员可以根据实际加工或者现场安装需要生成构件清单和零件清单，从源头控制构件和零件的数量以及保障加工过程的准确性和针对性。根据模型生成的清单进行准确的工程量计算，分析每个零件或者构件的成本与损耗，有效地控制加工制作成本。

3 过程应用

（1）施工前结合BIM模型多次召开钢结构专题策划会，针对主厂房钢柱分节方案，对原来汽机间AB列3节柱改为2节，除氧间A0钢柱沟通后，一节到顶，很大程度上降低了后续施工的难度，确保了安装质量及螺栓、原材料消耗，降低了成本。

（2）利用BIM技术进行现场技术交底。

1）技术交底的概念与作用

技术交底是某项目开工前，由相关专业技术人员向参加施工的所有人员进行技术、质量、施工工艺、施工方案等方面的宣传、贯彻。其作用是让所有施工人员对工程特点、技术要求、操作方法、施工措施和安全文明生产等方面有一个较详细的了解，是工程施工不可缺少部分。

2）目前技术交底的方法及存在的问题与不足

① 目前，施工单位的技术交底是以设计单位的二维施工蓝图为基础并结合施工方案，再用文字描述的方式表达工程特点、技术要求、操作方法、质量指标、施工措施等工程信息。

② 存在的问题及不足。

a. 由于设计单位提供的设计交底是文字形式的。因此，极易造成施工单位的技术人员与设计单位的设计师在文字理解上的差异，再加上设计

单位提供的图纸是二维图纸，而二维图纸所表达的设计信息并不完整，所以，很多情况下都是仅凭施工单位技术人员的个人想象和经验来判断设计师的意图。这样就极易造成设计师与施工技术人员在设计意图上产生差异，导致做出来的工程与设计要求的效果相差很远，往往造成不应有的返工。

b. 功效太慢，浪费太大。施工单位在施工中，为避免工人产生二次误解的情况，现场往往采用人盯人的办法，由有经验的技术员或工长现场盯着工人施工，这就造成了人力和时间上的极大浪费。

3）Tekla（BIM）技术在施工技术交底中的应用

利用BIM技术交底的原理。

① 主厂房区域框架结构形式多样，框架梁截面尺寸较多，在没有三维图及实物图的情况下，仅仅靠设计提供的二维平面图、立面图、剖面图很难顺畅地和工人进行技术交流，很难把所有的技术要求和所有的数据信息进行表达清楚，利用Tekla三维软件技术交底后，用三维模型立体直观地将本工程的重点、难点及复杂点展示给施工人员，为以后快速有效的施工提供了技术保障。

② 通过Tekla（BIM）技术进行技术交底使施工非常直观，不仅完全体现了设计意图和想要表达的效果，而且在工人具体实施过程中起到了样板作用，大大加快了施工进度，提高了施工质量。

4 下一步实施BIM技术项目

（1）目前同步进行的还有河南二建工业园区"办公楼"及守拙园项目，以上两个项目为集团公司的EPC项目，要求全过程应用BIM技术。后期BIM技术将会应用到河南省医药创新转化基地高端人才楼项目上。

（2）公司引进了EBIM及广联达BIM5D管理平台，后期在守拙园施工时使用管理平台，提高施工管理。

（3）钢结构公司目前所有的项目都要求结合BIM技术，一方面不断地提高设计人员的BIM二次深化技术，另一方面推动BIM技术在现场施工过程中的全面应用，有利于助推集团公司的快速发展。

A052 BIM技术在主厂房钢结构应用（濮阳龙丰电厂项目）

团队精英介绍

王 勇
河南二建集团钢结构有限公司总经理助理

工程师

长期负责钢结构现场施工管理，先后主持了濮阳龙丰电厂、蒙能钢结构塔现场施工、国电双维电厂等大型钢结构的吊装工作。获得中国钢结构金奖项目2项。

朱立国
河南二建集团钢结构有限公司技术部主管

工程师

从事钢结构深化设计、钢结构加工安装工作多年，多次参建国家级重点工程和省级重点工程。先后获得国家级BIM奖1项，省级BIM奖3项，专利1项。

郁红丽
河南二建集团钢结构有限公司技术部部长

工程师

从事钢结构深化设计和钢结构施工十余年，对多种形式的钢结构建筑有着丰富的深化设计和施工经验，参建完成的守拙园3#楼钢结构工程和濮阳龙丰"上大压小"新建项目钢结构工程均获得中国钢结构金奖。

孙玉霖
河南二建集团钢结构有限公司总工程师助理

二级建造师
工程师

长期从事钢结构深化设计、钢结构施工技术工作，先后主持完成了新乡守拙园3#楼钢结构工程、新乡市生活垃圾焚烧发电厂等项目。荣获全国钢结构BIM奖5项，河南省科技进步奖一等奖1项。

李志发
河南二建集团钢结构有限公司总经理助理

长期负责钢结构生产制作管理，先后主持了濮阳龙丰电厂、蒙能电厂钢结构间冷塔、守拙园、安阳高陵曹操墓等大型钢结构的生产制作。获得多项中国钢结构金奖。

张志利
河南二建集团钢结构有限公司项目总工

一级建造师
郑州大学本科学历

先后获得国家级科技进步奖1项，省级工法1项，钢结构金奖1项，QC成果3篇，专利3项。

王宜峰
河南二建集团钢结构有限公司项目执行经理

工程师

长期从事钢结构现场工作，先后负责完成濮阳龙丰电厂，世界功夫中心项目，心连心神州精工项目等项目，荣获中国钢结构金奖1项，全国BIM奖2项，全国电力协会QC成果奖1项。

李倩倩
河南二建集团钢结构有限公司

工程师

从事钢结构深化设计及加工制作工作多年，工作期间先后完成了河北承德电厂项目、郑州机动车质量检测认证研究中心项目、济源富士花园公租房项目等，荣获国家级BIM奖1项，专利1项。

张有奇
河南二建集团钢结构有限公司

工程师

长期从事钢结构深化设计、钢结构制作和安装。先后完成国家技术转移郑州中心项目、滁来全快速通道全椒段与滁马高速公路互通立交工程55m钢箱梁项目等钢结构工程深化设计。

高 磊
河南二建集团钢结构有限公司技术部副部长

工程师
郑州大学本科学历

长期从事钢结构深化设计、钢结构制作和安装。先后完成漯河立达双创孵化园项目、新乡金谷项目等，荣获国家级QC成果1项，省级QC成果2项，专利5项，国家级科技成果1项，省级科技成果3项。

世界功夫中心项目 BIM 应用

河南二建集团钢结构有限公司

孙玉霖　樊慧斌　段常智　李冲　郁红丽　王宜峰　朱立国　王泽江　李小燕　张旭

1　项目简介

世界功夫中心，又称东喜汇文化中心，位于新乡市平原新区郑新大道以东、白河路以北、泰山路以西。该项目分为训练中心和演播中心两个呈钻石形态的单体工程，内部为 4 层混凝土框架结构，外部钢结构采用空间桁架结构与单层壳体组合结构体系，建筑高度 22m。钢结构总重量约 930t，其中训练中心约 430t，演播中心约 500t（图 1）。

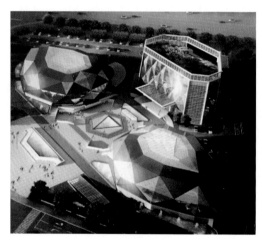

图 1　项目效果图

2　公司简介

河南二建集团钢结构有限公司位于新乡新长大道与经十五路交叉口，拥有占地面积 20 万 m^2 的钢结构加工基地，拥有 9 条先进的钢结构生产线和一条钢结构精加工生产线，具有箱形、H 形钢构件，管桁架，大跨度空间网格构件，Z 型钢，C 型钢和各类压型板等综合加工能力，年生产能力 15 万 t（图 2）。

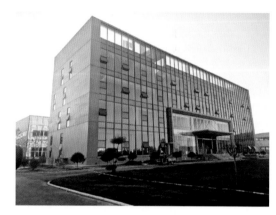

图 2　河南二建

工厂交通运输便利快捷。紧靠新长大道 308 国道，距离新乡 20km，距离郑州 80 余公里，毗邻京港澳高速、长济高速、大广高速 107 国道和京广铁路大动脉，交通便利；公司拥有年发货量 30 万 t 以上专业物流公司，具有国际配送的经验和能力。

3　软件、硬件配置

主要 BIM 软件：Tekla，硬件配置如图 3 所示。

电脑概览　复制信息

电脑型号	华硕 All Series
操作系统	Microsoft Windows 7 旗舰版（64位/Service Pack 1)
CPU	(英特尔)Intel(R) Core(TM) i7-4790 CPU @ 3.60GHz(3601 MHz)
主板	华硕 B85-PLUS R2.0
内存	16.00 GB (1333 MHz)
主硬盘	1000 GB (西数 WDC WD10EZEX-00BN5A0 SCSI Disk Device ...
显卡	AMD FirePro W4100 (FireGL V) (2048MB)
显示器	冠捷 2369 32位真彩色 60Hz
声卡	Realtek High Definition Audio
网卡	Realtek PCIe GBE Family Controller

图 3　硬件配置

4　BIM 团队介绍

团队组成见表 1。

团队组成 表1

姓名	工作单位	职务	主要职责
段常智	河南二建集团钢结构有限公司	总工程师	构件加工制作的支持和生产技术管理
孙玉霖	河南二建集团钢结构有限公司	BIM工作站站长,BIM负责人	统筹整个项目BIM工作、技术工作开展
樊慧斌	河南二建集团钢结构有限公司	项目经理	项目实施调控,负责整个项目的运作
李冲	河南二建集团钢结构有限公司	BIM工程师	负责Tekla模型制作,生成加工详图及工程清单
郁红丽	河南二建集团钢结构有限公司	BIM工程师	负责Tekla模型制作,生成加工详图及工程清单
朱立国	河南二建集团钢结构有限公司	BIM工程师	负责BIM技术在安装施工过程中的应用
王泽江	河南二建集团钢结构有限公司	BIM工程师	负责Tekla模型制作,生成加工详图及工程清单
李小燕	河南二建集团钢结构有限公司	BIM工程师	负责Tekla模型制作,生成加工详图及工程清单
张旭	河南二建集团钢结构有限公司	BIM工程师	负责BIM技术在安装施工过程中的应用
张志利	河南二建集团钢结构有限公司	BIM工程师	负责BIM技术在安装施工过程中的应用

5 BIM价值点应用分析

5.1 钢结构加工制作的BIM应用

因为空间异型结构在传统的平面图纸上已无法表示,本工程在设计阶段就运用了BIM技术,蓝图只给出了外形尺寸控制点和各节点坐标。因此,设计院提供了CAD线模型方便深化设计。深化设计阶段使用线模型导入截面属性,然后在模型中切割,最终传输到数控机器中,全过程实现电子数据传输,实现了制作的可操作性,保证了加工制作的精度(图4)。

图4 深化设计线模型

5.2 钢结构安装的BIM应用

工程所在地距离加工车间65km左右,交通运输较为便利,但考虑到构件的尺寸、类型,若构件在车间制作组拼成型再运往现场,几乎不可能,只能采取杆件在车间下料成活,再打包运往现场进行组拼;采用该方式除了能够配合吊装单元的划分结果外,还能增加车间的周转效率,基本无需占用加工厂构件堆场,也减少了二次搬运量。最终吊装方案确定为:采用180t自行履带式起重机沿结构外围一周设置;并对塔式起重机行进路线采用砂石硬化,现场配置一台25t汽车式起重机进行小型构件的转移和吊运。

吊装单元在现场组拼,过程为:从Tekla模型中导出CAD线模型,从线模型中分解各吊装单元,根据现场组拼需要,自定义各单元节点坐标进行坐标系转换,并根据杆件的结构尺寸将节点坐标"引渡"到杆件表面上,为了便于拼装,一般将最大的三角形或四边形平面单元设置为与胎膜平面平行。先拼装底平面单元的主杆件,再拼装空间主杆件(即除了底面以外的主杆件),将细板条焊在主杆件所在平面的上表面主杆件的中心线上,通过板条与板条的交点确定控制坐标位置。对于不宜控制的"交点",将与该交点相连的每跟杆件沿该交点各自向后回退1m作为新的坐标控制点,并做标记,通过CAD标注新的控制点坐标。主杆件完成组拼后安装次杆件,遵循先长后短、对称安装的原则安装次杆件(图5)。

图5 钢结构现场组拼

5.3 施工模拟

在构件吊装过程中和结构安装施工的各个阶段,由于构件和结构自重的因素,会造成局部应力过大或者挠度过大,因此,有必要对施工过程进行模拟分析,通过计算对施工方案进行论证,保证施工安全可靠;工程采用SPA2000软件来进行模拟计算。

（1）起吊过程如图 6 所示。

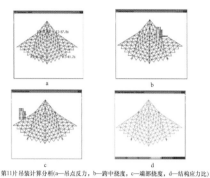

第11片吊装计算分析（a—吊点反力，b—跨中挠度，c—端部挠度，d—结构应力比）

图 6　起吊过程

（2）安装过程。对结构安装的各个阶段进行模拟分析，计算模型的应力值和挠度值是否在允许的范围之内，对有不满足的情况，采取加固措施。通过对不加临时支撑的结构模型的计算结果分析发现：存在吊装单元根部应力比过大、端部挠度变形超标的现象，遂在结构内部增设两个临时支撑。

5.4　吊装过程

（1）起吊：构件吊装采用三点绑扎，根据构件大小设置一根捯链吊绳来调整倾斜角度，示意如图 7 所示。

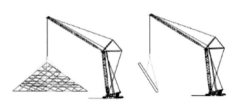

图 7　吊装示意

构件起吊距离地面 200～300mm 时起重机停止起钩，调整捯链，使钢桁架角度满足安装要求。起吊过程中配合溜绳防止构件大幅摆动，构件就位时，使其根部慢慢坐落于基础上，并保持索具钢丝绳接近于临界受力状态。

（2）就位测量控制：在 CAD 线模型上建立与施工现场一致的施工坐标系，得出控制点的坐标并计算出"引渡"到构件表面的实际测量控制点坐标，测量人员采用免棱镜全站仪或者采用反光标配合全站仪对测量控制点进行测量校验，对于多个控制点无法同时满足的情况下，优先满足悬臂端的位置，并同时保证其他控制点误差在允许范围之内。

（3）安装顺序：先安装 1 层钢结构，从下向

上进行安装。吊装顺序如下：钢桁架在地面拼装成片→吊装第 1 层→吊装内部桁架主立柱→吊装第 2 层→吊装第 3 层、4 层和屋顶组片结构→吊装完善剩余内部桁架→临时支撑卸荷；其中临时支撑采用两个临时支撑架，利用液压千斤顶顶升框架。

5.5　发现碰撞、图纸错误

因为空间异型结构在平面图纸中无法检查出碰撞，特别是外部钢框架和混凝土由两家单位施工，钢架施工时对已建成的混凝土结构进行了详细复测，并建立土建模型，将土建模型导入钢结构模型，进行碰撞校核，发现碰撞多达 55 项，在模型中及时修改，避免了后期大量返工。

6　经验总结

基于 BIM 技术的钢结构深化详图软件，虽然有受力计算模块，但还没有专业的受力分析软件成熟，所以往往设计院使用的是专业设计软件（如：PKPM、3D3S、MTS、Staad、Strat 等），而计经、预算单位也有专业的预算软件（广联达、鲁班算量等）。对这些软件稍作了解可以看到，目前它们也都在运用 BIM 技术，很多软件都能建立 BIM 模型。但这样是不是就造成了一种浪费呢？一个工程建立多种模型，无疑会在建立模型时增加错误的可能，即使软件间的接口也能使模型可以在不同软件间转化，但是转化的效率和准确性还不算成熟，例如 CAD 可以转化成 Tekla 模型，但是节点、切割、焊缝等信息却要一个一个设置，甚至没有重建模型更快、更准确。

如果能有一个软件可以整合这些功能贯穿工程建设全过程，使业主、设计、施工、监理各方都可以随时、随地去使用这个模型，调取里面的各种数据，及时更新工程状态，使工程建设更透明化。

趋势展望：通过对 Tekla 的应用，可以看到目前整个 BIM 技术正在描绘出建筑产业迈向自动化生产的蓝图，可以说今后的工程将依托 BIM 模型实现建筑生产全过程自动化，建立好模型后，系统自动进行受力分析，与自动选取合适材料及截面，配合 3D 打印技术或机器人和智能加工设备进行自动加工。而这些在汽车产业其实已经得到实现，相信在不久的将来建筑业也会普及。

A053 世界功夫中心项目 BIM 应用

团队精英介绍

孙玉霖
河南二建集团钢结构有限公司总工程师助理

二级建造师
工程师

长期从事钢结构深化设计、钢结构施工技术工作，先后主持完成了新乡守拙园 3 号楼钢结构工程、新乡市生活垃圾焚烧发电厂等项目。荣获全国钢结构 BIM 奖 5 项，河南省科技进步奖一等奖 1 项，省级工法 5 项。

樊慧斌
河南二建集团钢结构有限公司总经理助理

长期从事钢结构现场工作，主持建设的新建九江至南昌城际铁路铁路工程南昌站改造工程荣获"2016 年度中国钢结构金奖"，濮阳龙丰"上大压小"新建项目主厂房钢结构工程荣获"2018 年度中国钢结构金奖"。

段常智
河南二建集团钢结构有限公司总工程师

高级工程师
一级建造师

新乡市建设工程质量专家库成员、2017 年度新乡市学术技术带头人、中国施工企业管理协会建设工程全过程质量控制管理咨询专家、中国电力建设企业协会专家、河南省钢结构协会钢结构专家、河南省钢结构科技评审专家。

李 冲
河南二建集团钢结构有限公司技术员

助理工程师

曾参与过国家技术转移郑州中心项目、世界功夫中心项目钢结构深化设计。

郁红丽
河南二建集团钢结构有限公司技术部部长

工程师

从事钢结构深化设计和钢结构施工十余年，对多种形式的钢结构建筑有着丰富的深化设计和施工经验，参建完成的守拙园 3 号楼钢结构工程和濮阳龙丰"上大压小"新建项目钢结构工程均获得中国钢结构金奖。

王宜峰
河南二建集团钢结构有限公司项目执行经理

工程师

长期从事钢结构现场工作，先后负责完成濮阳龙丰电厂，世界功夫中心项目，心连心神州精工项目等项目，荣获中国钢结构金奖 1 项，全国 BIM 奖 2 项，全国电力协会 QC 奖 1 项。

朱立国
河南二建集团钢结构有限公司工程师技术部主管

从事钢结构深化设计、钢结构加工安装工作多年，多次参建国家级重点工程和省级重点工程。先后获得国家级 BIM 奖 1 项，省级 BIM 奖 3 项，专利 1 项。

王泽江
河南二建集团钢结构有限公司技术员

助理工程师

从事钢结构深化设计、钢结构制作和安装。曾参与世界功夫中心项目，获得国家级 BIM 奖 1 项。

李小燕
河南二建集团钢结构有限公司技术员

助理工程师

从事钢结构深化设计、钢结构制作和安装。曾参与世界功夫中心项目，获得国家级 BIM 奖 1 项。

张 旭
河南二建集团钢结构有限公司项目执行经理

工程师

从事钢结构现场管理以及钢结构现场安装等工作，先后负责完成新乡守拙园 3 号楼钢结构工程，卫辉守拙园大禹湖畔公寓等项目，荣获中国钢结构金奖 1 项、全国钢结构 BIM 奖 2 项、省级工法 2 项。

BIM＋装配式钢结构助力嘉祥县嘉宁小区三期工程 5♯施工应用

山东诚祥建设集团股份有限公司，山东萌山钢构工程有限公司，山东建筑大学

刘希祥　岳跃轲　杜鹃　岳增良　张春景　赵彦章　马强　贾义雨　解文博　潘帅　等

1 工程概况

嘉宁小区是山东省第一个钢结构公共租赁住房项目，全部采用钢结构装配式技术，规划建筑面积 9.6 万 m²，其中三期工程 5♯、6♯楼为商品房住宅，共 66 户，均已预售完毕。

该工程全部采用钢结构装配式技术，总建筑面积 9.6 万 m²，规划建设公租房 1100 户，分期进行建设。

项目主体采用装配式钢管混凝土异形柱框架结构，基础为 CFG 桩基＋筏板基础，基础垫层强度 C15，基础为 C30 P6，柱为钢骨柱，芯内浇灌 C40 自密实混凝土，梁为钢梁，楼板为底模可拆且重复利用的钢筋桁架楼承板，墙体地下部分外墙为 250mm 厚钢筋混凝土墙，地上内外墙为蒸压砂加气混凝土砌块（图 1）。

图 1　项目鸟瞰图

图 1　项目鸟瞰图（续）

项目名称：嘉祥县嘉宁小区三期工程 5♯楼。

建设单位：嘉祥城市建设集团有限公司。

总承包单位：山东诚祥建设集团股份有限公司。

项目地点：嘉祥县城建设路西、北一路南。

建筑面积：7437.83m²。

建筑高度：32.74m。

装配率：75％。

2 单位介绍

山东诚祥建设集团成立于 1965 年 9 月，注册资金 4.23 亿元，资产总额 19 亿多元，年完成产值 40 亿余元。公司是集建筑安装、房地产开发、装配式建筑房屋部品部件生产制造、建筑机械、装饰装修、建筑幕墙、质量检测、锅炉安装、消防设施、商务酒店、市政园林、新型建材、小额贷款、山石开采等多种产业于一体的企业集团（图 2）。

资质情况：建筑工程施工总承包壹级、钢结构工程专业承包壹级、消防设施工程专业承包壹级、地基基础工程专业承包贰级、建筑装饰装修工程专业承包贰级、建筑幕墙工程专业承包贰级、市政公用工程施工总承包叁级。

图 2　企业办公楼

公司自建立以来，十分注重自身素质的提高。近年来公司在 BIM 技术应用方面都取得了突破性的进展。图 3 是公司最近取得的部分荣誉。

图 3　公司部分荣誉

3　BIM 团队

2015 年组织人员参加由人社部＋图学会组织的 BIM 等级考试，截至目前，集团公司拥有一级证书 54 人，二级建筑设计专业 21 人，结构设计专业 25 人，设备设计专业 18 人。

2017 年 12 月，公司 BIM 团队赴青岛市黄岛区中德生态园项目，学习交流 BIM 技术在项目中的创新应用点，参观浏览被动式住宅。

4　工程策划

全 BIM 体系建设及策划：实施准备阶段，根据公司 BIM 建模标准，结合本工程的特点，编制针对本项目的 BIM 实施方案指导书，制订了一系列基于 BIM 技术的项目管理流程。

基于 BIM 技术的项目管理流程，包含了建模、深化设计、质量、进度、安全、成本等。使项目工作管理更加程序化、规范化，提高了项目的管理效率（图 4）。

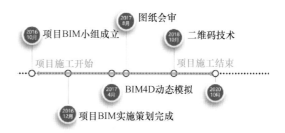

图 4　工程 BIM 管理

BIM 软硬件配置：项目搭建服务器作为数据库终端，配备大型图形工作站、专业图形设计笔记本以及 100M 独立光纤等硬件设施，保证了项目 BIM 系统的流畅应用。

5　亮点成果

（1）施工质量控制样板：BIM 具有可视化、模拟化、参数化、优化性、可出图性等特点，其在施工工艺样板中能够体现出直观形象的应用效果。通过 BIM 技术进行工法样板策划，建立施工工法样板库，对重要施工节点和部位进行工序工艺模拟，并借助 BIM＋二维码技术进行工法样板培训交底，指导现场实体样板施工，从而为大面积展开施工作业提供技术支持，提前做到避免和消除工程质量缺陷隐患。

（2）企业族库＋施工质量控制。

（3）钢结构模型：运用 BIM 技术提前建立模型输入信息，"装配式钢管混凝土异形柱（L 形、T 形、Z 形柱）"和"梁柱外套管节点"技术，解决了规则截面柱柱体凸出墙面，占用室内空间的问题（图 5、图 6），具有以下创新点：

1）适合于住宅产业化配套；

2）有利于推动钢结构在住宅建筑中的使用；

3）使用钢管混凝土柱，抗震性能好；

4）符合国家节能、减排政策；

5）外套管节点技术，可提升加工效率 80％，混凝土浇灌方便，有效地提高产业化程度。

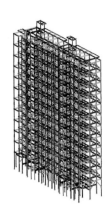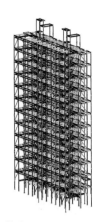

Tekla模型

标准层：构件预制

钢结构+土建

图5　钢结构节点模型

（4）亮点成果：包括钢结构基础、钢结构检验、钢结构安装、钢管柱排气孔节点、BIM场地布置、施工模型管理、地下车库管综碰撞检查、管综模型与现场比较、地下车库管综—净高分析、地下车库管综—工程量、管线碰撞定位、管综—出图、管综—开洞套管、管线综合排布—支吊架、管综漫游动画、施工过程管理。

异形钢柱-Z形柱连接节点

图6　钢结构节点深化

异形钢柱-T形柱连接节点

图6　钢结构节点深化（续）

6　总结计划

（1）人才培养计划

公司聘请专家对于技术人员实行全员培训，并有大批人员已考取BIM建模师等级证书。

各土建安装公司逐步建立BIM团队，并且获得国家、省级等多个奖项。

目的：建立和完善公司人才培养机制，建立公司的人才梯队。

原则：坚持"内部培养为主，外部培养为辅"的培养原则并进行循环培养。

目标：坚持"专业培养和综合培养同步进行"的人才培养政策，即公司培养专家型的技术人才和综合型的管理人才。

（2）改进方向及措施

BIM之间软件的衔接还不够完美。将Revit中的模型导入Navisworks中，其中有些在建模过程中的材质会丢失，需要在Navisworks中重新对构件赋予相应的材质。

积极学习BIM技术的新应用，在新的软件、新的应用上进行学习，邀请BIM服务公司进行培训指导，促进BIM技术在本公司的发展。

完善基于BIM的工作流程，并且增加一些激励机制来调动大家对BIM工作的积极性。

建立、完善基于BIM技术的项目管理体系，以制度来保证BIM技术的顺利实施，积极参加BIM相关的会议、交流活动。

A060 BIM＋装配式钢结构助力嘉祥县嘉宁小区三期工程5♯施工应用

团队精英介绍

刘希祥
山东诚祥建设集团质量技术部副部长

工程师

长期从事施工企业领域BM技术应用，取得发明专利1项，实用新型专利2项，发表论文2篇，获得省级QC成果1项，市级奖项4项，国家级BIM奖7项，省级BIM奖5项，市级BIM奖3项。

岳跃轲
山东诚祥建设集团 BIM组成员

工程师
二级建造师

获实用新型专利1项；获得国家BIM奖6项；获得省级BIM奖3项；获得市级BIM奖3项。

杜 鹃
山东诚祥建设集团网信部副部长

工程师

发表国家级论文3篇；获得国家级实用新型专利3项；获得市级QC科技成果5项；获得国家BIM奖6项；获得省级BIM奖1项；获得市级BIM奖2项。

岳增良
山东诚祥建设集团副总、总工程师

高级工程师
BIM 组组长
BIM 高级建模师

长期从事企业质量技术管理工作，取得发明专利2项，实用新型专利7项，省级工法9篇，参编标准3项，获国家级BIM奖项7项，省级奖项5项，市级奖项3项。

张春景
山东诚祥建设集团网信部部长

高级工程师
一级建造师
一级造价师
BIM 组副组长

取得实用新型专利4项，省级工法8篇，获国家级BIM奖项7项，省级奖项4项，市级奖项3项。

赵彦章
山东诚祥建设集团行政办公室主任

工程师
二级建造师
BIM 高级建模师

获得山东省级QC一等奖1项；获得国家BIM奖6项；获得省级BIM奖1项。

董公令
山东诚祥建设集团四分公司经理

高级工程师
一级建造师

长期从事经营管理工作，获国家级BIM奖项1项，省级奖项1项，市级奖项2项，发表论文3篇。

李国庆
山东诚祥建设集团

工程师

长期从事企业技术质量科技管理工作，撰写专著2篇，获2020年省级QC小组成果奖，每年参加市级QC活动获奖多项。获得国家级BIM奖项1项，市级奖项2项，实用新型专利1项。

徐道勇
山东诚祥建设集团法制办主任

一级建造师

取得实用新型专利3项，获国家级BIM奖项1项，省级奖项2项，市级奖项2项。发表论文3篇。

高 沛
山东诚祥建设集团质量技术部部长

高级工程师
一级建造师
安全工程师
BIM 高级建模师

长期从事质量技术管理工作，取得专利6项，获得山东省企业技术创新优秀成果1篇，QC成果12项。

润邦达美汽车制造业工业链产业园项目（一期）

沈阳三新建筑设计院有限公司

张睿　高华鹏　杨闯　徐静文　张帝　等

1　项目介绍

1.1　项目信息

工程名称：润邦达美汽车制造业供应链产业园项目。

工程地点：沈阳经济技术开发区开发二十五号路 125 号。

工程规模：本建筑为物流建筑。1♯建筑主体为单层钢框架结构，局部 2 层为钢筋混凝土框架结构。建筑面积为 25460.32m² （图 1）。

图 1　项目效果图

1.2　系统构成

开放式金属幕墙系统：现场安装。

办公楼墙面系统采用开放式金属幕墙系统，真正实现会呼吸的幕墙。

一体化墙面保温系统：工厂预制。

厂房墙面系统采用工厂预制的一体化保温系统，避免现场散件式安装，减少各种施工问题的产生。

一体化屋面保温系统：工厂预制。

厂房屋面系统采用工厂预制的一体化保温系统，避免现场散件式安装，减少各种施工问题的产生。

2　企业介绍

2.1　公司组成

三新联合（北京）管理咨询有限公司：国内知名的管理资讯类公司。

三新实业有限公司：国内知名的设计、施工一体化的建筑工程总承包企业。

北京达博瑞科技有限公司：国内知名的科技类公司，拥有强大的技术团队作为公司的后盾。

三新建筑设计院有限公司：拥有强大的工程设计实力和技术咨询能力的综合甲级设计院。

三新钢结构工程有限公司：拥有强大的钢结构施工能力。

2.2　公司资质

公司资质如图 2 所示。

图 2　公司资质

2.3　公司规模

公司员工情况：公司现有员工人数 480 人。

高等级人才：高级工程师 18 人，高级经济师 2 人。

国家注册类人才：国家注册结构师、一级建造师、造价师 30 余人。

2.4 加工能力

公司车间如图 3 所示。

图 3　车间概况

3 应用介绍

3.1 标准编制

包括文件目录结构、命名规则、色彩规则、BIM 资源管理、BIM 模型细度、模型组织管理。

3.2 建模流程

建模流程如图 4 所示。

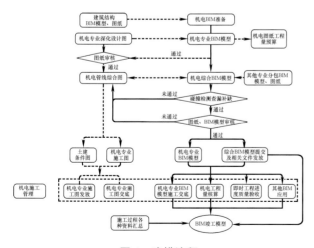

图 4　建模流程

3.3 核心软件

核心软件如图 5 所示。

Revit——主要用来搭建附带所有建筑信息的三维建筑模型。

3ds max——主要应用到建筑效果图和建筑动画制作中。

AE——主要是用于视频文件的后期制作。

PR——一款常用的视频编辑软件。

PS——一款广泛应用于平面设计、照片修复、广告摄影的软件。

Rhino——广泛地应用于三维动画制作、工业制造以及机械设计等领域。

Lumion——一个实时的3D可视化软件。

Navisworks——能够整合其他设计工具建立的几何图形和信息相，将其作为整体的三维项目，然后进行实时审阅。

图 5　核心软件

3.4 模型效果对比

模型效果对比见图 6。

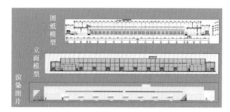

图 6　模型效果对比

3.5 建筑模型

建筑模型如图 7 所示。

图 7　建筑模型

3.6 结构模型

结构模型如图 8 所示。

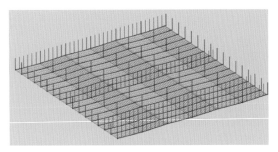

图 8　结构模型

3.7　Navisworks 模拟

Revit 模型与 Navisworks、Project、Visio 软件结合来进行施工模拟，从而更好地实现进度优化、工期优化的效果。

建筑模型与结构模型的合并，也便于后期漫游检查建筑与结构的冲突，将合并的模型与进度计划关联，配合场景与相机，进行 4D 进度模拟（图 9）。

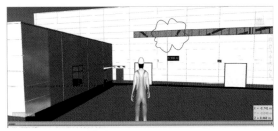

图 9　Navisworks 模拟

4　心得总结

4.1　模块化设计、生产

在 BIM 设计过程中，所有钢结构部分的梁、柱都进行模块化设计，通过嵌套族的形式建立整个结构模型。在生产过程中，直接把梁、柱的模型导出，在工厂进行模块化生产，提高整个工程的建设周期。

4.2　材料信息查询

在施工及运维过程中，若发现材料损坏，技术人员可登录材料管理后台，搜索损坏的材料信息，包括生产、出厂、进场、定位和安装的所有信息。第一时间重新加工生产。

4.3　工程量统计

在建模过程中，赋予门、窗、嵌板等材料各

种属性（长度、宽度等），待建模完成后，通过明细表的形式统计整个工程各种材料及费用的总量，真正做到对项目整体上的把控。

在工业类设计中引入 BIM 设计，颠覆传统的设计思路，能够更好地缩减项目的建设成本以及后期的维护费用。

4.4　技术交底可视化

针对施工难度较大的位置，BIM 团队专门设计了安装动画，便于现场技术人员在技术交底过程中，能够快速、准确地把关键的控制点传达给安装工人，避免理解偏差，造成工程不必要的损失。

4.5　经济效益

通过 BIM 技术的应用，实现了设计阶段参数化、加工阶段数字化、施工阶段信息化、运维阶段智能化。在整个建筑的生命周期中，可以大大节省工期、物料及人工。

4.6　社会效益

通过 BIM 技术的应用，为社会培养了人才，为业主实现了建筑造型及功能，为总包赢得了管理效益，为分包赢得了利益。且各方共赢的情况下，减少了社会资源浪费，降低了环境污染程度，促进了建筑业通过 BIM 技术向智慧建造方向的迈进。

5　未来展望

5.1　专项应用

建筑行业应早日实现预制化加工，节约成本，缩短工期；使用 MR 技术，虚拟模型融合进现实场景，实现人与模型交互。

5.2　企业级应用

BIM 应用应以点带面，从项目级应用到企业级应用，使绝大多数员工熟悉并掌握 BIM 技术，加速建筑行业技术革命。

5.3　智慧建造

通过本项目 BIM 技术的应用，促进未来工业建筑行业设计与施工基于 BIM 技术的全方位沟通和利益共赢。

A062 润邦达美汽车制造业工业链产业园项目（一期）

团队精英介绍

张　睿
BIM 中心主任

获得 BIM 二级等级证书，曾组织参加多次 BIM 大赛，并荣获多个奖项。拥有较高的理论水平和建模水准，能熟练使用各类 BIM 技术软件，具有丰富的实践经验和组织管理能力。

高华鹏
BIM 组建筑建模成员

获得 BIM 一级等级证书，负责 BIM 可持续设计包括绿色建筑设计、节能分析、室内外渲染、虚拟漫游、建筑动画、虚拟施工周期、工程量统计等，曾荣获多项大赛奖项。

周万金
BIM 组电气建模成员

负责电气设计中 BIM 技术的具体应用，样板设置、初步管线综合、族库和电气绘图，并进行深入分析，曾获得多项荣誉称号并荣获多个大赛奖项。

徐静文
BIM 组结构建模成员

获得 BIM 一级等级证书，以工业结构设计为主，能熟练掌握并创造新型构件族，具有掌握新技术的学习能力和善于总结及创新的能力，曾荣获多个大赛奖项。

张　帝
BIM 组结构建模成员

获得 BIM 一级等级证书，以民用结构设计为主，能熟练构建及运用构件族库，具备较强的计算机操作能力和结构专业知识及丰富的 3D 知识等，曾荣获多个大赛奖项。

成都露天音乐公园 BIM 应用

中国五冶集团有限公司

江涛　母丹　付航　郑德辉　王璞　郭浩　李加坤　李国明　廖盈　罗彬　等

1　工程概况

1.1　项目简介

成都露天音乐公园位于成都北星大道一段以东，北三环路三段以北，凤凰立交东北方向；项目总占地面积 592 亩，包含 5 个主题音乐剧场，露天音乐馆面积为 1.44 万 m² （图 1）。

图 1　项目效果图一

音乐馆高 45m、跨度 180m，双面看台，可同时容纳 4.7 万人观演露天音乐会。主要由拱支双曲抛物面索网结构和月牙形复杂空间钢桁架两个独立的结构单元组成，是国内同类型已建成的最大穹顶天幕，也是音乐馆的一大亮点（图 2）。

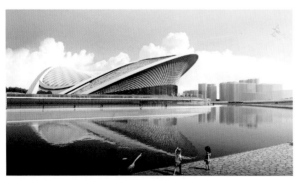

图 2　项目效果图二

（1）拱支双曲抛物面索网结构：双曲拱截面

高度从 3.2m 渐变至 5.8m；拱支跨度 180m；展开长度 260m；拱顶距离地面高度 44.5m；两拱顶最大间距 90m（图 3）。

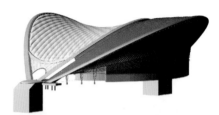

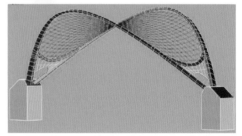

图 3　拱支双曲抛物面索网结构

（2）月牙形复杂空间钢桁架：整体呈月牙形，由 1 条落地拱，21 榀 7 字型桁架，1 组三角桁架，19 榀悬挑桁架，18 榀封边桁架，1 个双曲网壳结构组成（图 4）。

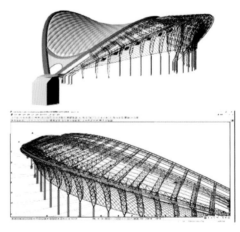

图 4　月牙形复杂空间钢桁架

（3）四棱锥双曲面铝板幕墙：由 1734 块异形四椎体组成，总体造型为双曲面，每块大小、角点定位都是变值（图 5）。

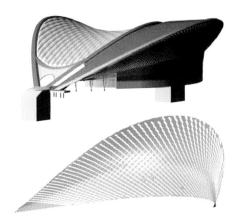

图5　四棱锥双曲面铝板幕墙

1.2　公司简介

中国五冶集团有限公司是世界500强上市企业——中国中冶的核心骨干子公司。

业务范围：工程总承包、勘察设计、房地产开发、钢结构及特种设备制造、项目投融资等；是国家高新技术企业、国家企业技术中心、国家知识产权优势企业，拥有国家钢结构工程技术研究中心西部研究院、四川省装配式钢结构工程技术中心、四川省技术创新示范企业、中冶干熄焦炉施工与维护工程技术中心。

公司BIM发展历程：2011年首次使用BIM，2014年BIM平台选型，2015年第一个试点项目，2016年全面推广BIM，2018年产值70%，2019年100%覆盖。

2015年搭建企业级BIM云平台，实行授权管理。基于BIM云平台，工程、技术、质量、安全、采购等全部实现施工全过程协同管理。

公司为保障BIM有序地良好发展和推广应用，制定了一系列的规章制度，包括《BIM综合应用推进方案》《BIM应用流程和岗位职责》《中国五冶BIM建模标准》《BIM模型审核管理办法》《项目BIM综合管理应用策划》《BIM综合应用管理办法》等。

1.3　采用BIM技术的原因

设计：超限设计、项目造型多为双曲面。建筑、结构设计进行参数化协同设计找形。

钢结构施工：包含大跨度双曲变截面钢箱拱、倾斜式桁架，施工难度大。对重要节点、典型节点及支撑措施进行有限元分析。对双曲拱及钢桁架进行施工模拟计算。

幕墙施工：双曲造型四棱锥铝单板安装控制困难，施工功效降低。运用BIM技术对每个安装节点进行三维模拟定位，指导现场放线工作，提高其准确性和施工效率。对幕墙进行参数化深化设计，获取棱锥空间定位及加工尺寸。

管理需求：企业发展需求。项目管理信息化，工程、技术、质量、安全、采购实现施工全过程协同管理。

2　BIM组织与应用环境

2.1　组织架构

项目经理直接领导BIM工作室，BIM负责人协调BIM团队完成模型深化，项目部其他各部门使用BIM成果、参与BIM各项应用。

2.2　软硬件配置

软硬件配置如图6所示。

BIM团队硬件配置

名称	硬件配置型号	数量(台)
BIM云平台	基于集团BIM云服务器实施综合管理	1
移动工作站	CPU型号：酷睿17-4900MQ 显卡：NVIDIA Quadro K4100M 内存：16G 主板：Intel QM87 硬盘：256G 2.5英寸SATA固态硬盘	4
戴尔台式电脑XPS 8920	处理器：英特尔酷睿i7-7700@3.60HZ 显卡：戴尔GTX1060(6GB) 内存：16GB(海力士DDR4 2400MHz) 主板：戴尔0VHXCD 硬盘：Conner CP03 256GB固态硬盘	6
平板电脑	尺寸：9.7英寸； 分辨率：2048×1536； 核心数：三核心； 处理器：苹果A8X； 系统内存：2GB； 存储容量：16GB；	18

BIM团队软件配置

序号	软件名称	软件作用
1	Rhino	设计找型、深化设计、出图
2	Tekla Structure	钢结构建模、深化设计
3	Autodesk Revit	机电参数化建模型、出图
4	Navisworks Manage	施工模拟，软硬空间碰撞检测等应用软件
5	FUZOR2017	VR接口平台
6	ABAQUS	结构分析
7	Midas	结构分析
8	Luban iWorks	移动端协同管理
9	3ds max	施工动画制作
10	企业级BIM云平台	综合管理应用平台

图6　软硬件配置

2.3　管理制度

相关管理制度如图7所示。

BIM应用管理组织体系
MCC
中国五冶集团有限公司
二零一四年九月

基于BIM项目管理阶段的流程
MCC
中国五冶集团有限公司
二零一五年四月

BIM建模标准
MCC
中国五冶集团有限公司
二零一六年九月

BIM数据协同和交互标准
MCC
中国五冶集团有限公司
二零一七年四月

BIM应用标准
MCC
中国五冶集团有限公司
二零一七年十一月

BIM验收标准
MCC
中国五冶集团有限公司
二零一八年七月

图7　相关管理制度

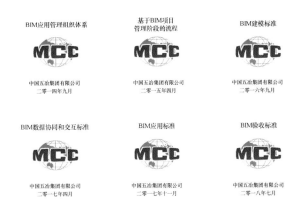

3 设计阶段 BIM 应用

3.1 建筑形态参数化生成

为满足造型和使用功能的要求，采用 Rhino＋Grasshopper 进行前期参数化协同设计找形，将此作为设计的初步资料提供给结构专业进行进一步分析，并在与结构专业的配合中不断优化建筑形态。

3.2 结构布置参数化生成

根据初步建筑形态，采用 Rhino＋Grasshopper 参数化生成结构构件。

3.3 整体结构应力分析及建筑形态优化

将结构模型导入有限元软件中进行设计和复核，并根据分析结果不断优化结构布置和建筑形态。

3.4 节点深化设计

在整体模型满足建筑功能和结构受力的基础上，对重要节点进行深化设计，推敲细部造型和结构合理性（图8）。

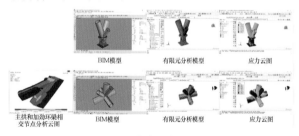

BIM模型　　　有限元分析模型　　　应力云图

主拱和加劲环梁相交节点分析云图　　BIM模型　　有限元分析模型　　应力云图

图 8　节点深化设计

3.5 复杂幕墙板块参数化设计

外立面锥形鳞片直接悬挂在钢结构主体上，形似凤凰的羽毛，经过参数化的控制调整，拟合成尽量少的规格既满足了复杂造型的表现，又利于施工降低成本。此外，这部分围护结构还将起到隔离公园内外噪声相互影响的作用（图9）。

3.6 BIM 设计模型出图

通过设计 BIM 模型直接生成平、立、剖面

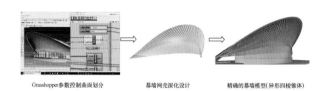

Grasshopper参数控制曲面划分　　幕墙网壳深化设计　　精确的幕墙模型(异形四棱锥体)

图 9　幕墙板块参数化设计

图、轴测图、坐标表、曲面及曲线方程等，将模型和图纸向施工阶段流转。

4 施工阶段 BIM 应用

包括 BIM 深化设计、基于 BIM 的真实施工过程模拟、预制加工及安装、施工变形监测、质量与安全管理、材料管理、进度管理等。

5 运营监测

5.1 双曲抛物面主拱监测

双曲抛物面主拱受力非常复杂，受弯、剪、扭耦合作用。通过设置传感器、采集系统等构建结构关键构件监测平台，对关键位置应力、内力进行检测，能够有效保证钢结构在运营期间的安全性。

5.2 索膜结构监测

拉索因环境温度改变及膜面风荷载影响造成索力增量在一定范围内变化，两时间段索力变化幅值差别较大，通过监测平台进行实时监测，有效保证索膜结构在运营期间的安全性。

6 BIM 应用效益

2019 年 1 月 20 日，由中国钢结构协会、日本钢结构协会主办，四川省装配式建筑产业协会、中国五冶集团承办的"2019 中日钢结构应用发展研讨会"召开，中国五冶集团钢结构工程公司总工程师姜友荣对成都露天音乐公园钢结构工程施工技术进行了介绍，并引导中日建筑专家参观了成都露天音乐公园项目，获得一致好评。

A096 成都露天音乐公园 BIM 应用

团队精英介绍

齐贵军
中国五冶集团有限公司钢结构及装配式工程分公司党委委员

经理助理
高级工程师

负责成都露天音乐公园项目整体深化、制作、安装以及运营全方位把控。

母 丹
中国五冶集团有限公司钢结构及装配式工程分公司技术研究中心主办

工程师

主要负责成都露天音乐公园五边形双曲主拱深化设计。

张 杜
中国五冶集团有限公司钢结构及装配式工程分公司技术研究中心主办

工程师

主要负责成都露天音乐公园项目月牙形复杂空间钢桁架深化设计。

郑德辉
中国五冶集团有限公司钢结构及装配式工程分公司制造厂技术员

工程师

主要负责成都露天音乐公园项目钢结构构件的加工制作，对过程中的每一个步骤编制加工方案、工艺方法并进行交底。

王 璞
中国五冶集团有限公司钢结构及装配式工程分公司制造厂厂长

工程师

主要负责成都露天音乐公园项目钢结构材料采购到加工生产的全过程控制。

谭子龙
中国五冶集团有限公司钢结构及装配式工程分公司制造厂技术负责人

工程师

负责成都露天音乐公园项目钢结构技术、质量、工艺、方案的审核、审批等工作。

李加坤
中国五冶集团有限公司钢结构及装配式工程分公司技术研究中心副主任

工程师

带领团队通过 BIM 技术模拟预拼装、安装、卸载，大大提高建筑精准定位，圆满完成了露天音乐公园深化设计，强有力地支撑了现场施工。

李国明
成都露天音乐公园钢结构现场负责人

高级工程师

带领项目团队严格按照图纸、规范施工，保证各项工程一次性验收合格。

郭 浩
成都露天音乐公园项目技术主管

工程师

擅长空间钢结构技术的现场应用，负责成都露天音乐公园钢结构方案的编制和实施。

江 涛
中国五冶集团有限公司钢结构及装配式工程分公司 BIM 技术中心主办

负责现场 BIM 应用与协调。

基于 IBIM 系统的集束叠墅项目设计与实施

集束智能装配科技有限公司，河南天丰绿色装配集团有限公司，天丰钢结构建设公司

郑天心　刘殿祥　邓环　孔维永　化小龙　高浩钦　臧志豪　张航通　汪洋　刘涛　等

1　集束智能装配体系简介

河南天丰绿色装配集团位于郑洛新国家自主创新示范区。专注行业发展 20 多年，建立了覆盖装配式建筑的全产业链，拥有钢结构装配式建筑行业的最高最全资质。是国家装配式建筑产业基地、国家集成房屋动员中心、国家钢结构绿色住宅产业化体系示范基地、河南省建筑产业现代化试点企业、军工单位（图 1）。

图 1　河南天丰绿色装配集团荣誉

集束智能装配体系的研发：历经十多年时间的创新、改进和优化，天丰绿色装配集团每年持续投入过亿元，引进英国博士团队，联合重庆大学周绪红院士团队，清华同衡金院长团队，清华大学、智博设计院、中国建筑金属结构协会等机构的专家，开发了集束智能装配体系（图 2）。

图 2　集束智能装配体系研发

什么是集束智能装配体系？

一套创新的、完整的、高效益的钢结构装配式建筑体系，包含了集束建筑的智能化设计 IBIM 系统、建筑工业化构件生产设备与技术、快速现场安装方案，以及系列建筑与结构产品，满足大部分工业与民用建筑的需求。

集束智能装配体系的三大核心竞争力——建筑工业化的实践。

集束智能成套装备及制作工艺：自主研发的集束 G 型钢生产线；零件、组件、构件集成的配套设备、系列标准工装与制作装配工艺；智能化生产控制系统。

集束智能装配 IBIM 系统：自主研发 IBIM 软件系统，将产品设计、制造、施工组织、概预算等专家经验，用计算机程序实现。从而替代人工，提高项目效率、缩短工期；提供完整的施工图、加工图、BOM、设备控制文件。

集束智能装配产品系列：自主研发 5 大系列建筑产品，覆盖工业与民用建筑大部分领域；采用 GSI 理念，墙板、屋面等围护结构、设备管线、装修等可变模块灵活嵌入集束结构中；系列工业化装配式围护体系方案。

2　定制化的集束 IBIM 系统简介

2.1　定制的智能化 BIM 系统——建筑工业化的"软核心"

IBIM：智能化建筑信息模型系统（Intelligent Building Information Modelling），是以 BIM 技术为基础的智能化建筑项目实现系统。该系统对特定的建筑产品进行定制开发，将产品设计、制造、施工组织、概预算等专家经验，用计算机自动化程序形式实现，替代相关人员工作，从而提高项目效益、缩短工期。

2.2 IBIM 系统带来的显著效益，并成功申请国家科研项目资助

以两层 $250m^2$ 的集束建筑为例，传统设计与深化流程约为三周，IBIM 全设计深化清单预算不到 41min，效率提高 175 倍（表 1）。

项目耗时比例 表 1

项 目	耗时	比例
IBIM 简线图建模	30min	73%
IBIM 结构自动分析（ANSYS APDL）	10min	24%
IBIM 自动设计、计算书、施工图、加工图、物料清单（BOM）、CNC 文件	1min	3%
总计	41min	100%

河南省重大专项：集束智能装配无痕生态房屋研发与产业化项目。

国家科技计划：集束智能装配低层建筑——智能建筑信息模型系统（IBIM）开发。

2.3 建筑工业化的目标——产业升级为用户创造价值

制造方式改变：通过智能化技术应用，在工程设计、装配式构件深化、自动设备控制等方面替代了技术人员职能；采用自动化设备、信息化技术，减少 80% 以上的人工。

建造方式改变：项目产品智能化设计，工厂自动化生产，现场无焊接，全装配式施工，施工免受环保因素影响，工期显著缩短，提供一种新型建造模式。

行业内涵改变：将建筑行业赋予工业的内涵，采用机械制造标准、航空工业标准生产建筑的构件、部件，使建筑产品实现设计智能化，生产自动化。

3 基于定制化 IBIM 系统的集束叠墅项目

（1）设计师与团队建设。

结构设计师及 IBIM 系统开发者：郑天心，英国曼彻斯特大学结构工程博士，爱丁堡大学博士后，长期从事创新建筑与结构体系开发，专长于模块化建筑与建筑工业化体系研究，以及智能化建筑 CAE 系统开发与应用。

（2）叠墅项目介绍——IBIM 项目设计与实施。

叠墅的概念：叠拼别墅从外部造型来看就是一栋别墅，具有和一般别墅一样的有天、有地、有花园的私密生活空间。其具有别墅的所有要素：下单元住户拥有小花园，上单元住户拥有面积较大的露台。每户有入户花园或阳台花园，拥有良好的不可替代的自然环境。因为叠拼别墅的内部构造，其建筑高度大都是 4 层左右，容积率大约为 1，房型面积一般在 $200\sim300m^2$ 之间。建筑科技含量高，相比于独栋别墅土地利用率高，面积大小适中，房屋价格较低。相对于联排别墅的优势在于布局更为合理，不存在联排进深长的普遍缺陷。而且，叠下有可爱的半地下室，叠上有痛快的露台，虽然没有联排的见天见地，但是优势不减，甚至更为灵动而宜人。

（3）本项目概况。

总建筑面积 $1052.28m^2$，其中地上面积 $811.98m^2$，地下面积 $240.30m^2$，上叠户型面积 $203m^2$，下叠户型面积 $203m^2$，建筑高度 17.70m，建筑层数为地下 1 层/地上 4 层，建筑层高 3.45m（图 3）。

图 3 项目效果图

（4）IBIM 项目实施的第一步。

基于建筑方案的简线图建模。

（5）IBIM 对 ANSYS 的二次开发。

自动结构计算与生成计算书。

（6）自动结构建模。

IBIM 自动生成 ANSYS 结构建模文件。

（7）自动结构计算。

IBIM 自动生成 ANSYS 结构计算文件，运行 ANSYS 进行自动结构计算流程。

（8）自动设计。

IBIM 结构优选截面并验算，生成结构计算书。

（9）IBIM 自动生成精确三维模型。

IBIM 三维模型如图 4 所示。

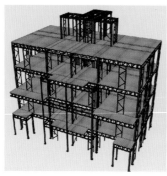

图 4 IBIM 三维模型

（10）IBIM 自动生成全套结构施工图。

达图审级别，进一步开发其他专业施工图模块。

（11）IBIM 自动生成加工图与物料清单，达生产与加工深度。

（12）IBIM 提供现场装配图，计划现场安装。

（13）IBIM 导出 IFC 格式结构文件，导入通用 BIM 软件平台深化。

（14）Revit 平面图。

（15）Revit 生成的立面与剖面图。

（16）Revit 生成的详图文件。

（17）Revit 三维渲染样式与动画展示。

（18）Naviswork 施工模拟与动画。

（19）Enscape 建筑效果图。

（20）Enscape 建筑效果动画展示。

（21）集束 IBIM 工程技术文件集。

（22）IBIM 驱动的 G 型钢自动生产设备。

完善的清单系统：IBIM 自动生成全套物料清单（BOM），分零件、组件、构件三个层次，对应不同的生产部门与自动化生产设备，与 ERP 系统对接，实现自动生产控制。设备控制文件：IBIM 自动生成全套的设备 CNC 控制文件，控制 G 型钢生产线，自动化电阻焊，以及焊接机器人实现设备自动生产。

（23）集束智能装配构件集成装配工艺。

1）提升装配工装化率、减少对特殊工种技工的需求。

2）设计配送、转运制作专用托架，提升生产装配的效率。

3）创新采用电阻焊工艺，解决薄板焊接难题。

4）设计精密定位装夹机构，实现了集束构件

的机器人装焊，提升效率和精度。

（24）IBIM 驱动工业化生产的零件、组件和构件与动画。

（25）完整的工业生产的化标准节点体系。

（26）依据标准化的概念，进行产品定制化设计。

（27）快速现场装配及现场安装视频。

4 项目创新点——建筑工业体系的胜利

（1）创新建筑体系开发：以集束 G 型钢为基本素材，开发优秀的建筑结构形式，拥有良好的性价比，满足现行规范，满足构件、组件、零件的标准化，在设定适用范围内通用化，而且有利于设备的自动控制与生产。

（2）完全自主知识产权：针对上述创新开发的建筑体系，天丰自主开发 IBIM 程序，实现完全的知识产权与定制化。

（3）彻底的智能化与自动化：设计师完成简线图后，IBIM 自动完成从结构方案、结构设计、计算书生成、施工图生成，一直到精确三维模型，加工详图，系列清单，自动化设备生产控制，技术人员进行检查与监督，提高项目工程设计速度 170 倍以上。

（4）通用性：采用 VC++ 开发的独立运行程序，不受通用软件版本束缚，自动生成 dwg 施工图与加工图，xls 清单，skp 三维模型，csv 与 txt 设备控制文件，并生成 ifc 文件与 Revit 等通用软件对接；下一步开发的交互建模 UI 界面，将进一步提高使用效率。

A101 基于 IBIM 系统的集束叠墅项目设计与实施

团队精英介绍

郑天心
天丰绿色装配集团首席科学家

英国曼彻斯特大学博士
英国爱丁堡大学博士后研究员

现任天丰绿色装配集团首席科学家，集束智能装配科技有限公司总结构师，副教授，高级工程师。

刘殿祥
河南天丰绿色装配集团有限公司工程师

清华大学建筑学院

1997 年毕业于清华大学建筑学院。毕业后从事建筑设计工作并取得一级注册建筑师和高级工程师资格。先后就职于首钢设计院、中建钢构北方大区设计院。现在就职于河南天丰绿色装配集团有限公司。

邓环
河南天丰绿色装配集团高级副总裁

本科学历
机械专业
教授级高级工程师

现任河南天丰绿色装配集团高级副总裁，集束智能装配科技有限公司总经理。

张航通
硕士研究生

郑州大学建筑工程专业

硕士研究生，郑州大学建筑工程专业，具有政府城建部门从业经历，担任过上市公司区域营销负责人。

汪 洋
大专学历
机械专业

多年从事的工厂生产管理和现场施工工作，并具有丰富的实践经验。曾参与过新乡商会大厦、华为大数据、乌兹别克斯坦输油工程等大型项目加工制作。

刘 涛
北京科技大学软件工程专业硕士研究生学位

曾参与大型钢铁企业物流跟踪系统设计和建设工作，现就职于河南天丰绿色装配集团、集束智能装配科技有限公司，期间参与多项研发工作。

平顶山市高新区创新创业（科研）公共服务中心项目钢结构 BIM 应用汇报

河南城建学院管理学院，平煤神马建工集团有限公司土建处，

河南优创工程管理服务有限公司

殷许鹏　张大力　高泽天　介朝洋　胡志鹏　闫瑾　谢腾坤　陆朝友　王天鹏　谢志坤　等

1 项目简介

1.1 项目介绍

项目名称：平顶山市卫东区高新区创新创业公共服务中心。建设单位：平煤神马建工集团。项目地址：河南省平顶山市高新区建设路与站西路交叉口西北角。结构形式：装配式成套系统的钢结构办公楼。项目概况：本工程分为公共服务中心、附属用房、地下车库三部分，公共服务中心地下 2 层，地上 19 层，建筑面积 25377.61m^2（图1）。

图 1　项目效果图

1.2 重难点分析

大体积混凝土施工：主楼地下室底板厚度为 1800mm，要求一次浇筑完成，部分区域存有高低跨情况。

钢管束构件吊装困难：大跨度墙体构件重量大，构件吊装位置及吊装方式复杂。

施工场地狭小：本工程三面被建筑物环绕，施工场地空间小，材料堆场，办公区平面布置困难。

基坑支护难：现场场地狭小，土方无法放坡，开挖坑边坡度较大，平面形状较复杂，形成了坑中坑结构。

1.3 院校简介

河南城建学院是河南省唯一一所以工科为主、以"城建"为特色的多学科协调发展的省属本科高校。

管理学院工程管理专业于 2016 年 5 月顺利通过住房和城乡建设部专业评估。

2013 年成立工程管理 BIM 技术研究中心。

2 应用准备

为保证高新区双创项目 BIM 工作有序开展，由河南城建学院工程管理 BIM 技术研究中心和平煤神马建工集团共同组成实施团队。

制定了 BIM 实施大纲、管理制度等，将各项工作渗透至各施工单位相关业务部门。

结合项目实际情况制定 BIM 人员职责，明确责任分工。

3 BIM 应用实施

3.1 BIM 模型构建

项目 BIM 团队结合本次项目的特点，制定了全套的建模实施标准，建模过程中进行图纸问题记录。

各专业 BIM 模型截图如图 2 所示。

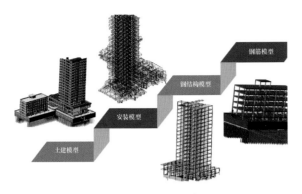

图 2　各专业 BIM 模型

3.2　BIM 钢结构深化

参考相关国家标准和图集，利用 Tekla 软件对钢结构进行深化（图 3）。

图 3　深化软件

通过鲁班节点，对结构复杂的钢筋与钢结构的连接节点进行建模，并对钢结构及钢筋模型进行间隙碰撞分析和优化（图 4）。

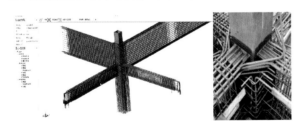

图 4　钢结构节点碰撞分析

3.3　BIM 辅助钢筋与钢结构连接点处理

通过鲁班节点，对结构复杂的钢筋与钢结构的连接节点进行建模，并对钢结构及钢筋模型进行间隙碰撞分析和优化，进而提出解决方案，解决了节点钢筋密集，施工困难的问题。

减少钢筋与钢柱的有效碰撞 40 余处。

对现场施工人员进行可视化技术交底，使其更直观深刻地理解钢结构构成机理，大大提高工作效率（图 5）。

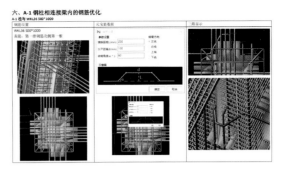

图 5　可视化交底

3.4　钢结构安装模拟

根据其结构特点可知，两边结构以 3 轴呈现左右对称形式，故其安装分区以中间 3 轴为界，分为 A 区和 B 区。为了施工时保证结构的稳定性以及避免结构焊接应力单向集中，先安装中间矩形区域，再向四周分散安装。

钢管束与箱形柱混凝土采用自密实混凝土，塔式起重机吊起漏斗浇筑。

钢筋桁架采用工厂加工制作，楼承板现场组装。

公共服务中心主楼高度为 80.5m，利用 BIM 模型综合模拟，方案比选，最终确定臂长 70m 塔式起重机一台。

塔式起重机安装高度 88.65m，标准节每个高 3m，考虑 27 节标准节。

塔身 17m 范围起重量 16t，末端最大起重量为 3.2t。根据计算，3 轴/D 轴钢管束距塔式起重机 21.464m，自重 9.589t，塔式起重机起重能力为 12t，满足吊装要求。

3.5　BIM＋二维码技术

将构件的详细信息包含构件的参数、属性、安装信息、控制要点、检验标准等上传专业平台生成二维码，构件出厂时即粘贴在构件上，如图 6 所示。

图 6　BIM＋二维码技术

3.6　BIM 工程量提取及复核

利用 BIM 模型提取材料清单和钢筋混凝土工

程量，同时考虑构件制作的损耗，出具用于采购的工程量清单，通过班组工人的比较、检验，实现节省材料。

3.7 辅助现场平面管理

通过运用 BIM 技术，在项目准备阶段便考虑建筑物、垂直运输工具及各类机械材料堆场、办公区等因素，对施工现场进行动态仿真排布，提高绿色安全施工管理水平（图 7）。

图 7　辅助现场平面管理

3.8 地下车库管线综合深化

将机电各专业模型与土建模型整合到一起，进行碰撞检查，提前优化，提高现场施工效率。

根据模型筛选出净高不符合设计规范的空间位置，出具净高分析报告，有效地提前发现并解决后期施工中再遇到的问题。

3.9 辅助现场平面管理

运用鲁班排布软件对砌体墙进行模拟排布，在满足砌筑规范的条件下，对马牙槎进行定位、对墙体进行模拟砌砖（图 8）。

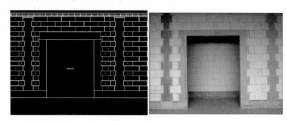

图 8　马牙槎模拟

3.10 BIM＋VR 安全教育

项目部采用 BIM＋VR 技术对施工作业人员进行安全教育，通过 VR 技术的可视性、具象性、互动性，在虚拟世界中模拟出不同的事故现场，通过这样的切身体验，让员工了解遵守安全作业

规范的重要性，进而提高其定性化防护意识，达到警示和教育施工人员的效果（图 9）。

图 9　BIM＋VR 安全教育

3.11 BIM 平台应用

利用平台实现现场施工进度与计划进度的协调管理，及时反馈现场施工进度偏差，分析原因并及时加以修正。

现场管理人员应用手机端通过对现场发现问题-限期整改-结果反馈的闭环化管理手段，对现场出现的问题做出合理分析，提高项目管理水平。

4　应用效益分析

4.1 优化复杂钢筋节点

利用 BIM 技术对复杂钢筋节点模型进行优化，指导钢筋下料，比传统生产下料节约材料费用 32 万元。

4.2 优化管道综合排布

利用 BIM 技术进行管道综合排布，优化管道走向，增加净高，实现技术创优。

4.3 平面场地布置

通过平面场地布置，极大地提高了场地利用。

4.4 组织协调、精细化管理

协调了各个参与方，减少了时间冲突，取得了时间、经济、管理上的诸多效益，促进了本项目的精细化管理。

5　总结与展望

通过 BIM 技术在该项目中的综合应用，为今后同类项目实施提供了成功经验，还为企业和院校人才培养积累了经验，下一步我们将加大项目 BIM 技术应用的推广力度，在项目应用中培养和锻炼 BIM 技术人才为实现行业的提质增效做出不懈的努力。

B103 平顶山市高新区创新创业（科研）公共服务中心项目钢结构 BIM 应用汇报

团队精英介绍

殷许鹏
河南城建学院数字建造工程技术研究中心主任

平顶山市土木建筑工程学会秘书长
河南省土木建筑学会建筑信息模型（BIM）应用专业委员会秘书长

长期以来致力于工程项目管理、建筑工程 BIM 技术和数字建造技术应用与研究，发表科研论文 10 余篇，编写教材及著作 6 部，申请及授权专利 10 余项，科研、教研项目 20 余项。

张大力
河南城建学院管理学院院长

博士
教授
硕士生导师
管理咨询师

中国管理研究国际学会（IACMR）会员，河南省土木建筑学会会员，河南李诚建筑研究院副院长，平顶山市科协第四届委员会委员，主持参与国家级、省级科研项目 8 项，发表论文 20 余篇，撰写专著 3 部。

高泽天

先后获得国家级专利 7 项，发表相关论文 5 篇，获得国家级 BIM 奖 1 项，省级中原杯一等奖 1 项。

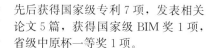

介朝洋
河南城建学院工程管理 BIM 技术研究中心主任

一级建模师
二级应用工程师

主要从事工程项目管理、BIM 技术与应用等方面的教学研究工作。河南省土木建筑学会 BIM 专委会会员、平顶山市土木建筑工程学会会员、中国图学学会 BIM 一级建模师、工业信息化部认证的装配式二级应用工程师。

胡志鹏

长期从事工程管理，主持施工了各类工民建及市政工程。先后获得实用新型专利 3 项，发表国家级期刊论文 5 篇，获得省级工法一项，省级 QC 成果 5 项，大型企业科技进步奖 4 项，省级 BIM 大赛一等奖。

闫 瑾
河南城建学院国资处处长

教授
硕士生导师

河南省土木建筑学会 BIM 专业委员会主任委员、平顶山市土木建筑工程学会理事长。国家注册造价工程师、房地产估价师。主持省级科研项目 4 项，发表论文近 20 篇，编写教材 8 部。

谢志坤
河南城建学院管理学院助理

在校期间多个考试科目获得优秀的成绩，曾两次荣获三等奖学金。

陆朝友
河南优创工程管理服务有限公司 BIM 负责人

装配式 BIM 应用工程师
二级结构 BIM 应用工程师
二级 BIM 高级建模师

河南省住房和城乡建设系统技术能手，长期从事 BIM 相关工作并担任多个项目 BIM 负责人，先后获得"科创杯 BIM 大赛""金标杯 BIM 大赛""智建中国 BIM 大赛"一等奖。

王天鹏
河南优创工程管理服务有限公司技术负责人

装配式 BIM 应用工程师
二级机电 BIM 应用工程师
二级 BIM 高级建模师

从事 5 年的 BIM 管理工作，作为平顶山高新区创新创业（科研）公共服务中心、平顶山市树雕艺术博物馆等项目的主要负责人。

郑锅高效洁净锅炉研发及智能制造产业基地

中鹏工程咨询有限公司

郭晓青　李华　王泽君　郭晓峰　王慧萍　朱慧香　宋荣辉

1　企业简介

中鹏工程咨询有限公司于 2000 年 8 月 21 日成立，总部位于郑州市金水区国基路 99 号院临街商业，注册资本 5005 万元，办公面积 1000m²，现有固定员工 200 余人，是造价咨询行业最具竞争实力的公司之一。

公司具有造价咨询甲级资质、工程咨询资质、招标代理资质、工程监理资质，拥有造价师、建造师、监理工程师、投资咨询师等各类优秀的专业人才，使用广联达、鲁班、博微、同望、新点、BIM5D、PKPM 等各类正版软件，采用"标准化模板"作业技术，以标准化思维为导向，以工程项目为载体，凭借自身实力，顺利实施诸多重点项目，赢得了良好声誉，为推动造价行业发展做出了积极贡献（图 1）。

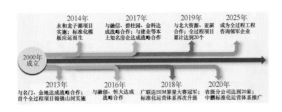

图 1　发展历程

2　郑锅项目概况

本工程位于河南省郑州市高新区科学大道与金柏路交叉口西北角，郑锅高效洁净锅炉研发及智能制造产业基地项目，项目主体为钢结构工程，工程用地面积大约为 48700m²，类型包含联合厂房、成品堆场、生产厂房、高层厂房、办公楼、危废品库、霞普气站、液态气体站等，其中联合厂房建筑面积约为 48603.11m²。

3　BIM 价值点应用分析

3.1　郑锅项目分析

设计阶段通过整合各个专业图形，建立三维模型，通过碰撞检查优化设计，节省工期、成本，并解决复杂的沟通协调问题。

施工阶段，通过 BIM5D 技术对施工成本、进度、质量、安全进行整体把控；通过 BIM5D 协同管理平台对施工过程中的即时信息进行共享，保证各方信息一致。

竣工阶段对建造过程中的信息进行整合，完成项目数字化交付。

硬件方面包括规范设备购置、管理、应用、维护、维修及报废等方面的工作；而软件方面则包括系统的采购、权限分配、运行信息系统安全等方面。

项目上需要驻场持续跟踪以及推进项目 BIM 实施应用点，按部就班。在项目推进 BIM 应用前需要依据项目实际情况制订项目层级 BIM 应用策划方案，以保证后续应用的有序推进。

项目负责人需定期汇报 BIM 应用情况以及在应用过程中碰到的实际问题，保证公司项目总工能够及时了解项目进程并及时解决过程中的问题。

对于企业管理者来讲，如何提高项目实施 BIM 的积极性、树立 BIM 实施的信心至关重要。因此，企业有必要建立科学完善的 BIM 实施绩效评估体系。

3.2　BIM5D 平台的应用

BIM5D 系统提供了丰富的数据接口，可以直接集成业内主流的土建、钢结构与安装等多专业的第三方设计模型。在软件系统的配合下，可将设计阶段的 BIM 数据完整有效地传递到招标投标阶段、施工阶段、竣工阶段。

BIM5D 是在 3D 建筑信息模型基础上，融入"时间进度信息"与"成本造价信息"，形成由 3D 模型＋1D 进度＋1D 造价的五维建筑信息模型。

BIM5D 集成了工程量、工程进度及造价信息，能链接建筑构件的 3D 模型与施工进度，动态地模拟施工变化过程，可实时监控施工进度及成本造价。同时也能将项目的合同、质量、进度、成本、物料这些信息，关联到已有的 BIM 模型上，实现这些信息更高效的管理（图 2）。

图 2　BIM5D 效果

3.3　BIM 相关政策

为贯彻《2011—2015 年建筑业信息化发展纲要》和《住房和城乡建设部关于推进建筑业发展和改革的若干意见》有关工作部署、推进建筑信息模型（以下简称"BIM"）的应用，住房和城乡建设部日前印发《关于推进建筑信息模型应用的指导意见》（以下简称《指导意见》）。

近年来，BIM 在我国建筑领域的应用逐步兴起，技术理论研究持续深入，标准编制工作正在全面展开。同时，BIM 在部分重点项目的设计、施工和运营维护管理中陆续得到应用，与国际先进水平的差距正在逐步缩小。推进 BIM 应用，已成为政府、行业和企业的共识。

为满足发展需要，住房和城乡建设部工程质量安全监管司于 2012 年开始组织有关协会、学会、高校、设计和施工单位开展相关课题研究，在总结研究成果的基础上，着手起草有关文件，并充分征求吸收各方意见，形成了《指导意见》。

《指导意见》同时提出了发展目标：到 2020 年年底，建筑行业甲级勘察、设计单位以及特级、一级房屋建筑工程施工企业应掌握并实现 BIM 与企业管理系统和其他信息技术的一体化集成应用。以国有资金投资为主的大中型建筑以及申报绿色建筑的公共建筑和绿色生态示范小区新立项项目

勘察设计、施工、运营维护中，集成应用 BIM 的项目比率达到 90%。

《指导意见》强调 BIM 的全过程应用，指出要聚焦于工程项目全生命期内的经济、社会和环境效益，在规划、勘察、设计、施工、运营维护全过程普及和深化 BIM 应用，提高工程项目全生命期各参与方的工作质量和效率，并在此基础上，针对建设单位、勘察单位、规划和设计单位、施工企业和工程总承包企业以及运营维护单位的特点，分别提出 BIM 应用要点。要求有关单位和企业要根据实际需求制订 BIM 应用发展规划、分阶段目标和实施方案，研究覆盖 BIM 创建、更新、交换、应用和交付全过程的 BIM 应用流程与工作模式，通过科研合作、技术培训、人才引进等方式，推动相关人员掌握 BIM 应用技能，全面提升 BIM 应用能力。

此外，《指导意见》还提出了 7 项保障措施，包括宣传 BIM 理念、意义、价值，梳理、修订、补充有关法律法规，建立 BIM 应用标准体系，自主研发适合我国国情的 BIM 应用软件，培育 BIM 应用产业化示范基地和产业联盟，培训 BIM 应用人才，研究基于 BIM 的工程监管模式。

《指导意见》为进一步推动 BIM 在我国建筑领域的应用，支撑建筑行业技术升级，变革生产方式，创新管理模式奠定了坚实的基础。可以预见，随着《指导意见》的贯彻落实，我国建筑领域将进一步掀起 BIM 应用的热潮，不断推动我国建筑业转型升级和健康持续发展。

为积极响应国家政策，中鹏在招标、工程变更、竣工结算等各个阶段，利用 BIM 进行工程量及造价的精确计算，并作为投资控制的依据，为后续工作打下了坚实的基础。

3.4　BIM＋无人机创新应用（图 3）

图 3　BIM＋无人机拍摄画面

4 BIM 团队建设（图 4）

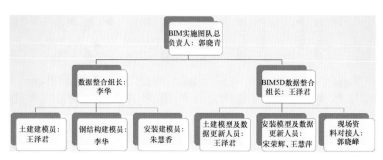

图 4　BIM 团队建设

5 软硬件使用情况

（1）中鹏软件列表

1）BIM 算量软件：广联达钢筋算量软件 GGJ，广联达图形算量软件 GCL，广联达安装算量软件 GQI，广联达钢结构算量软件 GJG。

2）BIM 计价软件：广联达计价软件 GBQ。

3）BIM 平台管控软件：BIM5D。

（2）硬件使用情况

1）常规台式机方案配置见表 1。

常规台式机方案配置　表 1

系统方案	推荐配置（普通台式机）
操作系统	Win10 专业版
购置建议	用于各专业模型的建立、数据集成应用
CPU	8170M×2
内存	128G ECC2666
硬盘	P3700 固态-800G
显卡型号	P2000 专业显卡
显示器	分辨率：1920×1080。高清标准：1080p（全高清）双显示器

2）常规笔记本方案：联想（Lenovo）拯救者 Y7000，英特尔八代酷睿，15.6 英寸游戏笔记本电脑（i7-8750H 8G 512G GTX1060 72％NTSC 黑）；神舟（HASEE）战神，ZX7-CP5S2，GTX1060 6G 独显，72％色域 IPS，15.6 英寸游戏笔记本电脑（i5-8400 16G 1T＋256G SSD）。

6 经验总结

识别本项目各个专业之间因标高问题、软件自动识别等问题而产生的碰撞，如安装专业（消防管道）与钢结构专业（钢梁）之间的碰撞，在施工前对设计进行优化，可以避免在施工时因碰撞问题产生的返工问题，有效地节省工期及建设成本。

利用 BIM5D 于建筑内部进行模拟漫游，并在漫游过程中识别漫游路径中产生的各类碰撞问题。此项技术对于碰撞的体现更为直观，也更为贴近施工现场的真实情况。

各阶段 BIM 碰撞检查价值。

（1）设计阶段

为解决碰撞问题，提前规避以上风险，需要用各专业算量软件绘制图形，并通过 BIM5D 对各专业图形进行整合，整合后利用软件在模型中进行漫游。

（2）招标阶段

通过 WEB 端的体现，使招标过程信息化、数字化，建设单位可以随时掌握招标进程，使管理工作更加便捷，大大节省建设方的时间及成本。

（3）施工阶段

于建设方来说，施工现场的信息掌握往往没有施工方全面，而信息不对等很容易发生争议，造成不必要的损失，基于 BIM5D 技术的现场管理，通过移动端、WEB 端、PC 端多方信息平台结合，将施工现场信息化、可视化，能有效降低建设方管理成本，节省管理精力。

（4）竣工阶段

传统结算方式需要的文件主要以文字和表格为主，整理起来困难，且在最终结算时结算价的展现不够直观。

基于 BIM5D 的报量审核，在建设方的资料支持下，由咨询方统一录入软件中并进行实时更新，最后发布于网页推送给建设方。

A106 郑锅高效洁净锅炉研发及智能制造产业基地

团队精英介绍

郭晓峰
中鹏工程咨询有限公司总经理

注册造价工程师
中级工程师
BIM 规划师
美国项目管理协会 PMP 项目管理专家

主要负责公司战略规划、标准化运营、内部培训、人力资源、业务开发、数字化升级转型等工作。

李 华
助理工程师

从事造价行业多年，具有丰富的钢结构现场施工经验。代表项目：碧桂园、保利心语、融信江湾城、名门橙邦、泰宏建业国际城、融创兰园等项目。

王泽君

从事造价工作多年，主要负责房建、园林造价预算、结算等工作，具有丰富的施工、造价项目编制经验。代表项目：万山湖悦、淇水花园、黄沁河流域沁北南水北调水厂、周口五间楼钢结构连廊、融信时光城等项目。

郭晓青
中鹏工程咨询有限公司研发中心项目经理

主要负责公司数字化升级转型工作。代表项目：莫比乌斯办公系统，中鹏云办公系统，中鹏造价全过程管理系统。

王慧萍

从事安装造价工作 5 年，有丰富的工作经验。主要负责房建安装、消防、智能化。代表项目：开封妇幼保健院、开封国控复兴一号、融信江湾城、清华大溪地、威龙尚品等项目。

朱慧香

主要负责安装专业造价咨询预、结算项目，先后参与高效洁净锅炉研发及智能制造产业基地及金盛办公楼等BIM 建模，曾获得省级 BIM 大赛二等奖。代表项目：张五柴、江湾城、金地滨河风华苑、名门橙邦、名门丽橙苑、正弘中央公园、世纪香溪园等项目。

宋荣辉
中鹏工程咨询有限公司安装负责人

五年安装工程现场施工经验，九年造价咨询工作经验，主要负责安装工程预算、结算，安装工程造价学员培训。先后参与高效洁净锅炉研发及智能制造产业基地等 BIM 建模。代表项目：和昌澜景、碧桂园洛阳、泰山岩土马李庄、泰宏建业国际城等项目。

五、BIM 大赛研发精选论文

自主软件新面世　助力 BIM 上云天

华北水利水电大学，郑州双杰科技股份有限公司

魏鲁双　巴争坤

1 研发背景

目前我国建筑行业各类企业纷纷响应国家提出的建筑产业化、信息化政策，改变传统的粗放型发展模式，从商业模式创新、产品创新、管理创新等方面寻找转型升级、快速发展的模式。从数字建设、智能建造的角度来看，BIM 技术是建筑 CAD 技术从基于点线面的二维表达向基于对象的三维形体与属性信息表达的转变。BIM 技术成为实现建筑企业生产管理标准化、信息化以及建筑产业化的重要技术基础之一，被普遍认为将是继 CAD 技术之后的又一重大技术革命，成为国家发展战略和目标，广大建筑企业也充分重视和大力投入。BIM 技术在大量项目的实践过程中，遭遇到工程技术人员主动性不足、整体参与度低、数据产生慢、数据归档难的困境，多数企业并未认识到 BIM 带来的经济效益和社会效益。经过近年的实践和发展，BIM 技术在我国得到了迅速推广和深层次的发展，尤其基于数字图形介质理论的 BIM 研究取得了良好的成绩。

BIM 技术在国内迅速发展的趋势下，也受到诸多因素影响，主要表现在：

（1）BIM 软件使用基本全部依托国外 Autodesk、Bentley、Trimble、Dassault 等公司软件产品，自主研发的 BIM 软件平台极少；

（2）国外的 BIM 软件的不足也很明显，本地化程度弱、中国标准规范的执行和习惯表达不足、本地化构件资源较少、对 BIM 人才要求较高且价格昂贵，这些都制约了 BIM 软件在国内的大规模应用；

（3）国内 BIM 软件更多占有率体现在项目定制部分，市场不成熟。

因此，研发一款拥有全部知识产权的国产 BIM 软件，已是 BIM 技术在国内快速平稳发展的重要需求和安全保障。

本团队利用具有自主知识产权的软件和图形引擎，开发 BIM 软件系统和展示平台（ViaBIM），解决了当前 BIM 发展过程中存在的一些关键问题。自建的大型 BIM 族群，充实了已有的标准族库，基于底层的数据体系，克服了此前 BIM 模型数据互操作性差、数据的完整性和复用性不强、数据难以集成为有效信息的障碍。这使得业主、设计、施工、监理各方可以容易地建立开放透明、数据有效传递的 BIM 环境。

2 ViaBIM 功能简介

ViaBIM 是由郑州双杰科技股份有限公司以计算机图形学为基础，结合国内外各建模软件使用特性，自主研发的一套用于三维可视化大体量 BIM 模型的轻量化无缝融合应用引擎，满足各种规模、工程类型的 BIM 应用需求。ViaBIM 主要基础功能包括以下部分，如图 1 所示。

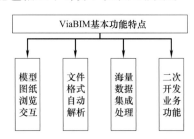

图 1　ViaBIM 基本功能特点

2.1 模型图纸浏览交互

ViaBIM 使用 WebGL 技术在网页端渲染模型，引擎基于 web 浏览器展示，支持 Windows、Linux、MacOS 等系统浏览器，支持"云在线"与"私有化"，有网无网都可访问使用。支持 GB 级大小模型浏览与功能交互。

用户可以流畅地在浏览器中进行以下功能操作：查看模型、测量尺寸、剖切截面、模型批注、

模型拖拽、爆炸分解、漫游浏览等，浏览展示效果如图2～图4所示。

图2　模型展示示例（笋溪河大桥）

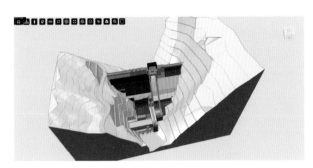

图3　模型展示示例（黄藏寺水利枢纽）

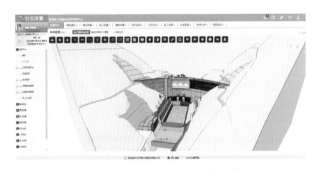

图4　模型展示示例（三河口水利枢纽）

2.2　文件格式解析

无需手动操作，只需上传原始模型文件，就能自动发起转换，实现了模型的自动适配与解析。

ViaBIM目前能够解析多种通用模型格式，如dwg、ifc、rvt、3Dx、fbx、obj、dxf、skp、stl、dae、ply、dwf、zip，支持的格式持续增加中。

2.3　海量数据集成处理

支持与各类工程应用系统进行数据连通，将模型数据与应用系统进行无缝集成，现已实现近百类工程数据集成，原理如图5所示。

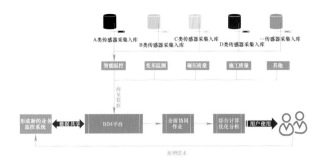

图5　BIM数据集成原理示意图

2.4　二次开发业务功能

ViaBIM开放了丰富的二次开发接口，采用微服务架构，可快速嵌入各类BIM图形相关的业务系统，配合业务数据直观展示工程面貌、构件信息及各类业务场景，其体量轻便、部署方式灵活、API接口丰富，并提供一键切换主题色、交互方式等系统设置功能，全面赋能开发者、贴心服务用户。

各类功能提供全面开放的API、模型数据全部开放；便于快速构建各类GIS＋BIM、CIM应用，能对GIS＋BIM模型进行轻量化压缩、结构属性数据提取。

二次开发实现了各类工程设计、施工、运营各阶段的业务功能，不仅可应用于水利水电、建筑、土木、道路交通等工程的智能化平台建设，还可以充分应用于智慧工地、智慧医疗、智慧城市等行业，现已有二次开发业务系统十余个，如图6所示。

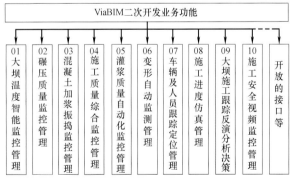

图6　二次开发业务系统集成

3　ViaBIM在工程建设中的应用

ViaBIM是一个设施（建设项目）物理和功能特性的数字表达；是一个共享的知识资源，是一个分享有关这个设施的信息，为该设施从建设到拆除的全生命周期中的所有决策提供可靠依据的过程；在项目的不同阶段，不同利益相关方通过在BIM中插入、提取、更新和修改信息，以支持和反映其各自职责的协同作业，全面实现了工程建设中设计、施工、运维等阶段的数字化展示与管理，如图7所示。

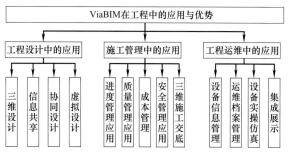

图7 ViaBIM在工程建设各阶段的应用

3.1 ViaBIM在工程设计中的应用

实现三维设计。能够根据3D模型自动生成各种图形和文档，而且始终与模型逻辑相关，当模型发生变化时，与之关联的图形和文档将自动更新；设计过程中所创建的对象存在着内建的逻辑关联关系，当某个对象发生变化时，与之关联的对象随之变化。

实现不同专业设计之间的信息共享。各专业CAD系统可从信息模型中获取所需的设计参数和相关信息，不需要重复录入数据，避免数据冗余、歧义和错误。

实现各专业之间的协同设计。某个专业设计的对象被修改，其他专业设计中的该对象会随之更新。

实现虚拟设计和智能设计。实现设计碰撞检测、能耗分析、成本预测等。

3.2 ViaBIM在施工管理中的应用

实现动态、集成和可视化的4D施工管理。将建筑物及施工现场3D模型与施工进度相链接，并与施工资源和场地布置信息集成一体，建立4D施工信息模型。实现建设项目施工阶段工程进度、人力、材料、设备、成本和场地布置的动态集成管理及施工过程的可视化模拟。

实现项目各参与方协同工作。项目各参与方信息共享，基于网络实现文档、图档和视档的提交、审核、审批及利用。项目各参与方通过网络协同工作，进行工程洽商、协调，实现施工质量、安全、成本和进度的管理和监控。

实现虚拟施工。在计算机上执行建造过程，虚拟模型可在实际建造之前对工程项目的功能及可建造性等潜在问题进行预测，包括施工方法实验、施工过程模拟及施工方案优化等。

3.2.1 进度管理应用

BIM技术通过三维建模软件来建立工程项目对应的模型，首先把全部工程构件根据施工时的实际尺寸、空间信息以及材料的性能参数进行模拟组合，形成基础的三维模型，然后把具体的工程项目进度和工程量信息导入到这个基础模型，有效地实现关联，针对模型里的每一个构件都设置对应的时间参数，创建模型空间划分以及空间进度的内在联系，模拟施工过程并对施工进度进行监控、对比和优化，最终形成基于BIM模型的进度控制体系，如图8所示。

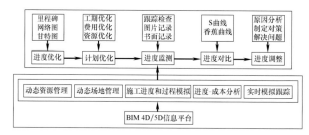

图8 BIM进度控制体系

3.2.2 质量管理应用

在施工质量方面，施工管理人员可以透过三维模型实时观察作业人员的施工情况，一旦在作业期间出现异常施工情况，管理人员需要立刻和工程相应施工环节的负责人进行联系与沟通，指导施工人员进行施工变更处理，避免施工质量隐患问题继续遗留，保证工程每一个作业环节均有着理想的施工质量。

运用BIM模型系统进行虚拟排布，可以将施工质量隐患在施工前进行排除。工程中大型设备安装工程较多，利用BIM模型进行碰撞检测，能够提前解决不同安装构件间的碰撞问题，并且工程技术人员还可以从三维的视角对设计图纸进行更加高效直观地校审，事前就避免了空间碰撞与冲突，防止因设计错误而造成施工中安装工程的返工。

事前控制：技术交底中通过BIM技术用三维

模型取代传统的平面图纸，在工程施工前通过三维模型可以将可能发生的工程难题、安全和质量问题提前模拟出来，给现场技术人员交底提高交底的感观性和时效性。

事中控制：在各分项工程施工时，施工技术人员可实时对照工程三维模型进行各分项工程的技术控制，避免对照传统图纸的繁杂性，大大提高施工指挥效率和指挥准确性，还可以利用移动终端在施工阶段采集整理施工现场数据，形成现场质量缺陷实时、准确的数据资料，即时导入BIM模型进行关联，对施工过程中出现的质量缺陷及时进行统计和分析。

事后控制：在质量检测验收时，无论是施工单位还是监理单位都可以及时将验收的数据信息导入到模型中，工程参与各方通过BIM系统可以在工程建设全过程跟踪掌握施工质量信息，对工程质量进行动态监控管理。

3.2.3 成本管理

把BIM技术引入施工成本控制过程中，可以轻松实现时间维和工序维的对比，帮助项目管理人员进行成本控制。把BIM模型跟时间维度有效地结合起来，让每一个部件都具备时间相关的参数信息，把任意时间段里面所出现的成本跟预算计划成本进行有效地比较分析，可以更加直观地显示出项目在某时间段到底处于盈利状态还是亏损状态，能够更好地选择合理的成本控制方案。把BIM模型跟工序维度有效结合起来，就能按照每个工序进行成本分析，以更快地发现哪些地方出现了成本超支，针对性地进行改进，真正做到精细化的成本管理。除此以外，还能够把有代表性工序的成本数据有效保留起来，作为企业的定额来使用，在以后的项目中作为参考依据，便于后续类似项目进行成本控制。

通过BIM模型还可以实现工程量的施工预算和施工图预算对比，分析差异出现的原因。工程量统计分析工作流程如下：BIM顾问通过建模，输出工程量清单，并统计整理成报告；对模型量和设计量差别大的构件重新审核模型，确认哪个量有误；把有量差部分构件反馈给项目部。

在整个施工阶段，可以随时通过BIM自动化快速、精准地统计出不同施工阶段的工程量，这样就能够更加方便地进行资源分配，制订更加科学有效的劳动力计划、材料计划以及机械使用的

具体计划。在施工过程中，如果出现了设计变更，BIM能够及时针对施工方案和进度计划进行动态调整，让资源能够更加合理地分配使用，避免出现资源浪费的情况或者资源闲置的情形。此外，还能够利用现场的一些监控系统，有效了解资源的实时状态和信息，通过BIM管理平台生成材料台账二维码，对材料进行管理，建立点对点的材料供应以及设备供应，不同种类材料分别录入相应的信息，建立数字化的材料库，保证所有材料能够随时调取，使材料周转更加合理，同时提升材料的可重复利用率。BIM模型中构件信息能够与图纸对应，相关人员可根据不同分项工程汇总材料用量，并根据进度计划制订材料采购清单。BIM平台材料管理流程如图9所示。

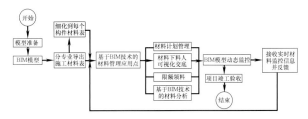

图9 BIM平台材料管理流程

3.2.4 安全管理应用

工程施工现场通常非常复杂，危险源分布在各专业工程和各个部位，加大了安全生产管理的难度。借助BIM技术对危险源进行科学管理，可在模型上定位好危险源，规定安全员每天必须在规定的时间范围内去巡检，并且把安全巡检过程记录上传到BIM协同管理平台，实现危险源信息可追溯，达到对危险源的安全管控。利用BIM技术可视化的优势，在动态仿真中帮助施工人员清楚地认识到危险源，及时采取相关防范措施。对模拟中发现的危险因素，根据危险等级抄送给对应的责任人，要求责任人去整改，整改之后将整改结果录入平台，形成问题的闭环，既可以实现对危险源的有效管理，又有利于人员安全意识的养成。另外，在可能有危险源的地方安装视频监控设备，遇到危急情况时发出警报，提醒相关人员及时进行处理。

人员安全教育培训与交底是事前控制安全风险的控制措施之一，借助BIM技术可以通过VR仿真模拟或者安全体验馆进行安全教育培训，替代以前建立实体安全区域体验的模式，使体验的效果更逼真。参加培训的每个人员都对应一个身

份证二维码，扫描相应的二维码就知道培训的对象是什么角色（管理人员、班组长、技术人员等），然后对其进行针对性的安全培训。还可以将施工人员的年龄、血型、岗前培训、岗位证书、班前安全交底、安全技术交底登记、培训考核成绩、退场登记等信息加入到二维码中，将二维码贴在培训档案上或者贴在安全帽上，扫描之后就可以查看具体的信息，实现对施工人员的精准管理。

3.2.5 三维施工交底

施工交底是工程建设过程中的重要环节，是施工人员了解工程特点、技术要求、施工工艺、工程难点、操作要点的主要工作。传统以 CAD 平面图为主的施工交底不够直观，难以精确表达复杂的施工工法、接底人与交底内容理解偏差等问题。基于数字化移交系统，利用三维模型进行施工交底，通过漫游、截面剖切、方案工法模拟，使交底内容直观、可视，有效提高交底内容的直观性和精确度，消除接底人对交底内容理解的偏差，快速理解施工方案和操作要求，从而保证设计方案的顺利实施（图10）。

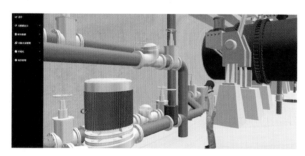

图 10 基于数字化的三维施工交底

3.3 ViaBIM 在工程运维阶段的应用

3.3.1 设备信息管理

工程设备信息是设备维护保养的基础，设备信息管理是运维管理工作的重要内容之一。设备信息管理既包括设备铭牌、设计、采购、制造加工、安装调试、操作手册等静态信息管理，也包括设备巡检、缺陷处理、保养、运行监控等动态信息，动态信息随着设备运维累加渐进。遵循设备全生命周期管理理念，基于数字化移交系统，将设备信息关联至相应的三维模型上，建立设备模型和设备信息之间的关联关系，实现设备信息的一体化、集成化、可视化管理，在最短的时间

内获取最有价值的数据，从而节省人力、时间成本，提高运维管理效率（图11）。

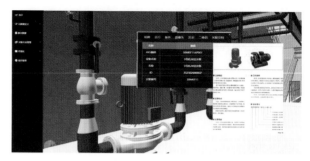

图 11 基于 BIM 设备信息管理

3.3.2 运维档案管理

运维档案是电站运维管理、事件追溯的重要依据。传统以电子文件和纸质文件为主的档案管理模式，需要耗费大量的人力、物力，数据重复、数据缺失等现象频发，严重影响着运维档案作用的发挥。基于数字化移交的运维档案管理，从运维初期就考虑档案数据在整个运维期的应用。参考相关规范标准，应用科学的档案管理方法对数据内容、格式等进行标准定义，并对档案数据进行结构化处理，保证运维档案的完整性、有效性。基于 BIM 模型，将运维档案信息进行附加、关联。使用过程中，通过模型定位可快速获取运维档案信息，避免时间、人员变动等对运维档案管理和应用的影响（图12）。

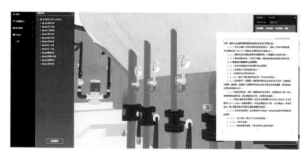

图 12 数字化运维档案管理

3.3.3 设备实操仿真

不同过程之间运维工作专业性强、操作复杂，操作不当会造成严重的生产事故，而培训是运维人员掌握操作方法、预防操作事故的最主要途径，传统以视频、文档为主的培训模式难以让运维人员快速掌握运维操作要点及工艺流程。基于数字化移交的模型、数据等移交成果，将设备运维过程中的运行流程、操作步骤、管理标准、工作票等以可视化形式表现出来，通过仿真模拟给运维人员

提供一个沉浸式、交互式、标准化、和物理设备一一对应的虚拟化培训操作环境，使运维人员熟练掌握运维操作要点，防止操作失误。

3.3.4　集成展示

常规的设备运维管理系统都是各个应用系统独立构建，导致各类自动化系统及管理信息系统接口不一致，使得系统的整体性和协调性不足，各类业务应用之间数据信息共享困难，业务流程之间无法形成有效互动，后续系统运维成本高，无法满足集约化生产及运行管理的需求。基于数字化移交成果，在可视化环境下，集成工程监测、监控等各系统数据，形成一个设备对应一个模型、一套数据、一个后台数据库、一个查询系统的可视化数据集成展示系统，在三维可视化环境下实现数据的综合展示、查询、统计和分析，实现工程生产、管理及运行的"一张图"管理，从而提高运维管理效率（图13）。

图13　数据集成展示

4　ViaBIM 应用优势

ViaBIM 作为项目建设中具备统一的数字化表达、共享的数据资源库等特性，为项目建设中各参建单位提供了绝对的优势，在统一的协调应用管理下使得工程建设质量、进度、投资及安全管理等方面有了大幅度的提升，如图14所示。

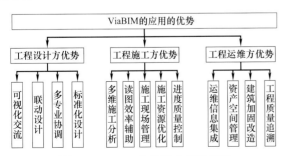

图14　ViaBIM 个参建方使用优势

4.1　设计方优势

（1）可视化交流：依托 BIM 软件进行三维建模，可以准确生成坝工程各部分剖面图，减少了传统二维设计中绘制剖面图的工作量，提高了设计工作效率。

（2）联动化设计：传统二维设计时，由于工作人员疏忽，容易导致错误。BIM 建模之后，所有视图、剖面以及三维图具备联动功能，一处更改之后，其他自动更新，方便设计修改。

（3）多专业协调：工程设计中各专业的最新设计成果实时反映在同一 BIM 上，错误碰撞、交叉干扰的问题显而易见。

（4）标准化设计：传统的二维设计对工程设计人员空间想象力的要求很高，标准不统一。应用 BIM，可以有效避免一些由于工程设计人员空间想象不正确而导致的错误。

4.2　施工方优势

（1）多维施工分析：通过 BIM 系列软件建模，进行三维施工工况演示，与施工进度结合进行四维模拟建设，通过与概预算结合进行五维成本核算分析。

（2）读图效率辅助：对于读图的施工人员，通过三维 BIM，将大大提高读图效率和准确度。

（3）施工现场管理：BIM 可有效支撑施工管理过程，针对技术探讨和简单协同进行可视化操作，自动计算工程量，有效减少工艺冲突。

4.3　运维方优势

（1）运维信息集成：BIM 可有效地集成设计、施工各个环节的信息，减少传统的施工竣工图整理的冗杂过程和避免竣工资料归档的人为错误，提高效率，优化管理。

（2）资产及空间管理：通过 BIM，对资产及空间进行优质、高效的管理，可视化进程与监控系统有机结合，节省人力、物力。

（3）建筑加固改造：建筑运营过程中出现的病险加固和改造，可以直接通过 BIM 分析处理，减少工作量。

5　ViaBIM 应用案例

ViaBIM 应用案例如图15 所示。

图 15　引汉济渭工程

6　应用前景与展望

6.1　协同设计与 BIM 技术融合

目前我们所说的协同设计，很大程度上是指基于网络的一种设计沟通交流手段，以及设计流程的组织管理形式。而 BIM（建筑信息化模型）的出现，则从另一角度带来了设计方法的革命，BIM 技术与协同设计技术将成为互相依赖、密不可分的整体。协同是 BIM 的核心概念，同一构件元素，只需输入一次，各工种共享元素数据并于不同的专业角度操作该构件元素。从这个意义上说，协同已经不再是简单的文件参照。可以说 BIM 技术将为未来协同设计提供底层支撑，大幅提升协同设计的技术含量。因此，未来的协同设计，将不再是单纯意义上的设计交流、组织及管理手段，它将与 BIM 融合，成为设计手段本身的一部分。借助于 BIM 的技术优势，协同的范畴也将从单纯的设计阶段扩展到建筑全生命周期，需要设计、施工、运营、维护等各方的集体参与，因此具备了更广泛的意义，从而带来综合效率的大幅提升。

6.2　从二维到三维 BIM 设计

当前，2D 图纸是我国建筑设计行业最终交付的设计成果，这是目前的行业惯例。因此，生产流程的组织与管理均围绕着 2D 图纸的形成来进行（客观地说，这是阻碍 BIM 技术广泛应用的一个重要原因）。

3D 设计能够精确表达建筑的几何特征，相对于 2D 绘图，3D 设计不存在几何表达障碍，对任意复杂的建筑造型均能准确表现。尽管 3D 是 BIM 设计的基础，但不是其全部。通过进一步将非几何信息集成到 3D 构件中，如材料特征、物理特征、力学参数、设计属性、价格参数、厂商信息等，使得建筑构件成为智能实体，3D 模型升级为 BIM 模型。BIM 模型可以通过图形运算并考虑专业出图规则自动获得 2D 图纸，并可以提取出其他的文档，如工程量统计表等，还可以将模型用于建筑能耗分析、日照分析、结构分析、照明分析、声学分析、客流物流分析等诸多方面。

绿色智慧钢塔 低碳引领市场

河南第二建设集团有限公司

王庆伟 段常智 高磊 孙玉霖

1 钢结构冷却塔应用发展情况

钢结构冷却塔的建造引进国外成熟的钢结构冷却塔设计和施工经验，其设计人员莫古什先生是匈牙利必宏工程有限公司的钢结构冷却塔设计灵魂人物，是国外 26 座钢结构冷却塔工程的设计者。国外钢结构冷却塔的应用开始于 20 世纪 70 年代，主要应用在伊朗和叙利亚等缺水地区，最早投运的拉兹单和伊斯法罕项目钢结构冷却塔运行时间已近 50 年（图 1）。1994 年于亚美尼亚建成投运的新拉兹单项目钢结构冷却塔高 160m，运行时间也已经超过了 25 年，钢结构应用于冷却塔的技术体系已经比较完善。

图 1 国外已投运钢结构冷却塔

2012 年双良集团引进匈牙利必宏有限公司成熟的钢塔设计技术，在钢结构冷却塔的建造过程中，河南二建同双良针对钢塔结构体系进行研究优化。目前国内已建成钢结构冷却塔包括华能集团宁夏大坝电厂钢结构冷却塔项目、蒙能集团锡林热电厂钢结构冷却塔项目等 4 个项目共 6 座钢结构冷却塔。正在建设的有国电双维电厂钢结构冷却塔项目及蒙能集团科右钢结构冷却塔项目共 6 座钢结构冷却塔（图 2）。国电双维电厂钢结构冷却塔工程是我公司对外承接的第二个钢结构冷却塔项目，刷新了之前承建的蒙能锡林热电钢结

构冷却塔 181m 的高度，目前此项目塔体高度 190.2m，共 4 座，是全球间接空冷业务领域最高最大的钢结构冷却塔项目。在电力行业钢结构冷却塔建设领域中，河南二建处于领先地位。

图 2 国内已投运钢结构冷却塔

2 钢结构冷却塔优势

采用钢结构冷却塔相比传统钢筋混凝土塔，具有建设投资低、抗震性能好、施工工期短、施工安全性高等优势。而且设计使用年限期满后，钢结构材料可进行回收利用，剩余残值高，符合国家资源储备整体布局。

2.1 建设投资低

针对以下两个项目分别采用钢结构冷却塔和混凝土冷却塔，项目地点及设计参数相同，对钢结构冷却塔和混凝土冷却塔进行工程量概算及经济比较见表 1。

冷却塔形式对比　　　　　　表 1

	钢结构冷却塔 2×660MW	混凝土冷却塔 2×660MW
设计参数	风速 33.9m/s、风压 0.72kN/m²	风速 33.9m/s、风压 0.72kN/m²
塔型	钢结构（上部圆柱下部圆锥）	混凝土结构（双曲线形式）
基础	混凝土地基 12000m³，1000 万元	地基 16000m³，1250 万元
塔体材料用量	钢材 5800t/台，外包铝板 380t/台	钢筋约 5800t，混凝土约 50000m³
总投资成本	7900 万元	9100 万元

钢结构冷却塔用钢量与同等规模混凝土冷却塔钢筋用量大体相当（我公司施工的百万级机组鄂州电厂混凝土冷却塔钢筋用量6100t，国电双维电厂百万级机组钢结构冷却塔用钢量约6000t），工程总造价（包括基础）为混凝土冷却塔的85％～90％，大大减少了建设投资。而且钢结构冷却塔还具有较大的优化空间，相对应投资会更节省。

2.2 施工工期短

冷却塔是影响整个空冷系统建设周期的瓶颈，其现场施工时间决定了系统的投运时间。由于混凝土施工过程复杂，混凝土冷却塔施工需每1～1.3m高作为一个浇筑层，且受气候影响大（需考虑施工冬歇期）。2×350MW发电机组的混凝土冷却塔至少需要14个月的总工期。

与混凝土冷却塔不同，钢结构冷却塔采用装配式施工，构件前期先在工厂加工，运到现场后仅进行单元组装，单个钢三角单元高度在10～13m，施工效率大大提升。相同规格的发电机组采用钢结构冷却塔，施工工期7个月，为混凝土冷却塔施工工期的一半。钢结构冷却塔施工至锥段以后，塔内循环水管道和地埋水箱可同时交叉施工。

2.3 抗震性能好

钢结构冷却塔较混凝土冷却塔具有自重轻、自振周期长、材料均质性和延性好的特点，故钢结构冷却塔的抗震性能更优，更适用于高地震烈度区。在震害中，由于钢构件延性好，为塑性材料，钢结构冷却塔不会发生脆性破坏，多出现变形和扭曲，受震害影响小。混凝土冷却塔在震害中，更容易出现塔体裂缝、钢筋屈服的现象，从而对塔体造成破坏，甚至出现倒塌，造成较大的破坏性。

2.4 节能环保

对于2×350MW两机一塔机组，每座钢结构冷却塔可节省4万～5万 m^3 混凝土材料，即可节省近10万余吨混凝土。采用钢结构冷却塔，大大减少了火电厂建设中的水泥使用量，起到了减少能源消耗、节能减排的作用。

塔体主要由各种钢型材构成，钢结构冷却塔使用期满后钢材易于回收和循环利用，不会产生固体废料，同时有利于减少我国对铁矿石资源的进口，更适合铁矿石资源匮乏的国情。建筑大量采用钢结构，有利于提高短流程钢材生产，钢材的短流程生产大大降低了碳排放，减少污染。

2.5 施工安全性高

钢结构冷却塔充分地发挥了其装配式建造的优势，有效地减少了高空作业人员的数量。同时，在施工过程中，采用标准化施工，大大提高了现场安全文明施工水平，保障作业人员安全。从表2中可以看出，同规格的冷却塔，钢结构冷却塔高空作业人员仅为混凝土冷却塔作业人员的1/6。钢结构冷却塔的应用从根本上消除了混凝土冷却塔施工过程中的坍塌风险，防止类似于丰城电厂特别重大事故的发生。

冷却塔施工对比　　　　　　　表2

序号	混凝土冷却塔（人）		钢结构冷却塔（人）	
1	模板工人	70	高空安装人员	8
2	钢筋工	25	高空焊接人员	8
3	混凝土工	25	凸楞安装人员	4
总计	120		20	

3 钢结构冷却塔智慧建造

3.1 钢结构冷却塔简介

目前我公司在建的国电双维电厂新建工程项目是全国首创4×1000MW超超临界间接空冷火电机组、世界百万机组中首个使用钢结构冷却塔的电厂。冷却塔塔体为全钢结构，钢结构塔主要采用Q355B钢材，单塔重量约6000t，结构形式是由"锥体＋展宽平台＋圆柱体＋加强环"四部分组成。塔体总高度190.2m，底部直径为148.7m。钢结构冷却塔共18层，展宽平台1层，采用桁架结构，加强环共4层，内置于塔体内部，每层结构均由32个相同钢三角合拢形成的空间网格结构。国电双维钢结构冷却塔是目前世界上最高最大的钢结构塔（图3）。

图3 国电双维电厂钢结构冷却塔

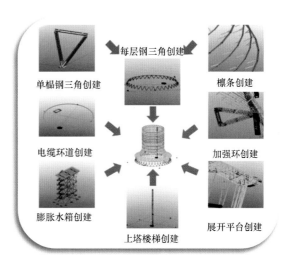

图4 钢结构冷却塔模型创建

3.2 钢结构冷却塔智慧建造

3.2.1 基于BIM技术的钢结构冷却塔深化

模型是整个工程施工的基础，我公司根据设计院提供的平面结构图纸及模型文件，借助专业Tekla软件进行1:1建模，将平面图纸转化成可用于导出加工制作图纸的三维模型（图4）。

3.2.2 异形扭曲构件的制作

针对异形扭曲构件的制作，为了确保构件制作的精度，采用三维空间坐标结合平面图纸进行定位。通过对角点坐标的控制，确保格构件每个扭曲面的精度（图5、图6）。

3.2.3 钢三角现场组拼

单根格构杆件运往现场后，需要在现场进行组拼，形成钢三角基本单元。由于格构件是异型扭曲构件，为了确保组装的精度，现场根据组拼图纸制作钢三角组拼胎具，通过胎具调整各控制点的空间位置，使每一点与拼装图纸上的对应点坐标相同。同时采用胎具进行批量的组拼，提高施工效率（图7、图8）。

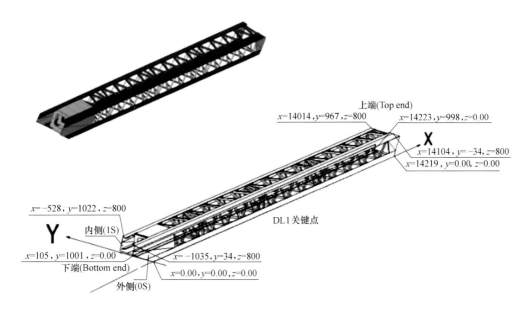

图5 钢三角空间坐标输出

图6　钢三角格构件工厂制作

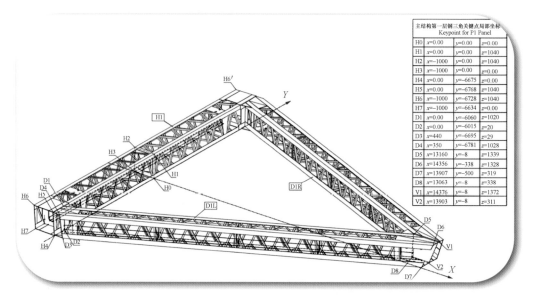

主结构第一层钢三角关键点局部坐标 Keypoint for P1 Panel		
H0	x=0.00	y=0.00	z=0.00
H1	x=0.00	y=0.00	z=1040
H2	x=−1000	y=0.00	z=1040
H3	x=−1000	y=0.00	z=0.00
H4	x=0.00	y=−6675	z=0.00
H5	x=0.00	y=−6768	z=1040
H6	x=−1000	y=−6728	z=1040
H7	x=−1000	y=−6634	z=0.00
D1	x=0.00	y=−6060	z=1020
D2	x=0.00	y=−6015	z=20
D3	x=440	y=−6695	z=29
D4	x=350	y=−6781	z=1028
D5	x=13160	y=−8	z=1339
D6	x=14356	y=−338	z=1328
D7	x=13907	y=−500	z=319
D8	x=13063	y=−8	z=338
V1	x=14376	y=−8	z=1372
V2	x=13903	y=−8	z=311

图7　钢三角现场组拼坐标图

图8　钢三角现场组拼

3.2.4　钢三角反光标靶免棱镜空间测量

钢三角安装过程中，主要针对横梁两端点的半径及标高进行控制。采用测量机器人配合激光标靶反射片进行钢三角的安装校正控制，快速地完成钢三角就位工作。

锥段钢三角采用履带式起重机进行安装，安装过程中需采用拉锚临时固定，一是方便吊装过程中通过捯链对钢三角就位角度进行调整。二是在柱脚焊接完毕，松开吊钩后，对钢三角起到一个拉结的作用，防止内倾。针对锥段钢三角，为了抵消构件自重及倾斜对半径的影响，安装时会根据钢三角具体情况设置预放量（图9、图10）。

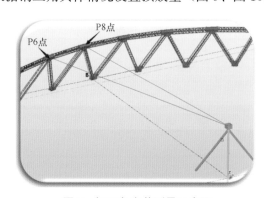

图9　钢三角安装测量示意图

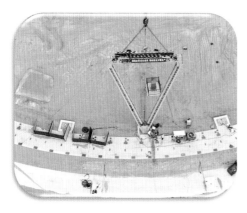

图 10　钢三角吊装就位

3.2.5　塔式起重机的布置

　　直筒段的钢三角吊装采用两台塔式起重机进行，塔式起重机附着在钢结构冷却塔加强环，在设计的最大风荷载作用下，塔顶最大变形值达到252mm，对塔式起重机运行产生影响，而塔式起重机作用于钢结构冷却塔的反作用力又影响塔身的安全。经过与中国建研院的合作，设计出一套能够满足现场施工安全要求的附着体系（图11、图12）。

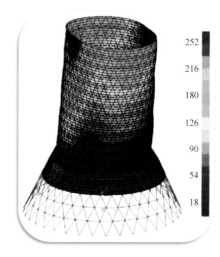

图 11　钢结构冷却塔变形分析

图 12　钢结构冷却塔标准节局部加强

3.2.6　标准化工具的制作

　　针对现场标准化施工，高空焊接，高空凸楞安装等难题，基于BIM模型，设计专用于钢结构冷却塔施工的工具工装，大大地提高了现场施工安全性。其中包括吊装卡具、不同焊接位置的高空焊笼、凸楞安装托架、上塔爬梯、蒙皮运输工具等（图13～图16）。

图 13　吊装卡具　　　　图 14　凸楞安装托架

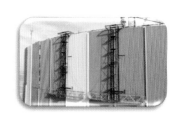

图 15　高空焊笼　　　　图 16　上塔爬梯

3.3　智慧化工地

　　以智慧管控平台，实现施工现场的高效管理。通过劳务实名制＋智能安全帽掌握工人现场分布、个人考勤数据等信息。现场采用大量监测系统，对现场施工扬尘、气象状态、噪声污染、塔式起重机等实时监测，确保现场安全文明施工措施的落实情况，及时消除施工安全隐患。在工程管理及资料流转方面，利用人工智能和运算技术，实现了大数据的共享分析及应用，实现工程智慧化管理。

3.4　智慧钢结构冷却塔

　　智慧钢结构冷却塔主要包括冷温度场监控系统、钢结构塔健康监测系统2个独立的系统。保证了钢结构冷却塔运行期间的安全可靠。具体包括以下内容。

　　（1）冷温场监控系统。通过对散热器运行环境的温度检测，适时调整百叶角度，控制通风量，防止散热器寒冷天气冻结。

（2）风压监测。外表面风压沿塔周每30°布置1个测压点，每个截面布置测点12个。沿高度方向分3个监测截面层布置，测点共36个（图17）。

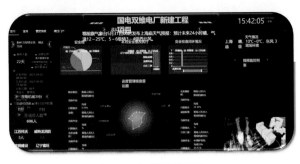

图17　智慧管控平台

（3）小型气象站。1个超声波风速风向传感器安装于塔顶。温度、风速和风向传感器各1个安装于地面10m高处。

（4）结构应力（温度）监测。包括各层加强环及相邻两道加强环中间环梁。

（5）塔顶位移监测。置1个基准点，塔体顶层布置6个测点，每个测点监测x，y，z三个方向位移。

4　应用成果

4.1　工业大奖

2020年12月27日，"智能化大型钢结构间接空冷系统"荣获第六届中国工业大奖奖项。中国工业大奖是经国务院批准设立的中国工业领域最高奖项，每两年评选、表彰一次，旨在表彰代表中国工业发展最高水平，对增强综合国力、推动国民经济发展做出重大贡献的工业项目。

4.2　技术创新成果

我公司针对大型钢结构冷却塔的建造持续进行总结与创新，取得了专利10项，质量管理活动成果3项、科技成果奖4项、工法2项。蒙能集团锡林热电厂2×660MW钢结构冷却塔项目被评为2019年钢结构金奖工程。

5　市场前景

我国力争2030年前实现碳达峰，2060年前实现碳中和，是党中央经过深思熟虑作出的重大战略决策，事关中华民族永续发展和构建人类命运共同体。在经济社会发展全面绿色转型之下，钢筋混凝土冷却塔已与时代要求不相符合，"智能化大型钢结构冷却塔"应运而生，引领电力行业新技术应用潮流，推动中国电力建设转型发展。

目前内蒙古长滩电厂等4个项目钢结构冷却塔已立项并完成了初步设计，同时多家能源集团到我公司承建的国电双维电厂钢结构塔等项目进行考察，对钢结构冷却塔给予高度评价。

6　总结

随着时代进步，钢结构冷却塔具有的装配式、成本节约型、施工安全性、经济循环型、抗震性、功能智慧性等特征，必将取代电力、化工等工业建筑的混凝土冷却塔。同时具有开拓创新精神的河南二建充分发挥技术优势，施工优势，在科技创新领域做好钢结构冷却塔市场的领跑者。作为民营企业，秉承社会责任担当，提升建筑钢结构的应用发展，共建和谐共生的美好未来。

BIM 技术在钢-混组合结构中的应用

中建八局第一建设有限公司
王勇　肖闯　王彬　杨青峰

1　引言

钢-混凝土组合结构是由钢材和混凝土两种不同性质的材料经组合而成的一种新型结构。是钢和混凝土两种材料的合理组合，充分发挥了钢材抗拉强度高、塑性好和混凝土抗压性能好的优点，弥补彼此各自的缺点。本工程塔楼外框在2层裙房以下为钢管混凝土结构，出裙房为钢框架和型钢混凝土核心筒结构。环梁为钢管混凝土结构中混凝土梁与钢管柱连接的支座。但是钢筋绑扎及模板支撑更为复杂，本工程通过BIM进行模拟有效地降低了施工难度。

2　项目工程概况

中部国际设计中心项目由普利兹克建筑奖获得者，被称为"解构主义大师"的扎哈·哈迪德及其团队设计，一期总建筑面积13.3万 m^2，由裙房和3栋塔楼组成，建筑形态以"郁金香"花朵为设计意向，塔身赋以白色线条勾勒出花朵经络，呈现弧形花萼的形态。建筑造型设计轻盈曼妙、流畅自然、浑然天成、独具神韵，建筑效果如图1所示。

图 1　工程效果图

塔楼结构形式为钢框架核心筒结构，环梁主要分布于3栋塔楼负2层至地上2层钢管混凝土结构中，共有236个环梁。环梁最大直径达2100mm，最大高度达2450mm。塔楼结构模型如图2所示。

图 2　结构整体模型

3　环梁施工技术研究

3.1　环梁施工难点分析

环梁钢筋为圆形环筋，不易加工、加工精度要求高，且直径、形状、规格繁多。

环梁钢筋密集，特别是上下部环筋，环梁上部宽度仅450mm，但上部环筋就有单排12 Φ 25，过于密集导致钢筋定位要求高，绑扎操作空间小，绑扎完毕后钢筋间距过小，无法浇筑混凝土。

上下部环筋采用焊接的连接方式，焊接难度极大且焊接工程量巨大。

环梁的箍筋无法整箍绑扎，没有操作空间，绑扎难度大。

环梁外部的混凝土框架梁钢筋锚入环梁十分困难。

3.2　针对难点对策分析

首先运用BIM建模，通过模型可以直观地了解环梁钢筋的排布形式；环梁 BIM 模型如图 3 所示。

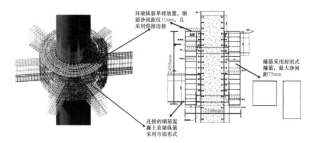

图3　环梁 BIM 模型对比施工图

对于钢筋不易加工、加工精度要求高，可使用专门的钢筋加工设备（弯弧机，如图 4 所示）加工，保证钢筋弯曲成圆的形状满足要求。对于钢筋形状、规格繁多，应根据图纸进行放样，注意区分主筋、腰筋在不同位置形成圆状的不同直径。

图4　钢筋弯弧机及加工成型的环筋

对于环梁钢筋过于密集无法施工的，可通过与设计单位沟通，在满足环梁构造要求的前提下（①环梁上、下环筋的截面积，分别不小于梁上、下纵筋截面积的 0.7 倍；②环梁内、外侧应设置环向腰筋，其直接不宜小于 16mm，间距不宜大于 150mm；③环梁按构造设置的箍筋直径不宜小于 10mm，外侧间距不宜大于 150mm）改变上下环筋排布，由单排变多排，增加钢筋间距，便于混凝土施工。同时可结合现场试验的形式，增加钢筋根数，减小钢筋直径，便于环形钢筋的加工和现场的安装。

对于上下部环筋焊接难度大的问题，可以将环筋加工成两个半圆形，然后安装焊接闭合，此方式虽便于环筋安装，但一根环筋需要焊接两次，大大增加了焊接工程量。本项目经过与设计沟通和现场试验的方式，

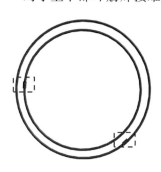

图5　环筋采用正反丝套筒连接

最终将环筋焊接连接改为采用正反丝套筒连接，此方式取消了焊接，大大方便了现场施工，如图 5 所示。但环筋机械连接处不能加工成弧形，需加工成直段，然后才能套丝。否则正反丝套筒无法连接或连接质量不满足要求。

对于箍筋无法整箍绑扎封闭的问题，通过查阅相关资料，与设计单位沟通并在现场试验的方式，最终确定将箍筋加工为两段 L 形，其中连接环梁上部环筋和中部腰筋的小箍筋采用两段 L 形绑扎封闭，连接上下部环筋和腰筋的大箍筋采用一大一小 L 形，通过正反丝套筒连接封闭，如图 6 所示。

图6　箍筋封闭形式

对于环梁外部的混凝土框架梁钢筋锚入环梁困难的问题，可根据 16G101 图集，将弯锚形式改为单面贴焊锚筋的形式，满足锚固要求，同时便于现场施工，如图 7 所示。

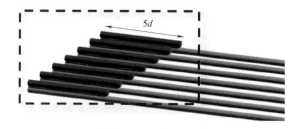

图7　外部混凝土梁钢筋锚固形式

环梁钢筋顺利安装还需改变常规钢筋安装顺序，采用"逆序"施工，首先环梁底模板支设好后，环梁侧模板需在环梁钢筋绑扎完毕后才能安装，环梁侧模采用定型圆弧模板，便于安装和加固；其次环梁钢筋安装顺序为从底往上，从内往外，环梁钢筋安装需先放置箍筋，后安装腰筋、主筋。从底往上，一半 L 形大箍筋放置后，接着放环梁底部环筋、中部腰筋，然后安装一半 L 形小箍筋，接着安装上部环筋，最后箍筋封闭，外

部框架梁钢筋锚入环梁。

为保证环梁及钢管柱混凝土成型质量，现场均采用细石自密实混凝土，结合设计单位及商混站，共同优化配合比，经过试配，达到满足设计强度要求和现场方便施工的要求。

3.3 施工工艺流程

环梁钢筋绑扎采用原位绑扎，绑扎前先将环梁底模支设完成，用于支设环梁钢筋，环梁侧模待环梁钢筋绑扎完成后再行支设，以便为环梁钢筋绑扎提供有利空间，如图8所示。

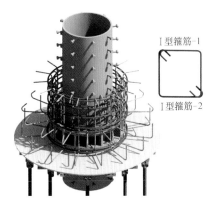

图10　Ⅰ型箍筋-2及环梁内侧主筋、内侧腰筋绑扎

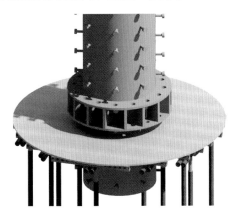

图8　环梁底模支设

绑扎时按设计间距要求先放置Ⅱ型箍筋-2，然后放置环梁底部内侧环筋，将箍筋与环梁底部内侧环筋进行绑扎，如图9所示。

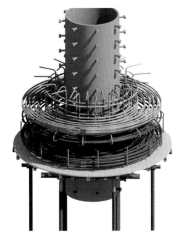

图11　环梁剩余钢筋安装

Ⅱ型箍筋-1与Ⅱ型箍筋-2进行套筒连接封闭，而后进行Ⅱ型箍筋内部主筋、腰筋的绑扎，如图12所示。

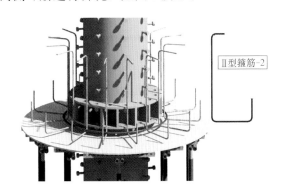

图9　Ⅱ型箍筋-2及环梁底部内侧环筋绑扎

按设计间距要求放置Ⅰ型箍筋-2，然后放置环梁中部腰筋，将Ⅰ型箍筋-2与环梁内侧主筋、内侧腰筋绑扎，如图10所示。

进行环梁剩余主筋连接、腰筋连接，将中部和底部主筋与对应箍筋进行绑扎连接，上部主筋无法与箍筋进行连接，先行放置于环梁内部，如图11所示。

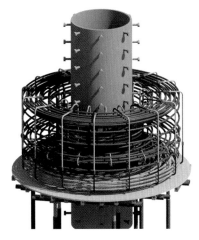

图12　Ⅱ型箍筋封闭，内部主筋绑扎

将Ⅰ型箍筋-1与Ⅰ型箍筋-2进行封闭绑扎，而后进行Ⅰ型箍筋内剩余主筋绑扎，绑扎完成后进行拉筋的绑扎，如图13所示。

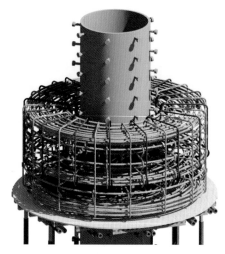

图13 I型箍筋封闭、拉筋绑扎

与环梁连接的外部直钢筋混凝土框架梁主筋进行单面贴焊后锚入环梁内，如图14所示。

图14 外部框架梁钢筋锚入环梁

因环梁外围连接直钢筋混凝土梁，环梁模板需根据每个环梁直混凝土梁数量及位置进行定制裁割。环梁模板为若干个20mm厚带茬口的圆弧状木模板组合，背楞采用40mm×80mm方钢配合对拉螺杆进行加固，如图15所示。

因环梁内钢筋主筋、箍筋间距较小，钢筋密度较大，环梁混凝土采用C40细石自密实混凝土，与环梁相接的直混凝土梁采用普通C35混凝土，因此在环梁与框梁接头位置设置混凝土隔离网。混凝土浇筑前检查环梁侧面、底部及顶部的保护层厚度，确保保护层厚度符合规范要求方可进行混凝土浇筑，混凝土浇筑过程中选用小型振动棒进行振捣作业，确保环梁内混凝土浇筑密实。

3.4 现场实施效果

现场环梁成型照片如图16所示。

图15 环梁模板支设示意

图16 环梁成型效果

4 施工总结

4.1 效益分析

本工程负2层至地上2层3栋塔楼共有236个环梁，目前已全部施工完毕。环梁是塔楼每层施工的关键节点，通过本项技术的研究应用，可缩短塔楼整体工期60天。可节约成本约110万元。

4.2 总结

通过该技术的应用，解决了本项目钢-混组合结构中关键节点的施工难题，保证了工程施工安全和质量，同时缩短了工期，对于类似钢-混组合结构中存在大截面混凝土环梁的项目具有一定的借鉴意义。

集束建筑体系在新型建筑工业化的探索和实践

河南天丰绿色装配集团，集束智能装配科技有限公司

郑天心　李旭禄　宋新利　邓环

1 建筑工业化体系困难与开发的基本元素

新型建筑工业化，是用工业化的生产方法营造建筑的方式。建筑产业从工地施工逐渐转变为工厂预制，是建筑产业转型升级的方向。新型建筑工业化是提高建筑质量、生产效率、缩短工期、节材减耗、减少建造污染的有效途径，有利提高建筑业的劳动生产率与行业利润率，并促进我国城镇化的可持续发展，在提早我国碳排放达到峰值，并最终达到碳中和的过程中发挥必要作用。新型建筑工业化体系尚在摸索之中，其建筑结构各体系尚不成熟，本文通过介绍一种基于加强的冷弯薄壁型钢的结构体系——集束体系的开发，展现新型建筑工业化元素的实现形式。

1.1 新型建筑工业化的困难

经过各国科研机构论证、企业竞争和市场验证，标准尺寸的箱式模块建筑是现阶段最高程度的预制装配建筑模式。箱式模块建筑具有相对成熟的技术体系与产品，在特定的领域上体现出比传统建筑方式更高的性价比，具有一定的生命力。然而从传统的设计及与建造施工角度来看，模块建筑这种相对成熟的建筑工业化产品仍存在各种困难与限制。

从结构专业来看，标准的箱式建筑模块由 4 柱 8 梁构成，相邻的模块在角点处结构连接，构件之间缺乏可靠方便的、足以让结构构件共同工作的连接方式；如果增加结构连接，则会导致现场工作量增加，降低预制装配率与产品质量。缺乏共同工作的构件导致不良的结构性能，须增大材料用量以弥补性能的损失，因此钢结构模块建筑的用钢量达到 $95\sim150kg/m^2$，明显大于传统钢结构建筑；在节点处形成最多 8 柱 16 梁构造形式，其相邻模块梁柱不连续，难以形成可靠的弯

矩传递。模块建筑节点间避免现场焊接，否则有损预制围护、设备与装修等部件。这种构造形式悖于现行规范"强节点、弱构件"的设计原则，承受罕遇荷载条件下容易成为结构薄弱环节。再者，8m 长无中柱的模块建筑，实腹式底框梁长边方向的高度不少于 250mm，顶框梁不少于 150mm，考虑模块顶底梁空隙 50mm，混凝土楼板厚 100mm，因此模块建筑结构层高不低于 550mm（图 1a），假设建筑净空 2900mm，模块总高度为 3450mm，结构层高占总高度 15.9%，明显大于传统建筑形式。类似的，在水平相邻的模块平面 4 立柱组合减少了平面使用空间。再者，模块建筑可实现 8m 以上跨度的无柱空间，然而模块的短边方向上，受限于道路运输限制，模块的宽度，即短边方向立柱间距一般不超过 3.6m，限制了室内布局的灵活性。从设备专业上看，预制的管线、设备需要在工厂内预埋在墙体、天花板、楼板内，每个模块中需要至少存在水、暖、

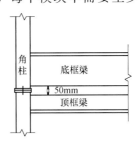

(a) 建筑模块叠梁的结构层

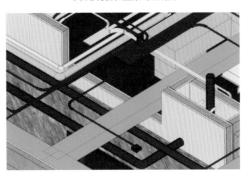

(b) 建筑模块间设备管线节点

图 1　箱式模块建筑设计中考虑的因素

电系统各 1 个连接节点（图 1b），而连接节点是系统的薄弱环节，因此模块之间众多的管线连接点使整套系统可靠性低，而且采用如工业插头等通用节点的成本较高。运输、安装是模块建筑的难点。中国二级公路的运输净空高度为 4.5m，考虑低底盘车的高度，单个模块高度一般不超过 3.6m；按交通法规规定，超过 2.5m 宽货物运输需申请超限证，因此几乎所有模块建筑运输都是超限运输，也增加了整体建造成本。在安装过程中，建筑模块集成度和完成度越高，暴露出来的施工空间则越小，特别是 8 柱 16 梁的节点的最后模块的吊装，因为缺乏没有模块外侧的施工空间而安装难度较高，连接可靠性较差。

从上述对模块建筑的分析可知，模块建筑这种当今公认的建筑工业化体系，在传统的建筑、结构、设备、装修专业的设计与施工等专业看来，仍存众多的困难与缺点。进一步的，预制装配概念自身存在矛盾：高度工厂预制率，限制现场的施工作业空间，系统之间连接存在各种不便与隐患。

1.2 新型建筑工业化的元素

新建筑工业化体系将最终取代传统的建造方式。在工厂预制与现场装配是建筑业转型升级的必要条件的前提下，上述的建筑工业化的困难与缺点是暂时与局部的。社会亟需新型的建筑工业体系，不是简单地从现有建筑体系的改善、提升、加入工业化元素，或者预制某些建筑部品部件而形成的，而是从工业化原理出发，寻找最新的、适用的技术而不限于传统建筑业自身，从而开发出来有市场竞争力的建筑系统。

本文提出开发新型建筑工业化体系的基本原则：所有传统建筑专业的设计、施工都要服从于高效的工业化生产与现场安装方式。这将使得建筑产业从传统低效率的施工项目窠臼里，超脱到具有相对标准化的、有适度柔性、适应于自动化生产，并最终实现无人柔性生产体系的高度。传统建筑专业需要重构，即在建筑专业的各种原理、原则、基本方法的前提下，以适用的材料与技术方法开发新型的建筑工业化体系。该体系应该存在一些基本的元素如下。

1.2.1 适当的"刚柔度"

标准零部件生产特别适用于高效的工业化生产，如批量生产的易拉罐和打火机；然而现实中

用户需求、使用功能、地域与场地的不同均导致建筑的差异，每一桩建筑都是独特的。新型建筑工业化要求有一定的标准化，尽管标准的户型和外观难以实现，但有限类型的构件、部件，对应的标准的截面形式、标准的构造形式、标准的节点构造、标准的加工工艺、标准的安装方法是可以实现的。因此新型建筑工业化体系可以具有某种程度的标准化，即一定的"刚度"；在此基础上，针对不同的使用场合，可以选择不同的构件，而构件可以在一定范围内调节尺寸，满足一定的定制化需求，因此可以具有一定的"柔性"。譬如，线性材料如通过连续辊轧冷弯成型的型钢，或挤压成型的铝型材均具有适当的"刚柔度"；而定制化的自动布置边模的 PC 板材的制作，在平面材料维度也拥有适度的"刚柔度"。

1.2.2 完备、自洽、简练的"表达"

BIM 是新型建筑工业化的基础。开发专家系统对新型建筑工业化体系的自动设计是 BIM 的智能化实现方式。这需要将现有建筑各专业系统，采用完备自洽的"过程"表达出来。在一定的适用范围内，如果某个系统的"所有"的实现形式都可以用这种"过程"正确地描述出来，"过程"即具有"完备性"；该"过程"表达的对象没有谬误，"过程"自身没有内蕴逻辑的矛盾，即具有"自洽性"。建筑的各个系统均可以用这些"过程"一系列的数学公式表达出来，那么新体系的计算机程序自动实现就成为可能，尽管在现阶段这大部分是通过专家经验构建起来的。限于本阶段尚未实现人工智能对新体系的自主开发，这些"过程"应该是简练的，以简化子系统自身以及在更大系统中相互协调。

1.2.3 良好的"适应性"

新型建筑工业化体系的开发需要超越建筑行业规范、标准的范围，到更广大的先进的工程领域中寻找合适的建筑工业化元素。譬如航空工业中电阻焊标准在建筑领域的应用，这比新开发一种新的连接方式更容易得到社会的认可，这样新型建筑工业化才具有迅速的、可实现的合规适应性；同时，新体系往往需要新的设计方法和标准，其设计方法需要耗费高水平的设计人员较长时间。因此，基于智能化 BIM 技术的新体系的自动设计是减少这种损耗的有效图集。基于可靠的设计方法和认证过的设计软件，并通过多个项目验证，

可以开发一套基于 BIM 的自动设计流程。设计人员只需要简单、有限地输入，程序即可生成合规的施工图纸、计算书、深化图纸等，这样新体系具有了实现的适应性。

1.2.4 理性的"态度"

新型建筑工业化体系的开发是采用举国体制，还是各个企业基于自身的技术、历史、市场信息去实现尚无定论。然而从历史上看，不管出于主动或被动，企业的自主开发是主要的路径。这是试错历史，各企业从自身行业、专业出发，推出各种或多或少包含建筑工业化元素的部件、产品或体系，但又存在各种显著的局限性。企业作为在市场浪潮中弱小的个体，往往难以从更高的维度去思考新型建筑工业化。市场化应该是新型建筑工业化体系开发过程中理性思考的起点，不避讳传统建筑的竞价压力，这在很多场合下是关键所在，去寻找合适的市场定位与产品方向，让工业化提高可量化的用户价值。应该理性对待政府产业政策，政策利好是发展的助燃剂；但应该剔除政策因素，坚持可持续发展的原则，去开发具有市场生存能力与发展潜力的新体系。

2 集束体系的开发与实践

集束智能装配体系，是一套基于自动生产的加强冷弯型钢截面的新型工业化钢结构建筑体系。该体系包含了定制化的集束建筑 IBIM 系统、建筑工业化构件生产设备与技术、快速现场安装方案，以及系列建筑与结构产品，能满足大部分工业与民用建筑的需求。以下通过介绍集束体系展现新型建筑工业化元素的实现形式。

2.1 集束体系标准化与定制化的协调

集束的基本构件截面（G 型钢）是一种卷边加强的冷弯型钢截面（图 2）。在传统 C 型钢的基础上，G 型钢壁厚加厚到 1.5～5.0mm，减少板件的宽厚比，同时对卷边部分进一步辊弯加强，提高了原卷边和翼缘的稳定系数，显

图 2　集束 G 型钢

著提高截面整体有效面积。如果将 G 型钢的卷边部分展平，G 型钢退化为 C 型钢，在截面轴心受压的条件下，其有效面积将下降 6％～15％。集束智能装配生产线是一套 G 型钢的专业自动生产设备（图 3），具有自动完成开卷、校平、钢卷端头焊接、小批量多批次冲孔、辊压成型、侧弯校直、扭转校直、切割、张口修正，自动码垛等功能。该生产线系列加工集束截面的厚度范围为 0.75～5.0mm，截面高度 75～600mm。一条生产线需 3 名操作人员，生产速度 15～30m/s。G 型钢的生产具有柔性生产的能力，技术人员只需自动调整辊压成轧辊的布置与更换切刀模具，即可生产不同的冲孔模式与尺寸，以及各种尺寸和厚度的 G 型钢。集束 G 形截面的生产具有新型建筑工业化的基因，其一，它扩大了冷弯薄壁型钢的使用范围。G 形截面超越了普通冷板薄壁截面，克服了其厚度较小、无效截面较大的缺点，G150×60×20×15×4 型钢在全截面受压条件下，有效面积为 100％，无局部屈曲，截面承载力为 373kN，其组合截面可以作为建筑主结构构件。因此符合新型建筑工业化要求体系的具有较广的适用性的要求。其二，只需更换卷板而无需调整设备的参数设置，即可生产一定厚度范围、任意长度和任意冲孔位置的 G 形截面。制造企业只需准备不同厚度的钢卷，根据具体的项目设计需求更换卷材，即可快速生产相应厚度和规格的截面，这符合新型建筑工业化体系在一定标准化条件下柔性生产的要求，有适当的"刚柔度"。

图 3　集束 G 型钢生产设备

2.2 智能化 BIM 系统的开发

BIM 应用是集束体系的一个核心竞争力。我们定制开发的集束建筑产品的智能建筑信息模型系统（IBIM：Intelligent Building Information Modelling）。IBIM 除了具有普通 BIM 在设计协

同、图纸生成、材料统计、施工指导的功能外，还具备了定制化与智能化两大特点。我们针对新型的集束体系，开发出可以对其进行自动设计计算与深化加工的计算机程序，就好像自动驾驶替代司机一样，程序采用内嵌的专家经验自动流程替代原来的建筑设计师、结构设计师、设备设计师、BIM建模师、详图深化设计师、预算员、材料员、生产设备控制技术员的设计与操作等技术性工作。根据快速简易的建模流程与规则，设计者只需要提供简单的参数模型，IBIM自动完成建筑设计、结构布置、结构优化、节点设计、全套施工图绘制、精准的空间三维模型建立（图4）、装配构件分拆深化、加工图绘制、全套工程清单编写、工程概算、自动生产设备的控制文件等。

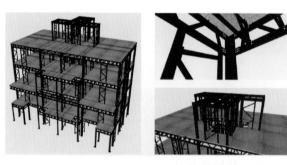

图4　IBIM生成的集束A型结构体系

IBIM的自动化设计功能让设计人员快速设计集束体系，其建模由IBIM的专家系统自动完成，其计算采用通用的可靠的分析软件，单元与整体验算由IBIM根据国家现行标准规范自动完成，并自动绘制可供图审的施工图与计算书。因此，IBIM解决了设计人员对新型结构体系不熟悉、建模复杂，以及通用设计软件不具备分析设计新体系的困难，提高了集束体系的合规与实现的适用性。IBIM之所以能自动建模、分析，是集束体系在开发时，研发出各系统完备自洽的简练数学方法，因此计算机可以采用标准流程自动对体系、构件、节点精细建模分析。这些构件的形式、布置规律、节点做法、生产工艺是标准的，尽管其构件尺寸及组合搭建起来的建筑千差万别，因此满足了新型建筑工业化体系适当的"刚柔度"。

2.3　三种集束建筑体系的简介

针对市场的调研，我们已经开发了集束A、B、C三种标准类型，适应1～6层（低多层）的

民用建筑的需求。

集束A型为集束低层体系，满足1～3层和柱距6m以下的办公、居住的轻型建筑体系，适用于新农村民居、别墅、民宿酒店、小型办公楼等项目。该结构体系采用集束组合异形柱、楼面主次桁架梁、屋面叠合梁、抗剪模块组成的框架支撑结构，采用适用于小间距（600mm）的次梁支撑结构的轻质楼板系统。现场无结构焊接，采用螺栓与拉铆钉连接。其结构体系中含有252种标准的构件节点组件，3种G形截面（G75、G150、G250）有4种厚度（1.5、2.0、3.0、3.5），IBIM提供从计算书到加工图、BOM和生产设备控制文件的完整的文档。该体系已经应用在多个项目中，其中信阳上天梯碳中和研发展示中心按"零能耗"建筑设计（图5），通过德国PHI认证，其办公楼部分为集束A型体系。

图5　集束A型（低层）项目——信阳上天梯
碳中和研发展示中心

集束B型为集束多层住宅体系（图6），满足1～6层柱距7.2m以下的住宅建筑体系，适用于多层宿舍、公寓、酒店等项目。在原来集束A型的基础上，采用受房地产市场欢迎的钢筋桁架楼承板，摒除了密桁架次梁布置；在楼板跨度大于3.6m和必要的结构连梁构造设计中使用高度不超过250mm的实腹式组合次梁，因此有效减少了住宅的结构层高。采用的4拼合G型钢组合立柱，确保立柱不突出墙面；取消了A型中抗剪模块的布置，而在必要的位置布置柱间支撑，从而简化了条板是围护结构施工。B型体系中的通用屋顶构造，为IBIM快速设计与标准化制作，满足多坡、不等坡、屋面斜接等异形的屋面需求，具有很好的"刚柔度"。除了屋顶下部与主体结构连接的关键节点采用焊接外，集束B型结构均采用现场螺栓连接。特别的，B型屋顶可以与集束A、C型组合，满足任意屋顶的需求。B型体系中

含有84种标准的构件节点组件，5种自动设计与生产的非标节点类型组件，3种G形截面（G90、G150、G250）有4种厚度（2.0、3.0、4.0、5.0），IBIM提供自动结构布置与结构计算模型，进一步将开发如集束A型整套的设计与生产文档。

的空气干燥、污染低，因此适当加厚了耐候钢，设计耐腐蚀裕度，项目结构50年内免涂装。

图7　集束C型（多层公建）项目——哈密建设集团钢结构办公楼

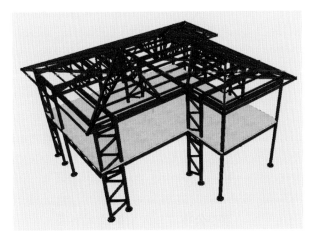

图6　集束B型（多层住宅）体系IBIM模型

集束C型为集束多层公建体系，满足1～6层和柱距9.6m以下的公用建筑的需求。该结构体系采用双拼合最大G350×170×50×30×5.0的格构柱，内部可以灌注微膨胀自密实混凝土提高强度。其抗侧力构件为压型钢板剪力墙和交叉支撑；桁架主梁截面采用加厚的G形截面和标准焊接节点，梁端为对穿螺栓法兰连接，连接有限螺栓拉杆可实现梁端刚接需求；次梁为考虑楼板作用的组合次梁。该体系运用在新疆哈密建设集团钢结构办公楼项目中（图7）。考虑到新疆哈密

3　结论

新型建筑工业化的开发，不是传统的建筑体系修补与改善，而是采用现有适用的工业化技术，开发的服从高质量工厂预制、高效率现场安装的新体系。传统的建筑专业均需要服从其工业化的特点，其不协调、不完善是局部与暂时的。本文以集束智能装配体系的开发为例子，介绍了新型建筑工业化体系开发中如何实现标准化与客户定制化需求的协同，即体系刚度与柔度的调和，也介绍了智能化BIM体系的实现方式与效果。